空间结构系列图书

铝合金空间网格结构抗震性能

孙国军　吴金志　著

U0249880

中国建筑工业出版社

图书在版编目（CIP）数据

铝合金空间网格结构抗震性能 / 孙国军，吴金志著
. — 北京：中国建筑工业出版社，2023.9
（空间结构系列图书）
ISBN 978-7-112-29078-9

Ⅰ. ①铝… Ⅱ. ①孙…②吴… Ⅲ. ①铝合金—建筑
结构—抗震性能 Ⅳ. ①TU395

中国国家版本馆 CIP 数据核字（2023）第 161719 号

铝合金材料具有较高的强度，与钢材相比自重更轻，且具有良好的耐腐蚀和便于回收等优点，并越来越多地应用于大型工程结构。在对空间结构及铝合金结构的发展现状简单介绍基础上，本书从铝合金材料、H 形截面构件和板式节点的力学性能入手，之后扩展到铝合金网壳结构，并详细介绍了铝合金网格结构的抗震分析方法及其抗震性能。本书共分为 5 章，第 1 章讲述空间结构及铝合金的发展动态；第 2 章讲述铝合金材料和构件性能；第 3 章讲述铝合金板式节点力学性能；第 4 章讲述铝合金网壳结构静力稳定性能；第 5 章讲述铝合金网壳结构抗震性能。

本书可供土木工程、结构工程、铝合金结构相关专业的设计和研究人员以及从事空间结构的设计分析人员参考使用，也可作为上述研究领域内硕士和博士研究生的专业参考书。

责任编辑：刘瑞霞　梁瀛元
责任校对：张　颖
校对整理：赵　菲

空间结构系列图书
铝合金空间网格结构抗震性能
孙国军　吴金志　著
*
中国建筑工业出版社出版、发行（北京海淀三里河路 9 号）
各地新华书店、建筑书店经销
国排高科（北京）信息技术有限公司制版
建工社（河北）印刷有限公司印刷
*
开本：787 毫米×1092 毫米　1/16　印张：18½　字数：454 千字
2023 年 9 月第一版　　2023 年 9 月第一次印刷
定价：**68.00** 元
ISBN 978-7-112-29078-9
（41800）

序　言

中国钢结构协会空间结构分会自1993年成立至今已有二十多年，发展规模不断壮大，从最初成立时的33家会员单位，发展到遍布全国各个省市的500余家会员单位。不仅拥有从事空间网格结构、索结构、膜结构和幕墙的大中型制作与安装企业，而且拥有与空间结构配套的板材、膜材、索具、配件和支座等相关生产企业，同时还拥有从事空间结构设计与研究的设计院、科研单位和高等院校等，集聚了众多空间结构领域的专家、学者以及企业高级管理人员和技术人员，使分会成为本行业的权威性社会团体，是国内外具有重要影响力的空间结构行业组织。

多年来，空间结构分会本着积极引领行业发展、推动空间结构技术进步和努力服务会员单位的宗旨，卓有成效地开展了多项工作，主要有：（1）通过每年开展的技术交流会、专题研讨会、工程现场观摩交流会等，对空间结构的分析理论、设计方法、制作与施工建造技术等进行研讨，分享新成果，推广新技术，加强安全生产，提高工程质量，推动技术进步。（2）通过标准、指南的编制，形成指导性文件，保障行业健康发展。结合我国膜结构行业发展状况，组织编制的《膜结构技术规程》为推动我国膜结构行业的发展发挥了重要作用。在此基础上，分会陆续开展了《膜结构工程施工质量验收规程》《建筑索结构节点设计技术指南》《充气膜结构设计与施工技术指南》《充气膜结构技术规程》等编制工作。（3）通过专题技术培训，提升空间结构行业管理人员和技术人员的整体技术水平。相继开展了膜结构项目经理培训、膜结构工程管理高级研修班等活动。（4）搭建产学研合作平台，开展空间结构新产品、新技术的开发、研究、推广和应用工作，积极开展技术咨询，为会员单位提供服务并帮助解决实际问题。（5）发挥分会平台作用，加强会员单位的组织管理和规范化建设。通过会员等级评审、资质评定等工作，加强行业管理。（6）通过举办或组织参与各类国际空间结构学术交流，助力会员单位"走出去"，扩大空间结构分会的国际影响。

空间结构体系多样、形式复杂、技术创新性高，设计、制作与施工等技术难度大。近年来，随着我国经济的快速发展以及奥运会、世博会、大运会、全运会等各类大型活动的举办，对体育场馆、交通枢纽、会展中心、文化场所的建设需求极大地推动了我国空间结构的研究与工程实践，并取得了丰硕的成果。鉴于此，中国钢结构协会空间结构分会常务理事会研究决定出版"空间结构系列图书"，展现我国在空间结构领域的研究、设计、制作与施工建造等方面的最新成果。本系列图书拟包括空间结构相关的专著、技术指南、技术手册、规程解读、优秀工程设计与施工实例以及软件应用等方面的成果。希望通过该系列图书的出版，为从事空间结构行业的人员提供借鉴和参考，并为推广空间结构技术、推动空间结构行业发展做出贡献。

中国钢结构协会空间结构分会　理事长
空间结构系列图书编审委员会　主　任
薛素铎
2018 年 12 月 30 日

序　言

中国现代铝合金结构的发展可以追溯到 20 世纪 90 年代后期，天津平津战役纪念馆作为我国建造的第一座铝合金单层球面网壳，跨度达到了 48.95m，成为我国在铝合金发展方面的代表作。国外最早的大跨度铝合金空间结构是 1951 年建成的英国南方银行展厅"探索"穹顶，为直径 111.3m 的单层球面网壳。美国跨度最大的铝合金结构是 1983 年在加州长海滩建造的用于停放水上飞机的穹顶，该穹顶亦为单层球面网壳，直径达到 125.6m。相对于世界上其他铝合金结构来说，中国建造的首座铝合金网壳结构跨度并不算大，但也是铝合金结构的有益尝试，之后相当长时期内我国的铝合金结构技术水平也不高，但我国科技人员对铝合金结构创新及设计的热情与努力是持续不断的，从 1996 年至 2015 年这近二十年时间，可以说是我国铝合金结构发展的蓄力时期，这个阶段虽然没有较大跨度结构建成，但从材料、构件、节点到结构体系都有不同程度的研究探索，工程建设也有多方面实践，为铝合金结构发展奠定了相当的基础。2015 年，在我国南京建成的牛首山佛顶宫自由曲面网壳，最大跨度达到了 130m，结构体系先进，最大悬挑 52.7m，充分展现了我国铝合金行业作为后来者居上的能力，一代又一代科研人员不畏艰难、勇往直前的努力，让中国铝合金结构的发展达到了世界先进水平。

我本人作为空间结构研究者中的一员，从 1987 年读研究生以来，就投身于空间结构领域的科研和工程建设，不仅见证了我国空间结构事业的蓬勃发展，也一直关注乃至参与了铝合金结构的发展，见证了铝合金结构作为空间结构的新材料新体系的代表，从初期的缓慢推进到如今的快速蓬勃发展。2017 年北京工业大学的吴金志和孙国军两位老师告诉我，他们申请的国家自然科学基金项目"铝合金单层球面网壳结构弹塑性稳定性及强震失效机理研究"（课题编号：51778016）和北京市自然科学基金项目"铝合金单层柱面网壳强震失效机理研究"（课题编号：8182006）获审批通过，这也无疑是对他们，更是对整个铝合金行业发展的鼓励、支持和有益的推动。以这两个基金项目和中国钢结构协会空间结构分会为依托，北京工业大学团队对铝合金网壳结构进行了系统的研究，并将其丰富的成果汇编成书。本书不仅包含了从铝合金材料、构件、节点到铝合金结构整体的力学性能分析，还成体系地全面介绍了铝合金结构工程情况，特别是铝合金单层球面网壳结构弹塑性稳定性及强震失效机理的研究更是领先的，也充分体现了我国科研人员对铝合金结构的研究进展及科学技术的进步。

目前以铝合金结构体系分析研究为基础的专著还不多，相信本书的出版一定会为我国铝合金结构的发展奠定良好的基础，并为铝合金结构的设计与研究提供宝贵的参考设计资料。最后，很高兴为本书作序，愿与各位同仁们共勉。

陈志华

2023 年 8 月

前　言

铝作为地球中最丰富的元素之一，储量较大，已经广泛地应用于各行各业中，但铝本身的强度相对于其他金属材料较低。人们通过在铝中添加镁、硅及铜等金属元素形成了抗拉性能较好的铝合金材料。铝合金材料有较好的抗拉强度，与同规格的钢材相比，有自重轻、强度高、耐腐蚀好的优点。

从 20 世纪 40 年代开始，在国外建筑行业铝合金得到了越来越广泛的发展与应用，到 50 年代，国外已经建立铝合金网壳结构，并且逐渐地应用到桥梁、电厂、煤棚等重要领域中。但是我国相对于国外起步较晚，到 20 世纪 90 年代开始，铝合金结构在我国才逐渐发展。30 年来，铝合金在建筑工程领域中得到了日新月异的发展，从铝合金材料到铝合金构件，再到铝合金节点，最后到铝合金网壳结构。结构形式上从单层网壳发展到双层网壳，再到网架及交叉梁系结构，充分展示了铝合金结构的优越性能。尽管我国起步较晚，但一代又一代空间人一直积极开展铝合金结构的理论分析、建造技术、数值模拟及试验研究等工作，先后建成了如南京牛首山佛顶宫、上海南部的拉斐尔云廊等建筑。目前国内已建成几十座铝合金单层网壳结构，如上海国际体操中心、上海马戏城、上海浦东科技馆、上海辰山植物园温室展览馆、成都郫县体育馆等项目均采用了板式节点铝合金单层网壳结构。铝合金网壳结构已经逐渐发展成为大跨空间结构领域中的重要角色之一。

目前，铝合金网壳虽然得到了广泛应用，但是对其材料性能、构件性能、节点性能、结构整体稳定性能、结构抗震性能的研究，远没有钢网壳成熟。本书首先介绍空间结构及铝合金结构的发展现状，然后从铝合金网壳结构用铝合金材料及构件入手，研究铝合金板式节点的力学性能，之后扩展到铝合金网壳结构，系统地分析了铝合金网格结构的稳定性能，可以为相关的铝合金网壳结构设计提供参考依据。本书共分为 5 章，第 1 章讲述空间结构及铝合金的发展动态；第 2 章讲述铝合金材料和构件性能研究；第 3 章讲述铝合金板式节点力学性能研究；第 4 章讲述铝合金网壳结构静力稳定性能研究；第 5 章讲述铝合金网壳结构抗震性能研究。

作者们的许多研究生参与了课题研究及数据整理工作，正是他们的辛勤劳动为本书成稿提供了丰富的素材，特此向他们表示感谢。同时，本书得到了国家自然科学基金项目"铝合金单层球面网壳结构弹塑性稳定性及强震失效机理研究"（51778016）的资助，也得到了专家的悉心指导，在此表示衷心的感谢。

由于作者水平有限，书中难免存在不足之处，恳请读者批评指正，以便在今后的研究工作中加以改进。

作者
2023 年 6 月

目　　录

第1章 绪 论

1.1 空间结构

1.1.1 空间结构的发展

1.1.1.1 空间结构

世界各国对空间结构领域的发展都极为重视,尤其是大跨度空间结构的应用。著名的《International Journal of Space Structures》(简称:IJSS)杂志主编马考夫斯基(Z. S. Makowski)说:在20世纪60年代空间结构还被认为是一种兴趣但仍属陌生的非传统结构,而今已被全世界广泛接受。现今,空间结构常作为一个地区的标志性建筑物,同样也是衡量一个国家建筑技术发展水平的标志之一。在博览会、奥运会、国际会议等面向全球的公开场合,各国都以更大跨度、造型新颖的空间结构来展示本国的建筑科学技术水平。21世纪以来,在一些世界瞩目的工程建设项目中都能看到中国的身影。我国空间结构的发展呈现一片蓬勃向上的景象,设计和施工都已达到相当高的水平,如今已跻身于世界先进行列。与此同时,空间结构的理论研究也快速发展,成为土木建筑学科中最为活跃的学术领域之一。

空间结构是指具有不宜分解为平面结构体系的三维形体,具有三维受力特性,在荷载作用下呈空间工作的结构。相对而言,我们日常所采用的梁、桁架、拱等都属于平面结构。一般可以假设其所承受的荷载以及由此而产生的内力和变形发生在平面内。当跨度达到一定程度后,采用平面结构往往难以实现或造价过大且经济性较差,这时空间结构凭借可以实现优美的形态和较大跨度等优点成为重要公共建筑结构形式合理的选择。国际薄壳与空间结构协会(IASS)的创始人、著名薄壳结构专家托罗哈(E. Torroja)有一句名言:"最佳结构有赖于其自身受力之形体,而非材料之潜在强度"("The best structure is the one that is held by its shape and not by the hidden resistance of its material." ——Eduardo Torroja)。空间结构正是如此的一类结构,合理的形体使其具有良好的受力性能,从而不仅可以跨越超大的空间,而且造型优美、经济合理,成为近年来最具生命力的结构类型之一。

1.1.1.2 空间结构发展概述

空间结构的发展和建筑材料密切相关。空间结构可以分为实体结构、空间网格结构和张拉结构三大类结构体系及其混合杂交的结构体系,目前多用钢铁、铝合金、膜材以及木材。在这些材料被广泛应用之前,空间结构建筑领域曾多用砖、石料、混凝土等材料建造。早在新石器时代,半地穴居就是一个原始的空间骨架(图1-1)。东汉时期多室砖券墓,各室顶部均为拱形单砖券而成,室高约2m,券砖为楔形子母状(图1-2)。建于公元120—124

1

年的罗马万神庙,顶部大穹顶直径达 43.3m,顶端高度 43.3m,顶以火山灰、砂石和石灰石浇筑而成,是建筑史上最早、最大跨度的空间拱结构(图 1-3)。19 世纪 20 年代,英国人杰·阿斯普丁发明了波特兰水泥后,以水泥为胶结材料的混凝土和钢筋混凝土材料日益被广泛利用,并已成为最主要的建筑材料。在 19 世纪 50—60 年代,混凝土薄壳曾风靡全球。Felix Candela 设计建造的圣维特生·得·保罗教堂(San Vicente de Paul Chapel)于 1959 年完工,由三个双曲抛物面组成的混凝土薄壳结构(图 1-4)。由双曲抛物面混凝土薄壳组成的霍奇米洛克餐厅(Los Manantiales Restaurant),是 Candela 最著名的作品(图 1-5),四个双曲抛物面相互交叉连接在一起,并且用圆柱体将轮廓修剪,最终形成了优美的花瓣形状。

图 1-1 半地穴居

图 1-2 东汉时期多室砖券墓

图 1-3 罗马万神庙

(a)教堂外景

(b)几何构成

图 1-4 圣维特生·得·保罗教堂(San Vicente de Paul Chapel)

(a)餐厅外景

(b)餐厅内景

图 1-5 霍奇米洛克餐厅(Los Manantiales Restaurant)

随着铁和玻璃等新材料的引入及空间结构建造技术的提升,促使空间结构建筑领域产生更多的结构形式,推动了工业化进程的发展,也为城市的建设提供了多样的发展方向。随着工业技术的提升,英国为了进一步确立工业强国的地位,在 1851 年举办世界上最早的大型国际博览会——伦敦万国博览会。此次博览会展馆便是世界闻名的水晶宫(Crystal Palace),

是一个以钢铁为骨架、玻璃为主要建材的建筑，是 19 世纪的英国建筑奇观之一（图 1-6）。

图 1-6　水晶宫（Crystal Palace）

空间结构建筑材料丰富多样。在钢材和水泥被发明之前，木材是主要的建筑材料之一。从古到今，木材一直作为可持续的建筑材料，凭借着资源再生、绿色环保、保温隔热、轻质、美观、建造方便、抗震和耐久等许多优点被长期应用。随着林业技术的发展、建筑工业化程度的提高和木材产业制造技术的成熟，从而突破木材量和尺寸等的限制，为木空间结构的蓬勃发展奠定了基础。1974 年，弗雷·奥托在德国的曼海姆设计了曼海姆多功能厅（Mannheim Multihalle），一座自由曲面木网壳结构，覆盖面积 7500m² （图 1-7）。2010 年温哥华冬季奥运会的速滑馆（Richmond Oval），可容纳 8000 名观众，跨度达到 100m（图 1-8）。

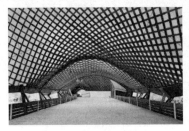

图 1-7　曼海姆多功能厅　　　　图 1-8　温哥华冬季奥运会速滑馆
（Mannheim Multihalle）　　　　　　（Richmond Oval）

帐篷作为原始的建筑结构类型之一，采用兽皮、树皮作为上覆的材料，与伞都可以被视作膜结构。但是现在被广泛认知的膜结构，是直到 19 世纪 70 年代（第二次工业革命）开始蓬勃发展的。膜材和空间结构相结合最早是以充气膜结构为主要形式出现。1946 年，第一个充气膜结构问世，由美国人 Walter Birdair 设计。该结构是一个直径 15m 的球形多普勒雷达穹顶，保护雷达免受天气影响的同时，又不对电波产生干扰。20 世纪 70 年代的日本大阪万国博览会上，呈现了多种优秀的充气膜结构，类型丰富的膜结构屋盖开始快速走向世界。充气膜结构问世以后，考虑将膜材与其他构件相组合，单层张拉膜结构也随之应运而生，以便实现较大跨度和优美形态。图 1-9 为出自德国建筑师和结构工程师弗雷·奥托（Frei Otto）之手的慕尼黑奥林匹克体育场（Olympic Stadium Munich）。

从空间结构形态方面来说，空间结构多数用于大型公共建筑，形式丰富多彩，而且往往凭借合理形体来实现结构的高效率。随着科技发展、建造技术以及对建筑美学的追求，除了已经被广泛认知和应用的球面、柱面、马鞍面、抛物面等传统曲面造型及其组合，越来越多的无法用解析函数表达的自由曲面空间结构得以应用。所谓"自由曲面"是指无法用单个或几个解析函数表达的曲面。目前主要有基于试验的模型方法和基于优化思想的数值方法两类自由曲面形态创建方法，实现曲面多样性和受力合理性的有效结合。20 世纪初，西班牙 Antonio Gaudi 提出"逆吊试验方法"（图 1-10），并利用该方法设计了一系列具有雕塑感的建筑。瑞士 Heinz Isler 利用逆吊试验法设计了数百个混凝土薄壳结构（图 1-11）。曼海姆多功能厅同样也是采用该方法设计的。以在轻型建筑和张拉结构的突破性成就闻名于世的弗雷·奥托，也常常使用模型方法，对设计的建筑的边界条件进行修改以寻求最优解。图 1-12 为弗雷·奥托为测量单个索网的张拉力所进行的蒙特利尔世界博览会德国馆模型试验。

图 1-9 慕尼黑奥林匹克体育场
（Olympic Stadium Munich）

图 1-10 逆吊模型

图 1-11 瑞士索洛图恩代廷根服务站
（Deitingen Station）

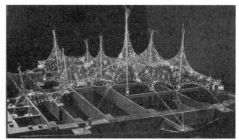

图 1-12 蒙特利尔世界博览会德国馆
模型试验

随着计算手段和有限元技术的发展，结合自由曲面的几何建模技术与结构优化思想的数值方法也逐渐得到应用。2005 年建成的日本福冈中央公园（Island City Central Park）的核心设施，从原始形状经过该方法优化得到最终全长为 190.0m、最大宽度为 50.0m 的螺旋状自由曲面结构，原始形状的最大位移为 11.1cm，最终形状的最大位移则减小到 2.81cm（图 1-13）。同样采用该方法建成的典型建筑工程还有英国萨维尔花园游客中心（Savill Garden Visitor Centre）（图 1-14）。

图 1-13 日本福冈中央公园
（Island City Central Park）

图 1-14 英国萨维尔花园游客中心
（Savill Garden Visitor Centre）

在 20 世纪 50—60 年代，我国空间结构主要以钢筋混凝土薄壁结构（薄壳、拱壳、带肋壳及折板等）为主，其后经过对杆件布置及结构形式的优化，网架结构、网壳及立体桁架结构得到了快速发展，2007 年建成的国家大剧院，屋盖是一个平面尺寸 218m×146m、矢高 45m 的椭圆形空腹网格的球形网壳，是当时全国最大跨度网壳结构（图 1-15）。索结构、膜结构也得到了越来越广泛的应用，例如徐州奥体中心体育场（图 1-16）、绍兴体育中心（图 1-17）、珠海横琴国际网球中心（图 1-18）、枣庄市民中心二期体育场（图 1-19）及杭州奥体中心主体育场（图 1-20）等一系列体育场馆。

图 1-15　国家大剧院

图 1-16　徐州奥体中心

图 1-17　绍兴体育中心

图 1-18　珠海横琴国际网球中心

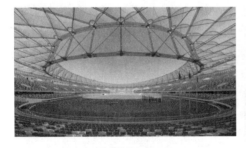

图 1-19　枣庄市民中心二期体育场

图 1-20　杭州奥体中心主体育场

1.1.2　空间结构的体系

1.1.2.1　实体结构

实体结构包括折板结构和壳体结构两种类型。其中折板结构是一种基于平面上折叠、压弯或弯曲的构造形式。它通常由平板材料（如钢板、铝板或复合材料）制成，并通过折叠、连接或焊接等方式组合在一起，具有结构轻质化及空间形态多样性的特点。壳体结构是指一种具有连续曲面形状的结构形式。它通常由薄壳体构件（如混凝土、钢板或玻璃纤维增强塑料）构成，通过平衡内外力和荷载来实现结构的稳定，具有优越的跨越能力及空间美学特点。

折板结构一经提出，便在全世界范围内得到了广泛的应用。典型的壳体结构有悉尼歌剧院（图1-21a），其由一系列巨大而复杂的壳体组成，形成一个连续的曲面结构。这种结构形式不仅给人以视觉上的震撼和美感，为内部的音乐厅和剧院提供了优秀的声学效果和观众视野，而且充分发挥了壳体的受力特征。在国内，壳结构的典型代表为北京站的双曲扁壳结构（图1-21b），中央大厅的屋盖和检票口通廊的顶盖都是采用了双曲扁壳，中央大厅顶盖薄壳的平面尺寸为35m×35m，矢高为7m，壳身厚度仅为80mm，中央微微隆起，四周有拱形高窗，采光充分，素雅大方，宽敞宜人。票口通廊上也一连间隔的用了5个双曲扁壳，中间的平面尺寸为21.5×21.5m，两侧的四个平面尺寸为16.5×16.5m，矢高为3.3m，壳身厚度为60mm。

(a) 悉尼歌剧院（Sydney Opera House）   (b) 北京站双曲扁壳

图1-21 混凝土壳体结构

另外，折板结构不仅可以用混凝土进行建造，还可以用钢网格进行建造，美国空军学院礼拜堂（Air force academy chapel）（图1-22）由17个不同的钢结构部件组合而成。在国内，较为典型的折板结构为青岛国际邮轮母港客运中心（图1-23），建筑整体造型设计取意"风帆"，与美国空军学院礼拜堂一样采用了单元化拼接的方式。建筑高度23m，长338m，宽96m。钢屋盖结构采用变截面桁架折板结构，由18榀基本单元排列组成，每榀间距18m。其中室内跨跨度为55m，室外跨跨度36m。

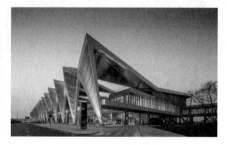

图1-22 美国空军学院礼拜堂   图1-23 青岛国际邮轮母港客运中心
（Air force academy chapel）

1.1.2.2 网格结构

网格结构包括平板网架结构、曲面网壳结构和立体桁架结构等。20世纪60年代建成的美国洛杉矶加州大学体育馆（91m×122m）是早期跨度较大的平板网架。1964年，我国建成的第一个平板网架——上海师范学院球类房正放四角锥网架，跨度为 31.5m × 40.5m（图 1-24a）。1967 年，北京首都体育馆屋盖首次采用了正交斜放网架，平面尺寸为 99m × 112m（图 1-24b）。1973 年建成的上海万人体育馆采用圆形平面的三向网架，净跨达到 110m（图 1-24c）。1975 年建成的辽宁体育馆，直径 91m，高 31m（图 1-24d）。这些网架是早期成功采用平板网架结构的杰出代表。20 世纪 80 年代后期北京为迎接 1990 亚运会兴建的一批体育建筑中，多数仍采用平板网架结构。目前，我国网架结构的发展规模在全世界位居前列。1981 年，世界上第一个由国家颁布的网架结构技术规范《网架结构设计与施工规定》诞生。20 世纪 80 年代初，专业生产网架的厂家陆续出现，形成专业化生产。

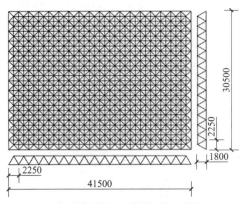

(a) 上海师范学院球类房结构平面图

(b) 北京首都体育馆

(c) 上海万人体育馆

(d) 辽宁体育馆

图 1-24　平板网架结构

网架结构以其大柱网、大跨度以及屋盖可悬挂设备的特点，在工业厂房中也有广泛的应用。与传统的刚架或拱相比，网壳结构在材料消耗与造价上都具有优势。对于储存松散材料、落地的筒状壳体外形也最符合散料堆放的要求。

此外，网架结构还用于飞机库。作为飞机库来说，建筑物的一边需要敞开以便设置机库大门，同时在屋盖下还要求悬挂吊车，因此采用三边支承、一边自由的网架结构较为合理。随着大规模工业的发展，生产厂房开始采用新结构体系以满足不同的生产工艺与使用要求。世界上目前最大的 A380 飞机维修机库于 2012 年在北京首都机场落成（图 1-25），整体尺寸为 306m × 90m。这座亚洲最大的飞机维修机库能容纳以空客 A380 和波音 747 飞机为代表的六架宽体飞机同时维修。

图 1-25　北京首都机场 A380 专用维修机库

由于混凝土薄壳耗费模板和人工，于是人们开始用效率更高的单层网壳来代替混凝土薄壳。1863 年，由德国人施威德勒（Schwedle J. W.）设计，在柏林建造了第一个钢穹顶，直径 30m 用于煤气罐的顶盖。其形式是以若干圆弧形拱汇交到一个顶环，形成辐射型体系，再加若干道中间水平环以及同一方向斜杆，形成被后人称道的"施威德勒穹顶"。1896 年俄国名誉院士苏霍夫研究了悬挂网理论，在夏诺夫哥罗德展览馆采用相互交叉的柔性钢板条，在交点处固定形成钢条网结构，与普通屋架相比，能减轻结构自重约 1/4。富勒（R. Buckminster Fuller）深入探讨了球网壳的规则划分，后来发展成为著名的短程线网格。1976 年建成的美国新奥尔良"超级穹顶"（Super Dome），采用 K12 型球面网壳，直径 207m，矢高 83m，壳厚 22m（图 1-26）。1996 年建成的日本名古屋体育馆，是采用三向网格的单层球面网壳，直径 187.2m（图 1-27）。

图 1-26　新奥尔良超级穹顶

图 1-27　日本名古屋体育馆

国内第一个大跨度网壳结构是 1956 年建成的天津人民体育馆屋盖，采用带拉杆的联方型圆柱面网壳，平面尺寸为 52m×68m，矢高为 8.7m。但是在 20 世纪 80 年代才开始较多采用网壳结构。2004 年建成的北京国家大剧院笼罩着平面尺寸为 218m×146m、矢高为 45m 的椭圆形空腹网格的球形网壳，由钢管顶环梁和钢板及 H 形钢梁架构成壳体的骨架，其间以连杆和斜撑连接（图 1-28）。2006—2008 年建成的北京首都机场 3 号航站楼就有 18 万 m²，巨大的屋顶采用了抽空三角锥组成的微弯网壳（图 1-29）。天津西站站房工程屋盖结构（2011 年建成）采用双向空间弯扭箱形断面钢构件组成的大跨度联方网格单层筒壳结构，跨度 114m，净空 57m，由 72 榀交叉大拱和端部的 2 榀弧形大拱构成（图 1-30）。

图 1-28　北京国家大剧院

图 1-29　北京首都机场 3 号航站楼

图 1-30　天津西站

　　期间随着建筑需求和建造技术提升，在会堂、影剧院、展览馆、车站、码头、候机大厅等公共建筑中，网格结构得到了更广泛的应用。2019 年建成的北京大兴国际机场，其主航站楼屋盖呈现为不规则的自由曲面。屋盖钢结构的投影面积达 18 万 m^2，如此庞大的屋盖完全依靠 8 根间距达 200m 的 C 形柱作为主要支撑（图 1-31）。2020 年建成的青岛胶州国际机场航站楼，总建筑面积 45 万 m^2，结构体系为四角锥焊接球网壳（图 1-32）。总体而言，空间网格结构已成为发展最快的结构形式之一。

(a) 机场外景　　　　　　　　　　(b) 内部交通指廊

图 1-31　北京大兴国际机场

图 1-32　青岛胶州国际机场航站楼

1.1.2.3　张拉结构

　　张拉结构主要包含完全柔性的索结构体系、膜结构体系、索膜组合结构体系、索膜与刚性构件组合结构体系等。索结构和膜结构是其中最基本的结构体系。索结构指以索为主要受力构件的各类建筑索结构，由拉索作为主要受力构件而形成的预应力结构体系，包括悬索结构、斜拉结构、张弦结构及索穹顶等。虽然自石器时代人类就开始用藤条、树茎等作索搭建帐篷，已经体现出索结构的优良受力特性，但直到大跨度悬索桥等在桥梁领域的先一步发展，索结构的设计理念才开始被大跨度建筑领域接受并应用。

1953 年，美国建成世界上第一个采用现代悬索结构屋盖的体育馆——道顿竞技馆（Dorton Arena），采用 92m×92m 的鞍形单层正交索网（图 1-33）。华盛顿杜勒斯国际机场于 1957 年建成，为悬挂薄壳结构。该悬索结构上铺设预制钢筋混凝土板，拉紧外倾的柱子，在自重和屋面荷载下自然下垂成悬链状（图 1-34）。国内为举办 1961 年 4 月第 26 届世界乒乓球锦标赛，在当时科学研究的基础上，建造了直径为 94m 的北京工人体育馆的圆形双层辐射悬索屋盖（图 1-35）。

图 1-33 道顿竞技馆（Dorton Arena）

图 1-34 华盛顿杜勒斯国际机场

图 1-35 北京工人体育馆

美国建筑师和发明家巴克敏斯特·富勒（Richard Buckminster Fuller）在 1961 年首次提出了专利"张拉整体结构"，"拉力的海洋之中存在着受压的孤岛"便是对"张拉整体结构"的定义，从此开创了现代张拉整体结构研究新纪元（图 1-36）。图 1-37 为 Snelson 设计的 Easy-K 雕塑。

图 1-36 富勒和他设计的张拉结构　　图 1-37 Easy-K 雕塑

1989 年卢浮宫玻璃金字塔建成，其中主玻璃金字塔底边尺寸 35.4m×35.4m，高 21.6m，采用索桁架（图 1-38a）。在国内第一个采用张弦梁屋盖的大跨度工程是上海浦东国际机场（一期工程）航站楼，于 1999 年竣工投入使用，张弦梁的最大跨度为 82.6m（图 1-38b）。此后该类结构在我国得到迅速发展。1992 年日本建成的出云穹顶是第一个采用木质拱壳结构与钢索组合的张弦结构，球形穹顶直径 143.8m，拱顶部高度 48.9m，沿球面等分为 36 份，呈放射状布置的木骨架在穹顶顶部汇集（图 1-38c）。大连体育馆圆形弦支穹顶工程，其长轴和短轴分别为 145m 和 116m（图 1-38d）。天津市中心城区轨道交通综合控制中心中央大厅采用了双向廊内布索的弦支网架结构，结构平面为短轴方向部分缺失的椭圆形，长轴和短轴最大跨度分别为 98.6m 和 53.9m（图 1-38e）。另外，还有合肥会展中心，其跨度达到 144m，并且采用了张弦立体桁架结构（图 1-38f）。

(a) 卢浮宫主玻璃金字塔   (b) 上海浦东国际机场（一期工程）航站楼

(c) 日本出云穹顶   (d) 大连体育馆

(e) 天津市中心城区轨道交通综合控制中心   (f) 合肥国际会展中心

图 1-38　张弦结构应用案例

膜结构主要包括整体张拉式膜结构、骨架支承式膜结构、索系支承式膜结构与空气支承式膜结构，或由以上形式混合组成的结构。张拉式膜结构由桅杆等构件提供支承点，并在周边设置锚固点，通过张拉而形成稳定的体系。骨架支承式膜结构由钢构件或其他刚性构件作为承重骨架，在骨架上布置按设计要求张紧的膜材。索承式膜结构由空间索系作为主要承重结构，在索系上布置按设计要求张紧的膜材。空气支承式膜结构以柔性薄膜为主要材料，利用膜内外压力差来稳定结构的形状和刚度以进行承重。下面以充气膜结构、张拉膜结构体系作为主要对象介绍膜结构的一些工程案例。

与平时所熟知的刚性结构相对，空气支承膜结构是一种典型的柔性结构体系，具有一套较为独特的设计和分析的理论体系。1970 年，在日本大阪世博会上，川口卫设计的香肠气肋式膜结构引起了人们对气肋式膜结构的关注（图 1-39）。1994 年，在我国的水立方还未建成之前，东京穹顶是世界上最大的充气膜结构，屋顶为具有弹性的膜材料。弧形膜面上的交叉钢缆索与聚四氟涂层玻璃纤维膜布在 300Pa 的室内超压作用下膜面呈现为圆弧面（图 1-40）。

图 1-39　日本富士馆　　　　　　　　　　图 1-40　东京穹顶

　　由于充气膜结构的膜材、结构特性的限制，其本身有着难以完善处理的缺陷，如膜结构受风荷载、雪荷载影响较为敏感。但随着科技的发展、新型材料的出现和单一结构体系的结合，21 世纪以来，膜结构再次焕发出光彩，受到建筑师们的追捧。2006 年世界杯中慕尼黑的安联体育场（Allianz Arena），其外墙设计有充满惰性气体的 ETFE 气枕（图 1-41），夜晚比赛可以发出不同的颜色。2008 年北京奥运会国家游泳中心"水立方"是国内首次采用 ETFE 气枕式膜结构，采用双层 ETFE 蓝色气枕（图 1-42）。

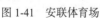

图 1-41　安联体育场　　　　　　　　　　图 1-42　国家游泳中心

　　1995 年建成的丹佛国际机场，候机大厅膜结构由 17 个帐篷单体组成，宽 76m、长 275m，覆盖面积约 30000m²。屋盖由两层相距 0.6m 的特氟隆膜材料组成，下层膜主要起隔热和吸声的作用。周边围护结构是玻璃幕墙，幕墙和屋顶膜结构之间用一个连续的直径 1m 左右的充气管填塞，从而形成一个完全封闭的结构体系（图 1-43）。上海体育场，又称"上海八万人体育场"，是 1997 年中国第八届全国运动会的主会场、2008 年奥运会的足球比赛场地。这是膜结构首次在我国应用于大型永久性建筑，标志着膜结构建筑作为一种新的建筑结构被我国各界人士认可（图 1-44）。1999 年建成的伦敦千年穹顶，有 12 根穿出屋面高达100m 的桅杆，屋盖采用圆球形的张力膜结构，通过钢索与膜面下的辐射状钢索连接（图1-45）。世博轴全长 1045m、宽约 100m，总共四层，分为地上部分与地下部分，是为 2010年中国上海世博会建造的五大永久性建筑一轴四馆中的一轴。世博轴索膜结构采用的是连续张拉式的柔性结构体系，总长度约 840m，最大跨度 97m（图 1-46）。

图 1-43 丹佛国际机场

图 1-44 上海体育场

图 1-45 伦敦千年穹顶

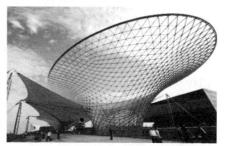

图 1-46 上海世博会世博轴

近年来，国内膜结构设计和施工技术水平不断提升。承担 2022 年卡塔尔世界杯决赛、闭幕式等重要活动的主体育场卢塞尔体育场的施工建设任务由中国企业完成，该体育场标志性的屋顶索系支撑式膜结构也出自中国设计师之手（图 1-47）。

图 1-47 卢塞尔体育场

空间结构极具科技感和未来感的外形，使其未来可能会拥有更广阔的发展空间。随着社会变迁和经济的快速发展，各种文化、体育、交通及社会活动的需求日益增多和提升，会持续推动大跨空间结构体系不断创新发展。

科技发展和社会进步使得人类对建筑结构的要求越来越高，开发利用高性能的结构体系、助力双碳目标的实现，一直是科研及工程技术人员需持续研究的重要内容。现有的各种形式的空间结构体系被系统性地研究，并且成功应用于体育场馆、会展中心、厂房及库房、机场航站楼、植物园温室等不同使用功能的建筑。随着对环境可持续性的关注增加，新型的结构体系开始出现，如生物学结构、生态结构和可再生材料的运用。这些结构体系旨在减少对能源和资源的依赖，提高建筑的生态友好性。

2008 年北京奥运会之后，涌现出大量新型建筑材料以及施工方法，尤其是钢结构在建筑、铁路、桥梁和住宅等方面的应用尤为突出。空间结构的建造开始受到建筑材料的制约。大量的空间网格结构采用钢材，承载能力较强，但也出现了抗腐蚀性能差、质量大等缺点，亟待完善。如今各个行业都在持续发展，对建筑的外观、大跨度、建设速度等要求越来越高，而且大跨公共空间的适用范围越来越广，温室、展览会、公园地标性建筑等使对空间结构的需求增多。既有建筑和新建空间结构使用功能多样化等问题都对空间结构的发展设下了新的台阶。

随着混凝土结构的耐久性、钢结构的抗腐蚀问题受到越来越多的关注，新材料的创新和应用成为建筑领域的关键目标。通过应用新材料，设计师能够创造出更具创新性和独特性的空间结构，带来生产技术上的改进和优化。因此，新材料的快速发展对于推动空间结构的创新和应用具有重要意义。

此外，在当前的建筑领域中越来越强调装配式和工业化建造。空间结构也越来越倾向于采用装配式和工业化建造的方法，以提高建筑效率、降低成本、提升质量和减少环境影响。这种趋势对于实现可持续发展和满足日益增长的建筑需求具有重要意义。

在施工方面，装配式建造可以在工厂内进行标准化和工业化生产，不受天气等因素的限制。这样可以大大缩短建筑周期，并减少施工过程中的浪费和延误。在工厂中进行预制和装配的建筑构件，能够受到更严格的质量控制。这有助于减少施工中的错误和质量问题，提高整体建筑的质量和可靠性。装配式建造能够减少施工现场对环境的破坏，如减少噪声、粉尘和废弃物的产生。此外，由于工厂生产过程中能源和水资源的有效利用，也有助于减少对环境的负面影响。

在设计加工方面，标准化的构件和模块，最大程度地减少了对材料的浪费。装配式建造可以根据不同的设计需求进行定制和调整。通过模块化和可重复使用的构件，可以实现更灵活、多样性和创新性的设计。

1.2　铝合金结构

1.2.1　铝合金结构的特点

纯铝材料的强度和硬度都很低，不适于直接用于建筑结构。不过，铝可通过冷加工强化把强度提高 1 倍以上，也可通过添加 Mg、Mn、Si、Cu、Zn、Li、Ti 等合金元素再经热处理进一步强化，使用这两种方法所形成的铝合金既具有良好的物理力学性能又具有重量轻等优点。经过近一个世纪的发展，铝合金由于其独有的特点，在与空间结构形式相结合的过程中逐渐发挥出优势，铝合金空间结构以其优秀的表现力和适用性实现了众多建筑和结构设计师的独特设计理念，受到越来越多的关注与青睐，铝合金材料具有极大的社会效益，其独特的优势可以总结为以下三个方面。

1. 轻质、高强

铝合金自重轻，密度仅为钢材的 1/3，而常用的 6×××系铝合金的屈服强度与 Q235 钢相近。因此，铝合金结构的自重远远小于同类钢结构的自重；经统计，一般铝合金结构自重仅为同类结构体系钢结构的 30%～50%。

2. 耐腐蚀性能好

铝合金在大气的影响下其表面能自然地形成一层氧化层，这层氧化层在很大程度上防止了铝合金的腐蚀，使得铝合金结构比普通钢结构具有更好的耐腐性能和耐久性，同时也显著降低了结构服役期间的维护费用，是绿色建筑材料的理想选择。

3. 良好的加工性

现代制造技术简单而成熟，采用模压成型工艺制造各类截面铝合金构件，将铸铝棒在模具中挤压，取出半成品进行氧化电泳。挤压成型是铝合金在加工方面相对于钢材的最主要的优点。挤压成型可以生产出热轧和焊接所不能得到的复杂截面的型材，可以使得构件截面的形式更加合理。所有构配件全部工厂标准化生产，现场装配。简化了施工工艺，降低了施工设备及场地要求，提高了安装速度，减少了施工周期。

铝合金材料可用于多层框架、刚架、桁架、网架以及桥梁等结构。其中铝合金单层网壳具有自重轻、耐腐蚀、易安装等特点，杆件主要受轴力，结构效率较高，且其网格形式多变，构造相对简单，在大跨空间结构体系中的应用更为广泛。

1.2.2　铝合金单层网壳结构的应用

1.2.2.1　国外铝合金单层网壳结构

1951 年，英国建成世界上第一座铝合金穹顶——"探索"穹顶（Dome of Discovery），网壳直径 111.3m，高度 27.4m，在当时是世界上最大的穹顶（图 1-48a）。随着加工技术的发展，制造工艺的改进，节点体系的创新，计算分析以及设计水平的提高，单层铝合金网壳结构在诸如体育场馆、会展中心、剧场等公共建筑中被采用，而且在大型石油化工产品的储罐、火力发电厂的干煤库及污水处理厂等工业领域也得到了广泛的推广和应用。表 1-1列举了国外部分具有代表性的铝合金单层网壳结构，图 1-48 为其工程应用实例。

国外具有代表性的铝合金单层网壳结构　　　　　　　　表 1-1

序号	项目名称	结构形式	尺寸	竣工年份
1	"探索"穹顶	单层球面网壳	直径 111.3m，矢高 27.4m，覆盖面积 10117m²	1951
2	洛克菲勒大学礼堂	单层球面网壳	—	1957
3	夏威夷乡村酒店穹顶	单层球面网壳	直径 44.2m	1957
4	国家恐龙公园博物馆	单层球面网壳	—	1968
5	史基浦机场航空博物馆	单层球面网壳	直径 68m，矢高 23m，覆盖面积 2700m²	1971
6	埃米拉学院穆雷体育中心	单层球面网壳	直径 70.7m	1973
7	南极穹顶	单层球面网壳	直径 50m，矢高 15.85m	1975
8	沃拉沃拉社区学院活动中心	单层球面网壳	直径 62.8m	1977
9	得梅因植物与环境中心	单层球面网壳	直径 45.7m	1979
10	奥兰多迪士尼乐园"地球飞船"	单层球面网壳	直径 50m	1982
11	雷诺兹"百鸟林"	单层球面网壳	直径 42.4m，矢高 16.8m	1982

续表

序号	项目名称	结构形式	尺寸	竣工年份
12	长滩穹顶	单层球面网壳	直径125.6m，矢高约40m，覆盖面积12542m²	1983
13	"信仰"穹顶	单层球面网壳	直径97.5m	1989
14	C.B.R水泥公司石灰石储仓	单层球面网壳	直径102.1m，矢高23.8m	1990
15	亚拉巴马州立大学教育基地	单层球面网壳	直径80.8m，覆盖面积20460m²	1991
16	后河污水处理罐	单层网壳	单体直径24.4m，高度45.7m	1992
17	新泻植物园第一温室	单层球面网壳	覆盖面积1490m²	1998
18	丸濑布町蝴蝶馆	单层球面网壳	覆盖面积200.9m²	1999
19	彭萨科拉基督教大学天文馆	单层球面网壳	直径18.3m	1999
20	银色穹顶	单层网壳	——	2002
21	亨利多利动物园沙漠穹顶	单层球面网壳	直径76.2m，矢高36.6m	2002

(a) "探索"穹顶

(b) 洛克菲勒大学礼堂

(c) 夏威夷乡村酒店穹顶

(d) 国家恐龙公园博物馆

(e) 史基浦机场航空博物馆

(f) 埃米拉学院穆雷体育中心

(g) 南极穹顶

(h) 沃拉沃拉社区学院活动中心

(i) 得梅因植物与环境中心

(j) 奥兰多迪士尼乐园"地球飞船"

(k) 雷诺兹"百鸟林"

(l) 长滩穹顶

(m) "信仰"穹顶

(n) C.B.R水泥公司石灰石储仓

(o) 亚拉巴马州立大学教育基地

(p) 后河污水处理罐

(q) 新潟植物园第一温室

(r) 丸濑布町蝴蝶馆

(s) 彭萨科拉基督教大学天文馆

(t) 银色穹顶

(u) 亨利多利动物园沙漠穹顶

图 1-48　国外铝合金单层网壳工程

1.2.2.2　国内铝合金单层网壳结构

自 20 世纪 90 年代以来，铝合金空间网格结构在我国的应用也逐渐增多。到目前为止，我国各地已建成了多座包括网壳、网架在内的铝合金空间网格结构。其中一部分具有代表性的铝合金单层网壳实例列于表 1-2，图 1-49 为其工程应用实例。

国内具有代表性的铝合金单层网壳结构　　　　表 1-2

序号	项目名称	结构形式	尺寸	竣工年份
1	天津平津战役纪念馆	三向网格型球面网壳	直径 45.6m，矢高 33.8m，最大球面直径 48.9m	1996
2	上海国际体操中心主馆	联方型球面网壳	直径 68m，矢高 11.9m，穹顶半径 55.4m，矢跨比 1/5.7	1997
3	上海马戏城杂技场	三向网格型球面网壳	直径 50.6m，矢高约 28m，最大网格尺寸约 3m	1999
4	上海科技馆	三向网格型椭球面网壳	长轴 67m，短轴 51m，高 41.6m	2001
5	长沙经济技术开发区招商服务中心	短程线-联方型球面网壳	直径 42m，矢高 23m，球体中心标高 7m	2005
6	义乌游泳馆	K8-联方型球面网壳	直径 110m，矢高 10m	2008
7	中国现代五项赛事中心游泳击剑馆	三向网格型球面网壳	最大跨度 90m，矢高 8.5m，网格长 2.8m	2010
8	上海辰山植物园	三向网格型自由曲面网壳	平面尺寸为：2.3m×33m×20.5m；128m×100m×17m；110m×34m×14m	2011
9	武汉体育学院综合体育馆	K6 型球面网壳	边长约 75m，跨度 62m，矢跨比 1/8.1	2011
10	上海虹桥商务区能源中心	三向网格型自由曲面网壳	长 70m，宽 35m，高 28m	2012
11	新疆烟墩物流园储煤仓	K6-联方型球面网壳	跨度 60m，高度 21.5m，矢高 16m	2013
12	重庆国际博览中心	三向网格型自由曲面网壳	主展馆平面尺寸 181m×109.2m 多功能厅平面尺寸 261m×265.8m 会议中心平面尺寸 77.5m×265.8m	2013
13	第八届中国花博会主场馆	三向网格型自由曲面网壳	长约 280m，宽约 155m	2013
14	苏州大阳山温室展览馆	K8-联方型椭球面网壳	长 98.2m，宽 66.7m，矢高约 21m	2014
15	武商众圆国际城	三向网格型球面网壳	长 148m，宽 29m，高 36m	2014

续表

序号	项目名称	结构形式	尺寸	竣工年份
16	南京牛首山佛顶宫	三向网格型椭球面网壳、三向网格型自由曲面网壳	小穹顶长约150m，宽约100m，矢高约40m；大穹顶长约250m，宽约112m，网格尺寸3~4m	2015
17	南昌卡口收费站	三向网格型自由曲面网壳	直径60m的半圆，高11m	2016
18	鄂尔多斯东胜区植物园温室	三向网格型自由曲面网壳	长轴146m，短轴116m，高23.8m	2017
19	北京新机场航站楼核心区铝结构	三向网格型椭球面网壳	C1网壳长轴36m，短轴27m，矢高约5.2m；C2网壳长轴52m，短轴27m，矢高约6.7m	2017
20	郫县体育中心	三向网格型自由曲面网壳	跨度65.5m，矢高约8.4m，总长约192m，最高高度24.15m	2018
21	曹妃甸数字化煤炭仓储基地原煤储存仓库	K6-联方型球面网壳	直径125m，矢高44.5m	2019
22	海南海花岛奇珍馆	三向网格型自由曲面网壳	长117m，宽38.8m	2019
23	上海南部综合体拉斐尔云廊	三向网格型自由曲面网壳	长730m，宽130m	2020
24	上海天文馆	K6型球面网壳	直径42m，矢高20m	2020
25	建川综合陈列馆	三向网格型自由曲面	直径68.5m、高度24.45m	2020
26	洛阳奥体中心田径训练馆	三向网格型自由曲面	长轴96.5m，短轴70.9m，网壳矢高11.7m	2022

(a) 天津平津战役纪念馆

(b) 上海国际体操中心主馆

(c) 上海马戏城杂技场

(d) 上海科技馆

(e) 长沙经济技术开发区招商服务中心

(f) 义乌游泳馆

(g) 中国现代五项赛事中心游泳击剑馆

(h) 上海辰山植物园

(i) 武汉体育学院综合体育馆

(j) 上海虹桥商务区能源中心

(k) 新疆烟墩物流园储煤仓

(l) 重庆国际博览中心

(m) 第八届中国花博会
主场馆

(n) 苏州大阳山温室展览馆

(o) 武商众圆国际城

(p) 南京牛首山佛顶宫

(q) 南昌卡口收费站

(r) 鄂尔多斯东胜区
植物园温室

(s) 北京新机场航站楼
核心区铝结构

(t) 郫县体育中心

(u) 曹妃甸数字化煤炭仓储
基地原煤储存仓库

(v) 海南海花岛奇珍馆

(w) 上海南部综合体拉斐尔云廊

(x) 上海天文馆

(y) 建川综合陈列馆

(z) 洛阳奥体中心田径训练馆

图 1-49　国内铝合金单层网壳工程

1.2.3　铝合金单层网壳结构的设计与研究进展

　　钢材和铝合金虽同为金属材料，却存在着不可忽略的性能差异。相比常用的钢材，建筑用铝合金材料强度更高，这意味着相同的结构铝合金材料更轻，然而较轻的自重使得结构在风荷载、地震作用等往复荷载作用下容易发生疲劳破坏。铝合金结构的设计、研究难以参照已有的钢结构相关内容。

　　铝合金单层网壳的结构设计主要分为结构整体稳定性分析、抗震分析、节点设计以及构件强度。此外铝合金材料由于没有明显的屈服平台，本构关系也较为复杂。因此，对铝合金材料本构关系进行研究，是开展铝合金结构分析的基础。以往铝合金单层网壳结构的设计基本沿用了钢网壳结构设计的方法和参数，目前实施的《铝合金空间网格结构技术规程》T/CECS 634—2019 中详细给出了铝合金单层网壳结构的设计参数，对铝合金单层网壳的设计与施工起到指导作用。

1.2.3.1 稳定性分析

网壳结构的分析方法主要分为两类，即基于连续化假定的分析方法和基于离散化假定的分析方法。前者主要是指"拟壳法"，后者主要是指有限单元法。"拟壳法"源于对实体薄壳的研究成果，其基本原理是将一个由杆件组成的网壳结构按照刚度相等的等效原理比拟为一个等效的连续薄壳，然后采用薄壳结构的分析理论对等效薄壳结构进行整体稳定性分析，求得壳体位移和内力的解析解，并根据壳体的内力折算出网壳杆件的内力，由此近似求得网壳结构的稳定极限承载力。该方法的最大优点是计算简便，可使用较小的计算代价得到网壳稳定性的近似解。对于简单的球面网壳和柱面网壳，不依靠计算机便可求得网壳内力。Weight、Buchert 等人提出了球面网壳稳定性的近似计算公式。然而，由于等效刚度的推导过程较为复杂，对于曲面形状不规则、网格不均匀、边界条件和荷载情况复杂的网壳结构，迭代后的实体薄壳很难求出其解析解，且该方法不能考虑材料的非线性，因此"拟壳法"具有很大的局限性。尽管如此，该方法在计算机分析技术相对落后的相当长的一段时间内，对估算某些特定形式网壳的稳定承载力仍起到了重要的作用。

有限单元法主要可分为隐式分析法和显式分析法两种。其计算原理是首先将结构划分为若干个单元，对单元建立节点力和节点位移之间关系的基本方程式，建立相应的单元刚度矩阵或动力学方程，然后利用节点平衡条件和位移协调条件建立整体结构节点荷载和节点位移关系的基本方程，通过引入边界约束条件对方程进行修正，进而解出节点位移及构件内力。与"拟壳法"相比，有限单元法更为通用，其计算模型符合网壳结构的构造特点，同时该方法不受结构形式、边界条件及荷载模式等限制。但有限单元法未知量多，计算复杂，需要借助计算机完成，计算代价较大。近年来，随着计算机分析技术的飞速发展，有限单元法已经成为网壳结构静力稳定性分析的主要方法。由于有限单元法可便捷地考虑结构的几何初始缺陷、初弯曲、节点半刚性等因素对结构稳定性的影响，借助该方法，网壳稳定性研究得以越来越深入。本书静力稳定性分析篇即采用有限单元法（包括隐式分析法和显式分析法）进行研究。

对于单层钢网壳的稳定性，1963 年布加勒斯特一个 93.5m 跨度的单层网壳在大雪后坍塌，这一工程事故使工程师意识到单层网壳稳定性问题的重要性，自此各国学者开始对此进行广泛的研究，包括几何初始缺陷、杆件初弯曲、节点半刚性等参数对网壳稳定性的影响以及网壳破坏模式，并取得了丰硕的成果。

铝合金网壳在设计过程中多参考钢网壳的相关研究和规范，但其稳定性能和钢网壳有明显的区别。主要体现在以下三个方面：一是铝合金材料没有明显的屈服平台，本构关系较为复杂，且其弹性模量仅为钢材的 1/3 左右；二是铝合金网壳通常使用 H 形构件，在受压性能上与圆钢管有较大差异；三是铝合金网壳的节点一般为传递剪力能力较弱的螺栓连接的板式节点。

稳定安全系数 K 是单层网壳设计中需要满足的重要指标。按照《空间网格结构技术规程》JGJ 7—2010 的要求，需对结构计算模型按照结构第一阶屈曲模态施加幅值为跨度的

1/300 的几何初始缺陷，并进行全过程分析。当对单层球面、椭球面和柱面网壳进行弹性全过程分析时，稳定安全系数 K 取 4.2，弹塑性全过程分析时 K 取 2.0。由于材料特性与截面形式的显著不同，单层铝合金球面网壳安全系数 K 取值可能与钢网壳不同。需要指出的是，2019 年发布的《铝合金空间网格结构技术规程》T/CECS 634—2019 不再沿用钢网壳的稳定系数，而是规定当进行弹性全过程分析时，K 应大于 3.0。当进行弹塑性全过程分析时，K 应大于 2.4。由于铝合金弹性模量较低，进入塑性阶段后变形较大，因此实际工程设计时多使用弹塑性全过程分析。

针对铝合金单层网壳稳定性问题还有以下几点有待深入研究：（1）在对铝合金单层网壳结构进行特征屈曲分析时，前若干阶屈曲模态基本均为杆件失稳，这是由于 H 形截面杆件强、弱轴惯性矩差异较大而造成的，规范中建议采用结构最低阶屈曲模态作为初始缺陷分布的模拟方法可能不再适用，需要通过数值分析研究由 H 形截面杆件构成的铝合金单层网壳合理的初始缺陷施加方式；（2）铝合金材料延性与钢材相比较差，且 H 形截面杆件受压稳定性较差，可能导致铝合金网壳延性明显低于钢网壳，需要进一步通过多尺度的有限元数值模拟及试验方法深入研究铝合金单层网壳的破坏机理，考虑节点刚度影响，甚至可以考虑围护屋面的影响；（3）H 形截面杆件抗扭刚度较小，易发生失稳，应采取措施避免杆件过早失稳，或研究其他截面形式的杆件；（4）铝合金网壳中常用的板式节点与钢网壳中的螺栓球节点或焊接球节点在构造上明显不同，因而其受力性能明显不同，需要深入研究不同节点刚度对铝合金网壳稳定性的影响；（5）需要在深入研究铝合金网壳破坏机理的基础上，结合结构可靠度理论，得到适用于铝合金网壳的稳定安全系数。

1.2.3.2 抗震分析

我国所处的地理位置和地质构造决定了我国是一个地震灾害严重的国家，部分地区曾经多次遭受严重的震害，造成了巨大的生命和财产损失。目前，已有铝合金结构发生倒塌事故。大跨度空间结构通常是公共建筑，人流较多，在震后还可以用作避难场所。特别是此次新冠肺炎疫情来临，方舱医院以及各类建筑大空间的创新使用为防治疫情起到了重大作用。所以我们必须对大跨空间结构的抗震性能进行充分的研究，以确保对结构进行更加合理的抗震设计，保证结构在强震作用下的可靠性。

由于国内外对铝合金结构的抗震性能研究尚未深入，铝合金结构抗震设计仍参考《钢结构设计标准》GB 50017—2017 及《建筑抗震设计规范》GB 50011—2010（2016 年版）的设计参数。单维地震作用下，对空间网格结构进行多遇地震作用下的效应计算时，可使用振型分解反应谱法进行抗震分析，对于体型复杂或重要的结构仍需要补充时程分析。根据现有工程抗震计算结果，较大矢跨比球面网壳在地震作用下的振型以平动为主，水平地震对结构影响更为显著。自由曲面网壳因外形不规则，在罕遇地震作用下部分杆件可能出现塑性铰。

在钢网壳抗震性能研究方面，数值分析具有速度快、成本低等优点，因此已有许多学者对网壳进行数值分析研究。谢志红等对比了铝合金双层网壳和钢网壳的抗震性能，得出铝合金网壳与钢网壳自振特性基本相同。李媛萍研究了铝合金材料黏弹性对网壳动力性能的影响，提出地震等特定荷载作用下忽略材料的黏性计算会产生较大误差。郭小农等对一跨度为 8m 的 K6 型铝合金单层球面网壳模型的阻尼比进行实测，建议此类网壳阻尼比取 3.3%。罗晓群等对一平面尺寸为 45m × 45m、矢高为 2.86m 的板式节点单层球面网壳的振动特性进行了实测，并建议阻尼比取 4%。郭小农等基于解析模态分解和粒子群优化的多模态振动衰减信号模态参数识别方法，并利用该方法针对四个在役的铝合金单层网壳结构进行现场试验，在试验基础上提出了铝合金网壳结构阻尼比的实用计算方法。广州大学的李宏、朱红普、于志伟等采用参数分析的方法对铝合金单层球面网壳及柱面网壳的强震失效机理及易损性进行了分析研究，指出铝合金单层网壳具有动力失稳破坏及动力强度破坏两类失效模式，并引入模糊评判理论提出了失效模式的实用判别标准。通过易损性分析拟合得到了铝合金单层网壳结构的损伤模型与损伤因子。Kato S 等介绍了半刚性连接网壳的二阶弹塑性铰分析方法，研究了节点半刚性的影响以及假定初始几何缺陷对结构倒塌荷载的影响。同时对一使用螺栓球节点和管状杆件的铝合金网壳进行荷载试验，并给出了估计铝网壳屈曲强度的计算方法。但铝合金单层网壳的动力失效机理尚缺乏振动台试验的验证。

虽然结构精细化分析方法的计算能力和精度已经很高，但是，对于体系和节点构造复杂的建筑结构来说，试验研究仍然是重要的补充。对于新材料或新型体系，试验研究往往是必不可少的。结构抗震试验主要包括结构拟静力试验、结构拟动力试验、模拟振动台动载试验和原型结构动载试验。近二十年来，与理论研究同步，学者们对钢网壳结构的抗震问题开展的试验研究主要是以地震模拟振动台试验为主。试验研究的模型有单层球面网壳、单层柱面网壳和双层柱面网壳。在此之前并没有铝合金网壳模拟振动台试验，因而需要进行此类试验研究铝合金网壳结构的失效机理，为其广泛应用提供坚实的理论基础和设计指导。

铝合金材性与钢差别明显，但是铝合金网壳结构的抗震研究远远少于钢网壳，且以有限元分析为主。因此对目前应用越来越多的单层铝合金网壳结构进行抗震性能试验研究是必要的。本书抗震分析篇介绍了铝合金网壳模拟振动台试验研究，深入分析结构地震响应和强震失效机理，建立有效的有限元分析方法，通过大规模全过程参数分析和统计，提出该类网壳的抗震设计建议。

为了更好地推广和应用铝合金单层网壳结构，提高其抗震性能，对铝合金单层网壳结构进行更为全面、深入的地震响应分析和抗震性能研究非常迫切，尤其对于目前应用较多、使用板式节点的铝合金单层网壳在强震作用下的工作性能和失效机理的研究更加缺乏。

1.2.3.3 节点

节点是空间结构一个很重要的部分，节点设计是结构精细化设计的主要内容，直接影响内力传递和结构整体性能，是结构中至关重要的部位。在空间结构的发展历程中，研发了很多的节点。在这些节点中，有些节点是因为研发时间较短，没有应用到实际案例中，有些节点是现场施工难度较大，没有得到应用，但这些节点为空间结构的发展起到了很好的推助作用。

铝合金单层网壳的常用节点形式有螺栓球节点、铸铝节点、毂式节点及板式节点（图1-50），其中板式节点在工程中应用最广泛。针对铸铝节点、毂式节点等新型铝合金节点的研究有益于丰富铝合金网壳形式，应进行更加深入的研究。

(a) 螺栓球节点　　　　　　　　　　(b) 铸铝节点

(c) 毂式节点　　　　　　　　　　(d) 板式节点

图 1-50　铝合金单层网壳各类节点

（1）螺栓球节点

铝合金螺栓球节点构造与钢螺栓球节点相近,主要应用于铝合金双层网壳及网架结构。螺栓球节点的结构体系,其构造形式与力学假定相符,能有效减少误差。施工相对其他节点更加灵活,可以散装和整体安装,质量较轻,便于运输。但设计时需要考虑杆件角度,角度不好的螺栓球很大。现场安装难度大,需要各个配件的精度高。

孟祥武等通过节点和构件试验研究了铝合金螺栓球节点及网架的力学性能。钱基宏等通过铝合金螺栓螺纹抗拉承载力试验、铝合金套筒抗压承载力试验及铝合金杆件与封板焊缝承载力试验系统地研究了铝合金螺栓球节点的力学性能,指出铝合金螺栓球节点设计与加工的难点在于杆件与封板处的连接。采用传统的焊接方法连接,杆件热影响区内材料的极限抗拉强度降低 20%～30%,对节点强度与刚度造成较大削弱。在此基础上,钱基宏等发明了一种冷加工挤压方式连接杆件与封板,并成功应用于 FAST 工程。刘红波等对铝合金螺栓球节点进行了一系列试验研究,得到了铝合金螺栓球节点的失效机理与抗拉承载力计算公式,并建议螺栓深入球中深度应大于 1.6 倍螺栓直径。此外,Lopez A 等对钢芯螺栓节点的抗弯刚度进行了试验研究,给出了计算其初始转动刚度的方法。

（2）铸铝节点

铸铝节点是采用铸造方式加工而成的铝合金节点,通过螺栓与杆件相连接。此种节点是一种新型节点,其工程应用很少。施刚等通过三个足尺铸铝节点试验,发现铸铝节点属于半刚接节点,破坏模式为螺栓孔附近截面脆性断裂。在此基础上,对铸铝节点进行了有限元分析,提出了铸铝节点承载力设计简化计算公式。

（3）毂式节点

毂式节点又称嵌入式毂节点，由柱状毂体、杆端嵌入件、盖板、中心螺栓等零件构成。其在国外应用较广泛，如直径 110m 的印尼 Pupuk Kaltim 圆形煤仓、智利 Coemin 选矿厂等，但缺乏详细资料。目前已知的仅有河北省唐山市的 4 个原煤仓库曾考虑使用毂式节点弗伦第尔空腹双层网壳，严仁章等针对弗伦第尔空腹双层网壳进行了结构稳定性分析。德克萨斯 EI Paso 大学曾完成了毂式节点的弯曲试验，提出其在强轴方向能有效传递弯矩，可等效为刚接，但弱轴方向仅可传递微量弯矩，可等效为铰接。曹正罡等采用了有限元分析的手段对铝合金毂式节点的拉压性能开展了系统的研究，并针对该节点给出了必要的设计建议及抗拉极限承载力计算公式。徐颖等采用了 BOM 铆钉，开发了铝合金装配式毂节点，对该节点开展了平面外承载力试验、有限元分析及理论研究，并为该节点的设计提供了必要的理论和技术指导。

（4）板式节点

板式节点通过螺栓或拉铆钉将节点板与杆件翼缘连接，杆件的轴力和弯矩均通过螺栓或铆钉受剪传递至上下节点板。

郭小农团队完成了铝合金板式节点的受压承载力试验，破坏模式为下节点板及最外侧螺栓附近翼缘断裂，并根据试验结果得到板式节点的弯矩-转角曲线；同样对铝合金板式节点进行了弯剪破坏试验，破坏模式为节点板的屈曲破坏，加载结束时杆件承受的最大弯矩约为其纯弯状态下强度设计值的 0.88 倍。在板式节点进行滞回试验及有限元分析方面，提出其破坏模式取决于节点板厚度与构件翼缘厚度的比值；深入研究了螺栓滑移及弧面节点板冲压成形过程对板式节点及网壳力学性能的影响，并给出了相关计算公式。张志杰、冯若强等对北京大兴国际机场采光顶板式节点进行压弯状态下的力学性能试验，得到试件破坏模式为约束端杆件的腹板和上翼缘交界处发生撕裂破坏，节点的轴向和竖向荷载-位移曲线均包含上升段、水平段和下降段 3 个阶段。徐帅、陈志华等对板式节点进行了滞回试验研究，也发现试件破坏模式是节点下翼缘最外侧螺栓孔处被拉坏。陈伟刚、邓华等针对工程中常用的铝合金板件环槽铆钉搭接连接，进行了受剪性能的静力试验，考察了环槽铆钉连接铝合金节点的受剪性能。王元清、张颖等对应用于南京牛首山佛顶宫穹顶的箱形-工字形板式节点进行了试验研究，得到了其破坏模式与受力机理。

考虑板式节点的特点，郭小农等对传统板式节点、带抗剪键的节点进行了承载力试验研究及滞回试验研究，并对比得出抗剪键能显著提高节点的整体性能；马会环、余凌伟等研发了新型柱式节点，通过试验和有限元分析研究了此新型节点在平面外与平面内的转动性能。通过对比发现，此新型节点的承载力相对于传统板式节点有着显著的提高；孟祎、刘红波等提出连接杆件翼缘加厚型节点、连接杆件翼缘加宽型节点、翼缘栓焊混合连接节点、翼缘栓接腹板焊接型铝合金空间结构节点等新型节点，但未对这四种节点的受力特性和可实施性进行具体研究。吴金志、孙国军等基于"强节点，弱构件"的设计要求和提高杆件强度利用率的目的，提出抗剪性能增强的腹板连接型空心棱柱、连接件内置空心棱柱 H 形杆件翼缘连接型、连接件外置空心棱柱 H 形杆件翼缘连接型节点，改善破坏模式的 H 形杆件局部翼缘削弱型、H 形杆件局部腹板开洞型板式节点等新型节点。陈志华等对双层铝合金板式节点的极限承载力和破坏模式进行研究。王钢、赵才其等构造出一种新型铝合金花环齿槽形组合节点，并对其抗压、抗弯、抗剪性能及平面外的滞回性能进行了系统的分析，得出新型节点的抗压承载力和刚度有显著提高，拟合出在轴力和弯矩作用下的单项和复合承载力计算公式。

总的来说，针对铝合金空间网格结构新型节点研发，开展更系统深入的研究形成相应标准，对推广铝合金结构的发展具有重要推动作用。

1.2.3.4 构件

构件强度的主要设计参数是抗力分项系数及截面塑性发展系数。根据《铝合金结构设计规范》GB 50429—2007，铝合金构件抗力分项系数取 1.2，H 形截面强、弱轴截面塑性发展系数分别取 1.0 和 1.05。

铝合金单层网壳结构中的杆件计算长度系数沿用钢网壳中杆件计算长度系数，即平面内取值为 0.9，平面外取值为 1.6（《铝合金空间网格结构技术规程》T/CECS 634—2019 中杆件计算长度系数平面内取值为 1.0，平面外取值为 1.6）。由于铝合金弹性模量较低，构件的轴压稳定系数低于钢构件，且 H 形截面构件受压易发生弱轴失稳，因此工程应用中铝合金单层网壳结构的网格较小，多为 2~3m，极少数大型铝合金单层网壳结构中网格长度达到 4m，换算后铝合金构件的长细比通常为 50~80，较长的为 100 左右。

美国学者早在 20 世纪 30~50 年代就开始进行大量的铝合金构件轴心受压、受弯及压弯试验，并给出了拟合公式。而欧洲的相关试验研究则始于 20 世纪 70 年代以后，其研究成果集中体现在各国文献及规范中。纵观欧美规范，铝合金轴心受压构件稳定系数计算公式都采用了 perry 公式，而压弯构件则采用了相关公式的计算方法。国内对于铝合金构件的系统研究在 2000 年之后，沈祖炎、罗永峰等完成了铝合金各类截面杆件的稳定性试验，并给出了铝合金构件轴压稳定系数的求解公式，为铝合金规范编写提供了依据。张其林、郭小农、王元清等学者研究了铝合金构件压弯、受弯和局部稳定承载力，给出了相应的计算公式。赵远征对 30 根 6082-T6 铝合金方形及圆形空心截面构件进行了偏压试验，研究了不同参数（长细比、偏心距、宽厚比、径厚比等）对构件承载力的影响，并对比各国规范，提出直接强度法计算构件承载力最为准确。张铮等对铝合金轴压构件和受弯构件的滞回性能进行了有限元模拟，提出铝合金滞回性能与本构模型参数有直接联系，构件耗能能力随长细比增加而降低。

在构件层面，现有的研究主要局限于不同截面类型的铝合金构件承载力性能研究。针对铝合金滞回性能的研究鲜有开展。而铝合金在循环荷载作用下极易因为材料的疲劳损伤提前发生断裂，因此其在低周往复荷载作用下的力学性能与单调荷载作用下的力学性能可能存在不小的差别。因此，还需对铝合金构件进一步研究，主要有如下几个方面：

（1）通过对铝合金单层网壳结构常用构件的截面形式、构件长细比在结构中真实受力情况的数值分析和试验研究，得到铝合金构件的破坏模式、极限承载力，并提出其强度、稳定性设计参数；

（2）规范中给出的铝合金单层网壳杆件计算长度以刚接节点为前提，而现有研究证明铝合金网壳节点为典型的半刚性连接，应在构件承载力试验中准确模拟节点连接形式，结合数值分析，对杆件计算长度取值进行深入研究以指导设计；

（3）通过铝合金构件轴压、压弯滞回试验，得到不同截面、不同长细比的铝合金构件耗能能力，并通过数值分析得到初始缺陷、材料参数等因素对铝合金构件滞回性能的影响，并以此作为结构抗震分析的前提。

1.2.3.5　材料性能

不同于钢材，铝合金材料没有明显的屈服平台，其本构关系较为复杂。国外自20世纪40年代以来就已经开展了对铝合金结构的研究。虽然铝合金材料与钢材均为金属材料，但通常情况下铝合金的应力-应变曲线与钢材不同，是一条无明显屈服平台的连续光滑曲线，且弹性模量约为钢材的1/3左右，因此不能简单地将铝合金材料的本构关系直接简化为理想弹塑性模型。此外，在地震作用下，材料在循环荷载作用下的本构响应是进行结构地震弹塑性分析的基础。

Ramberg和Osgood于1939年提出了Ramberg-Osgood模型（简称R-O模型），由于其简洁的关系式与良好的吻合度而被广泛使用至今。1971年，SteinHardt对R-O模型中指数n的取值给出了建议公式，亦被广泛应用。之后又有其他学者提出了一些本构模型，如1961年的Baehre模型，1972年的Mazzolani模型等。郭小农等通过拉伸试验及数据结果统计给出6061-T6铝合金的建议抗拉强度标准值为265MPa，名义屈服强度为245MPa，伸长率为8%，弹性模量为68GPa，静力本构模型用R-O模型拟合较好。铝合金牌号众多，除6061-T6铝合金外，其他牌号的铝合金单调力学性能也被广泛研究，并且大多数学者都给出了R-O模型拟合参数建议取值（表1-3）。

不同牌号铝合金力学性能建议取值　　　　　　　　表1-3

作者	年份	材料牌号	屈服强度 $f_{0.2}$（MPa）	抗拉强度 f_u（MPa）	弹性模量 E（GPa）	屈强比 $f_{0.2}/f_u$	硬化指数 n
Moen 等	1999	6082-T4	120.1	221.0	66.9	0.54	26
Moen 等	1999	6082-T6	312.2	324.2	66.7	0.96	74
Moen 等	1999	7108-T7	314.0	333.4	66.9	0.94	65
王誉瑾等	2013	6082-T6	305.1	331.9	70.0	0.92	（39.272，43.649）
Su 等	2014	6061-T6	234.0	248.0	66.0	0.94	12
Su 等	2014	6063-T5	179.0	220.0	69.0	0.81	10
Alsanat 等	2019	5052-H36	211.6	257.8	64.2	0.82	—
Rong 等	2022	7A04-T6	550.5	624.5	68.3	0.88	35

除此之外，铝合金结构和构件在动载作用下的力学性能研究相对匮乏。随着大量采用铝合金结构的公共建筑的建成，其抗震性能在近十年内得到了国内学者的广泛关注。对铝合金结构或构件抗震性能的研究将是未来的方向。作为抗震性能分析的前提，铝合金在循环荷载作用下的本构模型是完成有限元分析及设计计算的重要基础。

1986年，Chaboche基于von Mises流动法则提出了一种用于钢材的循环弹塑性模型，该模型是一种混合强化模型，包含了非线性随动强化部分和等向强化部分。早在1995年，Hopperstand等对6060-T4及6060-T5铝合金进行了循环拉压试验并根据Chaboche模型标定了相关参数。但在之后近二十年时间内，针对铝合金材料的循环拉压试验鲜有开展，尤其是建筑结构中应用较多的铝合金。随着铝合金材料在建筑中的应用增多，国内外学者对不同牌号的铝合金材料开展了循环拉压试验。2016 年，Wang 等对 7A04 高强铝合金（屈服强度大于 500MPa）在多种加载制度下进行了循环往复加载试验，采用 Chaboche 模型进行拟合并标定了相关参数。2018 年，贾斌等对三种建筑结构中常用的铝合金材料（6061-T6、5083-H111 和 5012-H112）进行了单轴拉伸试验及循环加载试验，发现相对于钢材而言，铝合金材料呈现出更为明显的混合强化特征和包辛格效应。再次证明了使用 Chaboche 模型来描述建筑结构中常见铝合金材料的循环加载性能是较为精确且合理的。并利用 ABAQUS 子程序开发了可以用于梁单元的单轴双面模型（UTSMP）。Guo 等研究了 6082-T6 和 7020-T6 高强铝合金的循环拉伸性能并改进了 piecewise Ramberg-Osgood 模型用来描述铝合金的循环加载性能。Wu 等标定了用于 6061-T6 铝合金的 Chaboche 模型，开展了三根 H 型截面的铝合金构件的偏心循环加载试验，并基于 Chaboche 模型进行了相应的有限元分析，评估了 Chaboche 模型用于构件循环加载分析的精度。Branco 等对 7075-T651 铝合金开展了单调拉伸试验和循环加载试验，基于弹塑性力学和断裂力学的相关理论提出了基于 SWT 的循环加载模型，并运用有限元模拟验证了该模型可以恰当地捕捉载荷历史对 7075-T651 铝合金的疲劳行为的影响。

目前关于铝合金构件或结构在循环荷载或者动力荷载作用下的研究十分有限并且不够深入，包括目前工程中常用的 6061-T6 铝合金，这给铝合金结构的极限承载力及抗震性能的研究带来了困难。而且尚未考虑损伤累积对铝合金性能的影响。一般而言，强震作用下材料的损伤累积对结构影响较大，尤其对于弹性模量较低的铝合金材料影响可能更为显著。该部分研究可参考钢材相关研究方法，通过在铝合金材料滞回试验及研究中引入损伤因子得到考虑损伤累积的本构模型，并对有限元软件进行二次开发将模型嵌入，进而可以更加准确地模拟结构在地震中的响应特性。

1.2.3.6 温度影响及抗火性能

工程设计中常见的温差范围为 ±25～±40℃，由于铝合金热膨胀系数是钢材的 2 倍，分析表明太阳辐射作用下的非均匀温度作用可能成为网壳的控制荷载工况。

铝合金材料在高温下的力学性能较常温下退化幅度较大，相同温度下铝合金材料强度和弹性模量的高温折减系数比钢材更小。另外，铝合金的导热系数为钢材的 3 倍左右。但考虑到铝合金材料的外形美观，一般不对结构构件进行被动防火保护。可以推测，在火灾下，无隔热保护的铝合金构件其升温速度比钢构件更快。由此，铝合金结构可能较钢结构更容易在火灾下发生破坏。现有对铝合金网壳结构高温力学性能的研究主要集中在材料与构件性能、节点性能、网壳性能三个方面。

材料性能方面，郭小农、彭航、ADDIN EN.CITE 等对国产结构用铝合金高温力学性能进行了试验研究，提出温度超过 200℃时铝合金强度急剧下降，并给出了铝合金力学性能指标高温折减系数的计算公式。陈志华等完成了 186 个 6061-T6 及 7075-T73 铝合金单次和多次过火试验，提出了铝合金过火后的材料本构模型。近年来，刘红波等对 16 个热处理后的 6061-T6 铝合金标准试件进行单调拉伸及滞回试验，得到了不同过火温度、过火时间和冷却方式等因素对铝合金力学性能的影响，并拟合了火灾高温后材料在循环荷载下的应力-应变关系骨架曲线。构件承载力方面，Maljaars J 等完成了 55 个 6060-T6 及 5083-H111

铝合金在高温下的单调拉伸试验及矩形空心管和 L 形铝合金杆件在高温下的轴压试验，得到其在高温下的力学性能。同济大学的蒋首超、何志力等完成了大量 6061-T6 铝合金轴压及偏压构件高温试验，并结合大规模有限元参数分析，提出了铝合金构件在高温下的稳定承载力计算公式。黄力才、蒋首超对高温下 6061-T6 铝合金受弯构件及压弯构件的稳定承载力进行了有限元分析，并拟合得到了承载力计算公式。ZHU S Z 等完成了 14 个 H 形铝合金构件的高温偏压试验，所有构件的失效模式均为弯扭屈曲。经过有限元参数分析，提出了铝合金构件在 300℃以下的偏压承载力计算公式。

节点性能方面，郭小农完成了 9 个铝合金板式节点的高温性能试验，结合有限元模拟提出节点在各温度下的破坏模式相同，当节点板厚度大于等于翼缘厚度时，节点在 300℃时仍能确保安全性。

网壳性能方面，郭小农、朱邵骏等学者对一直径 8m、矢高 0.5m 的 K6 型铝合金单层球面网壳进行了火灾下的静力试验，得到了不同火源位置下结构温度及内力分布情况，以及结构在火灾下的破坏模式，并提出了有限元模拟方法和防火设计建议，为后续研究及结构设计提供了借鉴。

铝合金结构对温度敏感，温度超过 200℃时铝合金强度明显下降。这给实际工程的防火设计带来很大困难。目前工程中通常采用喷淋系统进行火灾防护。在对节点和构件高温性能研究的基础上，需对铝合金单层网壳结构的整体抗火性能进行深入研究。

1.2.3.7　焊接性能

与钢材焊接性能相比，铝合金焊件的热影响区范围可达几十毫米，热影响区内母材强度显著降低。尽管如此，目前仍发展出多种铝合金焊接工艺，如熔化极氩弧焊（MIG）、钨极氩弧焊（TIG）、搅拌摩擦焊（FSW）、激光焊等。

MIG 及 TIG 工艺是土木工程中常用的铝合金焊接工艺，在编制《铝合金结构设计规范》GB 50429—2007 过程中，国内学者对该类焊接节点及其力学性能进行了较为系统的研究。李静斌等对 6061-T6 铝合金焊接节点的力学性能进行了系统的试验研究，得到铝合金对接焊缝节点的抗拉强度为母材设计值的 0.59 倍，名义屈服强度为母材的 0.38 倍，角焊缝与对接焊缝的极限强度比值关系与钢结构相同。吴芸等对 10 根贴角焊试件和 10 根坡口焊试件进行了轴心受压承载力试验，试验结果与国家标准及欧洲规范给出的承载力设计公式计算结果吻合良好。在此基础上，通过参数分析发现焊接引起构件焊缝周围的材性变化是影响构件承载力的主要因素，焊接残余应力对构件承载力的影响可以忽略。

FSW 是 20 世纪 90 年代发明的一种新型的固相塑性连接技术。在搅拌摩擦焊接过程中金属不熔化，处于热塑性状态，因而可以避免传统熔化焊接工艺带来的焊接缺陷。赵勇等对 6061 铝合金的 MIG、TIG、FSW 三种焊接接头性能进行了对比试验研究，得到 FSW 焊接接头综合力学性能最好，其接头抗拉强度达到母材的 81%。潘锐等研究了焊接速度和搅拌头旋转速度对 6061-T4 铝合金焊缝性能的影响。试验结果表明当焊接速度为 180mm/min，搅拌头旋转速度为 1200r/min 时，接头抗拉强度可达母材的 95%。然而，FSW 工艺尚存在局限性，比如对焊件的夹持要求高，需要刚性固定；不同焊缝需要使用不同的夹具；搅拌头磨损快，适应性差等。因此 FSW 目前多用于航空、航天及汽车制造等领域。

纵观铝合金焊接工艺的发展，应用于建筑结构的焊接工艺仍然以 MIG、TIG 为主，因而焊接过程对母材性能的显著削弱是阻碍焊接铝合金结构推广应用的重要原因之一。未来对于焊接铝合金结构的研究，一方面应提高传统熔化焊接工艺的可靠性，另一方面应继续发展 FSW 工艺，探索其在建筑工程领域的适用性。

1.2.3.8　施工

铝合金材料易挤压成型，各个构件都可以通过工厂预制型材，之后运到施工现场进行拼装，大大节省了工期。装配式钢网壳的施工方法基本都可用于铝合金单层网壳，目前已建成的铝合金单层网壳结构的施工主要应用高空散装法及滑移法，此外还有平台整体提升施工技术及自由曲面多轨道滑移施工技术等新型大跨度铝合金结构施工技术。

传统高空散装法，包括搭设满堂脚手架从结构中央向四周安装（郫县体育馆）的外扩施工法；对于圆形、椭圆形等形状相对规则的网壳多采用从四周到中央逐环拼装的内扩施工法（上海国际体操中心主馆、上海马戏城杂技场、上海辰山植物园）；对于三角形等不规则网壳形状采用首先完成中央第一跨的拼装，然后向两侧逐跨拼装的高空逐跨拼装法（武汉体育学院综合体育馆）。滑移法则应用于跨度较大、曲面较平整的网壳，例如南京牛首山佛顶宫的大穹顶采用分块吊装与滑移施工相结合的方法。

此外，根据不同的结构特点还可选用其他施工方法，如上海南部综合体拉斐尔云廊采用了分块吊装与整体提升相结合的施工方法。

第2章 铝合金材料和构件性能研究

2.1 铝合金材料性能

2.1.1 建筑用铝合金材料

2.1.1.1 铝合金材料

铝合金结构的型材宜采用 5×××系列和 6×××系列铝合金；板、带材宜采用 3×××系列和 5×××系列铝合金。铝合金螺栓球宜采用 7×××系列高强铝合金；毂节点的毂体宜采用 6×××系列铝合金。在需要轻质高强的铝合金材料时，可采用 7×××系列等高强铝合金。板、带材的力学性能应符合现行国家标准《一般工业用铝及铝合金板、带材》GB/T 3880 的规定；挤压棒、拉制管、挤压管、挤压型材应符合现行国家标准《铝及铝合金挤压棒材》GB/T 3191、《铝及铝合金拉（轧）制管材》GB/T 6893、《铝及铝合金热挤压管》GB/T 4437、《铝合金建筑型材》GB/T 5237、《一般工业用铝及铝合金挤压型材》GB/T 6892 的规定。

铝合金单层网壳不仅广泛应用于体育场馆、展览中心、交通枢纽及工业厂房等建筑，也适用于游泳馆、温室及储煤仓等腐蚀性较强的环境。国内多数工程均采用 6061-T6 铝合金。6082-T6 铝合金是我国近年来研发的新型合金牌号，其强度比 6061-T6 略高而延伸率略低，主要用于铝合金结构构件。

2.1.1.2 铝合金材料的基本力学性能

（1）单调本构关系

由于铝合金的应力-应变曲线没有明显的屈服平台，其单调荷载作用下的本构关系模型与传统碳素钢材存在较大差异。目前国内外学者对铝合金本构模型已经进行了较深入的研究，提出了铝合金材料在单调荷载作用下的本构关系模型，主要包括分段式模型及连续式模型。

分段式模型包括两段式和三段式模型，两段式和三段式模型是连续式模型的简化，它们又可以分为考虑应变硬化和不考虑应变硬化两种形式。连续式模型主要包括 Ramberg-Osgood 模型、Baehre 模型和 Mazzolan 模型三种。

在国内外铝合金材料单调拉伸试验中，大多数学者均是直接采用现有的 Ramberg-Osgood 模型来描述铝合金材料的本构关系，且直接通过模型的应力-应变曲线与实测曲线的拟合来确定各项参数，并未与其他描述材料单调本构关系的模型进行比较分析所采用模型的精确性，即模型与单调拉伸试验中实测应力-应变曲线拟合效果的好坏。因此，需要针对铝合金材料在单调荷载作用下的应力-应变曲线，分别采用不同的本构关系模型及参数进行对比拟合分析，在此基础上提出适用于国产用铝合金材料的精细化本构关系模型，以期为铝合金结构的精细化分析提供参考。

（2）滞回本构关系

在地震作用下，材料在循环荷载作用下的本构响应是进行结构地震弹塑性分析的基础，为了满足实际需求且便于工程应用，国内外学者曾对地震中结构常使用的钢材的循环力学行为进行了较多的研究，并将研究成果应用于模拟钢材在循环荷载下的力学响应。

目前关于铝合金构件或结构在循环荷载或者动力荷载作用下的研究还很有限且不够系统深入，包括目前工程中应用较多的国产 6061-T6 结构铝合金材料，这给铝合金结构的极限承载力及抗震性能的研究带来了困难。强震作用下材料的损伤累积对结构影响较大，尤其对于弹性模量较低的铝合金材料影响可能更为显著。因此，我们需要在钢材现有滞回本构关系模型的基础上，进一步开展对铝合金材料考虑损伤累积的滞回本构关系模型进行深入研究，形成精确的便于应用于工程分析的材料本构模型，为铝合金结构极限承载力及抗震性能分析奠定基础。

（3）物理力学性能指标

应考虑结构的重要性、荷载特征、结构形式、应力状态、连接方式、材料厚度等因素，选用合适的铝合金牌号、规格及其相应的热处理状态，并符合现行国家标准的规定和要求。

（4）强度设计值

铝合金材料的强度设计值应取强度标准值除以抗力分项系数。其中铝合金材料的强度标准值按现行国家标准《一般工业用铝及铝合金板、带材》GB/T 3880、《铝及铝合金挤压棒材》GB/T 3191、《铝及铝合金拉（轧）制管材》GB/T 6893、《铝及铝合金热挤压管》GB/T 4437、《铝合金建筑型材》GB/T 5237、《一般工业用铝及铝合金挤压型材》GB/T 6892 采用，铝合金材料强度设计值见表 2-1。

铝合金材料强度设计值（N/mm²）　　　　　　表 2-1

铝合金材料				用于构件计算			用于有局部焊接的构件计算	
品种	牌号	状态	厚度（mm）	f	f_v	$f_{u,d}$	$f_{u,haz}$	$f_{v,haz}$
板、带材	3003	H14	0.5～6.0	105	60	no	75	40
		H16	0.5～6.0	125	70	130	75	40
	3004	H14	0.5～6.0	150	85	170	120	70
		H34	0.5～3.0	140	80	170	120	70
	3005	H14	0.5～6.0	125	70	130	90	50
	5005/5005A	H14	0.5～6.0	100	60	110	75	45
		H34	0.5～6.0	90	55	110	75	45
	5050	H34	0.5～6.0	110	65	135	100	60
	5052	H14	0.5～6.0	150	85	175	130	75
		H34	0.5～6.0	125	70	175	130	75

续表

铝合金材料				用于构件计算			用于有局部焊接的构件计算	
品种	牌号	状态	厚度（mm）	f	f_v	$f_{u,d}$	$f_{u,haz}$	$f_{v,haz}$
挤压型材	5083	O/H112	<200.0	90	50	210	210	120
	6061	T4	所有	90	55	140	115	65
		T6	所有	200	115	200	135	75
	6063	T5	<3.0	110	60	135	75	45
			3.0~25.0	90	55	125	75	45
		T6	所有	135	75	150	85	50
		T66	<10.0	165	95	190	100	60
			10.0~25.0	150	85	175	100	60
	6082	T4	<25.0	90	55	160	125	70
		T5	<5.0	190	110	210	145	85
		T6	<5.0	210	120	225	145	80
			5.0~25.0	215	125	240	145	85
	6013	T4	<15.0	120	80	200	140	85
		T6	所有	260	160	300	180	105
	7020	T6	<15.0	240	140	270	215	125
			15.0~40.0	230	130	270	215	125
	7075	T6	所有	380	215	415	—	—
	7A04	T6	所有	330	190	380	—	—

2.1.2　单调本构关系研究

2.1.2.1　试验设计

（1）试验概况

为研究铝合金本构关系，对铝合金 6061-T6 挤压 H 型材进行试件取样，截面尺寸为 H250mm×125mm×5mm×9mm，如图 2-1 所示。试样分别从翼缘和腹板进行取材，具体尺寸及位置如图 2-2 所示，试样的尺寸和规格均根据《金属材料 拉伸试验 第 1 部分：室温试验方法》GB/T 228.1—2021 的规定进行加工。

（2）试验制备

铝合金母材共 4 个取材位置，翼缘位置处试件编号为 HY 和 HYZ，腹板位置处试件编号为 HF 和 HFZ，其中 H 代表母材型号，Y 代表翼缘边缘，YZ 代表翼缘中部，F 代表腹板边缘，FZ 代表腹板中部，如图 2-2 所示。HY1-2 中 1 代表单向拉伸试件，2 代表试样个数次序。单向拉伸试验试件共 8 个，每个取材位置对应 2 个加载试件；单向拉伸试件基本尺寸见图 2-3，其中 B 表示标距内试件的宽度，t 表示试件厚度。

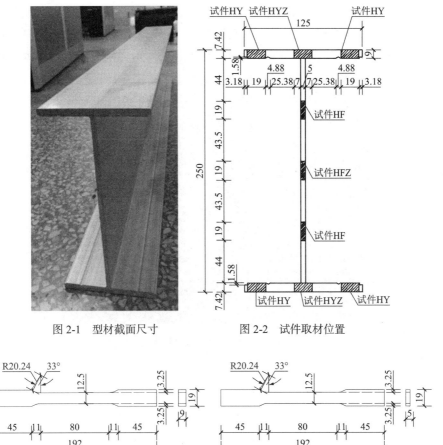

图 2-1 型材截面尺寸　　　　　　　图 2-2 试件取材位置

(a) 翼缘处单向拉伸试件（$B = 12.5$mm，$t = 9$mm）

(b) 腹板处单向拉伸试件（$B = 12.5$mm，$t = 5$mm）

图 2-3 单向拉伸试件基本尺寸

（3）试验加载装置和加载制度

单向拉伸材料性能试验在北京工业大学试验室 Zwick/Roell Z100 型材料试验机上进行。单向拉伸的加载速率为 2mm/min。采用引伸计测量应变，引伸计标距为 7mm，试验加载采用位移控制，所有试验均在室温下进行，加载至试件拉断破坏。

2.1.2.2 单向拉伸试验结果分析

（1）试验现象及破坏形态

6061-T6 铝合金单向拉伸试验破坏形态见图 2-4，断口呈金属光泽，试件断口截面比较平整，所有铝合金试样均在标距内断裂，且试验断裂时有较大声响，试件端口处出现颈缩现象。

（2）应力-应变曲线

由实测荷载-位移关系曲线经处理得到的单向拉伸应力-应变曲线见图 2-5。从图中可以看出，应力-应变曲线是一条连续且光滑的曲线，曲线在受荷刚开始的一段时间里均呈明显的线弹性，当拉应力接近非比例延伸强度 $f_{0.2}$ 时，即"拐弯"部分，曲线斜率显著减小，材料的弹性模量明显降低，但没有出现类似低碳钢那样的屈服平台。应力-应变曲线可以分四

个阶段，分别为弹性段、拐弯段、强化段和退化段。在曲线弹性段，应力随着应变的增大
其增长速率最快；在曲线拐弯段，随着应变的增大，应力增长速率较快；在曲线强化段，
随着应变的增大，应力增长速率较慢；在曲线退化阶段，应力随着应变的增大而逐渐减小。

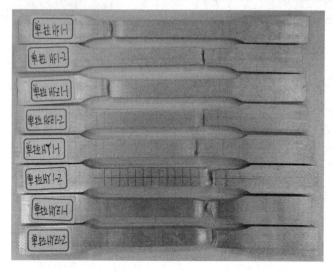

图 2-4　6061-T6 试件破坏形态

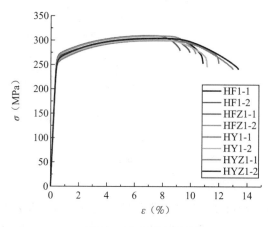

图 2-5　应力-应变曲线

表 2-2 给出了所有试样的力学参数实测值，表中 E 为弹性模量；$f_{0.1}$ 为铝合金材料的比
例极限强度；$f_{0.2}$ 为规定非比例延伸强度，对应于 0.2% 的残余应变；f_u 为极限抗拉强度；ε_u
为极限抗拉应变，即极限强度所对应的应变值；铝合金材料的极限延伸率用 δ 表示，即材料
在拉伸断裂后，总伸长与原始标距长度的百分比。

单向拉伸试验结果　　　　　　　　　　　　　　表 2-2

试样编号	$f_{0.1}$（MPa）	$f_{0.2}$（MPa）	f_u（MPa）	$\varepsilon_{0.1}$（%）	$\varepsilon_{0.2}$（%）	ε_u（%）	E（MPa）	δ（%）
HF1-1	258.2	264.9	304.3	0.474	0.584	7.97	0.690×10^5	10.5
HF1-2	265.6	271.2	310.1	0.478	0.587	7.18	0.702×10^5	8.84
HFZ1-1	257.3	263.9	304.5	0.473	0.586	7.81	0.689×10^5	9.5

试样编号	$f_{0.1}$（MPa）	$f_{0.2}$（MPa）	f_u（MPa）	$\varepsilon_{0.1}$（%）	$\varepsilon_{0.2}$（%）	ε_u（%）	E（MPa）	δ（%）
HFZ1-2	262.1	269.1	309.5	0.481	0.590	7.69	0.687×10^5	9.9
HY1-1	250.4	256.1	300.1	0.452	0.557	7.56	0.717×10^5	11.6
HYZ1-2	254.0	262.1	305.1	0.463	0.575	7.61	0.701×10^5	12.6
HY1-1	248.4	259.3	300.9	0.428	0.565	7.33	0.756×10^5	10.8
HYZ1-2	255.6	262.6	304.4	0.465	0.577	7.72	0.693×10^5	13.0
平均值	256.45	263.65	304.86	0.464	0.578	7.61	0.704×10^5	10.8

从表 2-2 中材性试验的结果可以看出，所有试样弹性模量均在 70000MPa 左右，除 3 根试样的断后延伸率小于 10%外，其余 6 根试样均大于 10%，可见该材料延性比较好。另外，从试样取材位置来看，取自翼缘的试样比取自腹板的试样的断后延伸率大，延性更好些。

（3）泊松比测试

为获得 6061-T6 铝合金材料的泊松比的取值，采用长春仟邦测试设备有限公司的 QBD-100 型万能材料试验机进行泊松比测试，如图 2-6 所示。利用 KYOWA 静态电阻应变仪采集应变。本试验采用单向拉伸试件中的试件 HY1-2 和试件 HYZ1-2 进行泊松比的测试。在试件上沿轴向和垂直于轴向的两面各贴两片电阻应变计，试验采用半桥方式进行。在弹性范围内，为尽可能减小测量误差，本试验采用等增量加载法来测得不同荷载作用下产生的横向线应变和纵向线应变，其比值的绝对值即为材料的泊松比ν。

试验横向应变-纵向应变曲线如图 2-7 所示。实测泊松比分别为 0.324 和 0.326，取其平均值大小为 0.325，即为泊松比的取值，其大小值介于《铝合金结构设计规范》GB 50429—2007 的泊松比 0.32~0.36 范围内，可用于铝合金建筑结构设计。

图 2-6　加载装置

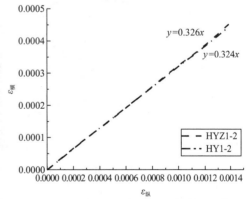

图 2-7　横向应变-纵向应变曲线

2.1.2.3　6061-T6 铝合金材料单调本构关系模型

（1）应力-应变关系模型

目前铝合金材料在单调荷载作用下常用的本构关系模型主要有分段式模型和连续式

模型，分段式模型包括两段式和三段式模型，两段式和三段式模型是连续式模型的简化，它们又可以分为考虑应变硬化和不考虑应变硬化两种形式。连续式模型主要包括 Ramberg-Osgood 模型、Baehre 模型和 Mazzolan 模型三种。其中 Ramberg-Osgood 模型根据研究侧重点的不同又可分为侧重弹性变形阶段和侧重塑性变形阶段模型。另外 Steinhardt 于 1971 年又提出了一种近似表达式 $n = f_{0.2}/10$ 来描述 Ramberg-Osgood 模型。

（2）各本构模型参数

由上述分析可知，当采用不同本构模型时，需要确定不同的参数。各本构模型的参数见表 2-3。

各本构模型的参数　　　　　　　　表 2-3

本构模型	两段式		三段式		连续式		
	无应变硬化	有应变硬化	无应变硬化	有应变硬化	Ramberg-Osgood 模型	Baehre 模型	Mazzolan 模型
参数	E、f_u、$f_{0.2}$	E、$f_{0.2}$	E、f_u、$f_{0.2}$、μ、m	E、$f_{0.2}$、μ、m	E、$f_{0.1}$、$f_{0.2}$、n	E、f_u、$f_{0.2}$	E、$f_{0.1}$、$f_{0.2}$

（3）不同本构关系模型下 6061-T6 铝合金型材的应力-应变曲线

基于 2.1.2.2 节中试样 HFZ1-1 材性拉伸试验结果，得到 6061-T6 铝合金的主要力学性能见表 2-4。将上述建议的几种不同本构关系模型与试样 HFZ1-1 实测应力-应变曲线的比较见图 2-8（a），同时还给出了 $f_{0.2}$ 附近的放大图见图 2-8（b）。

应变硬化指数 n 的近似值　　　　　　　表 2-4

弹性模量 E （N/mm^2）	$f_{0.1}$ （N/mm^2）	$f_{0.2}$ （N/mm^2）	f_u （N/mm^2）	ε_u （%）	n_1 （重弹性）	n_2 （重塑性）	n_3 （Steinhardt 建议）
68900	253.7	263.9	304.5	7.81	27.37	25.20	26.39

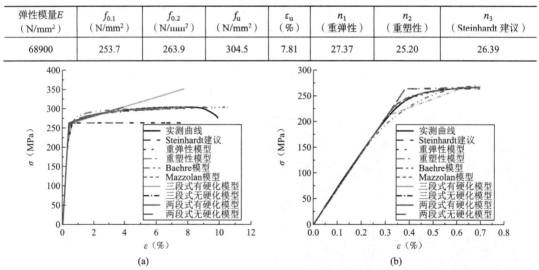

图 2-8　不同模型应力-应变关系曲线拟合

从图 2-8 可以看出：

分段式模型由于过大估计应力-应变关系曲线中弹性段的范围，其理论曲线与试验曲线拟合效果较差。

连续式模型比分段式模型拟合效果较好。在连续式模型中，Ramberg-Osgood 模型、Mazzolan 模型和 Baehre 模型理论曲线较接近，且都是一条连续且光滑的曲线。尤其是 Ramberg-Osgood 模型拟合效果最好，Mazzolan 模型次之，Baehre 模型拟合效果较差，三者之间仅在材料从线性到非线性的过渡段（曲线拐弯处）的差别较大，Ramberg-Osgood 模型在拐弯处的应力值略高于实测曲线，Mazzolan 模型略低于实测曲线，且两者都是比实测曲线先进入塑性；Baehre 模型在拐弯处偏低，且拟合曲线比实测曲线先进入塑性。Ramberg-Osgood 模型中，侧重塑性变形阶段模型的应变硬化指数n值最小，其拟合效果最好；Steinhardt 建议次之；侧重弹性变形阶段模型的指数n值最大，其拟合效果最差。

综上可见，在连续式模型和分段式模型中，采用 Ramberg-Osgood 模型来描述铝合金材料本构关系时，该模型与实测应力-应变曲线拟合效果最好，因此开展对 Ramberg-Osgood 模型中不同本构关系模型的深入分析。

为分析 Ramberg-Osgood 模型中侧重塑性变形阶段模型、侧重弹性变形阶段模型和 Steinhardt 建议模型与实测曲线的拟合程度的好坏，根据 Ramberg-Osgood 模型中以上几种 n值的近似计算方法，利用所有单拉试样实测材性数据进行n值的计算，表 2-5 为各种方法计算的n值。

各种方法计算的 n 值   表 2-5

试样编号	$n_{(重弹性)}$	$n_{(重塑性)}$	n_s
HF1-1	27.06	26.17	26.49
HF1-2	33.22	26.24	27.12
HFZ1-1	27.37	25.20	26.39
HFZ1-2	26.29	25.66	26.91
HY1-1	30.79	22.55	25.61
HY1-2	22.12	23.82	25.93
HYZ1-1	22.08	23.57	26.21
HYZ1-2	25.65	24.34	26.26
平均值	26.82	24.69	26.37

从表 2-5 可以看到：从总体上来说，侧重弹性段的n值离散性较大，侧重塑性段的n值相对偏小，Steinhardt 建议的n值偏大，且较为稳定。

基于以上分析，Ramberg-Osgood 模型中的几种不同本构关系模型与8个试样实测应力-应变曲线拟合效果见图 2-9。同时为更好地观察曲线变化，图 2-10 还给出了$f_{0.2}$附近的放大图。

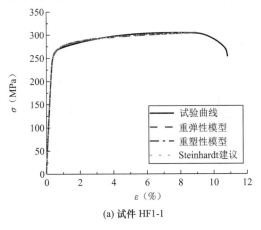

(a) 试件 HF1-1

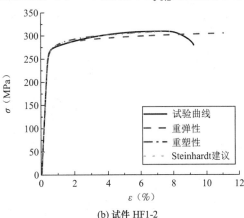

(b) 试件 HF1-2

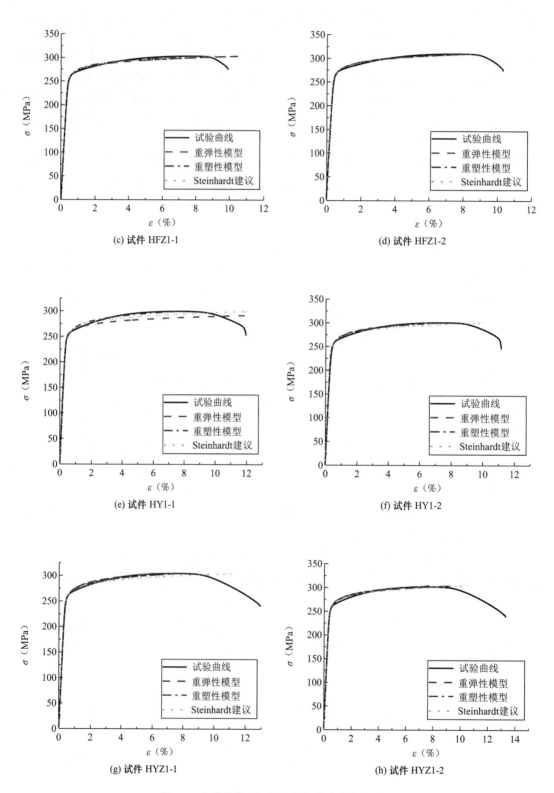

图 2-9　各建议模型与实测应力-应变曲线的比较

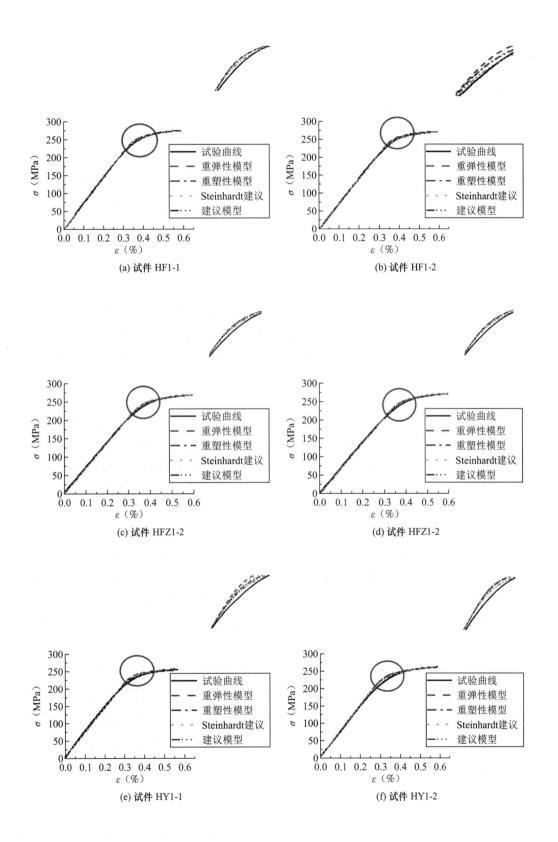

(a) 试件 HF1-1

(b) 试件 HF1-2

(c) 试件 HFZ1-2

(d) 试件 HFZ1-2

(e) 试件 HY1-1

(f) 试件 HY1-2

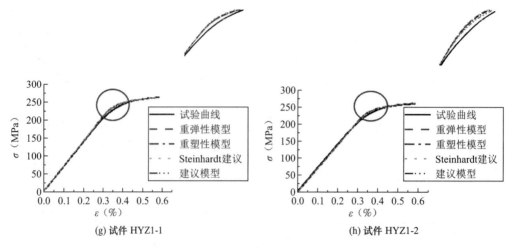

(g) 试件 HYZ1-1　　　　　　　　　　　(h) 试件 HYZ1-2

图 2-10　$f_{0.2}$ 附近的放大图

从图 2-9 和图 2-10 中可以看出：

1）对于屈服点之前的弹性曲线段，在应力-应变曲线拐弯处，理论曲线和实测曲线的差别较大，实测曲线比理论曲线先进入塑性。在拐弯处之前以上几种模型的理论曲线与实测曲线匹配效果均较为接近，但在拐弯处的理论曲线均高于实测曲线，拟合效果均不是很好。

2）对于屈服点之后的塑性曲线段，实测曲线略高于 Steinhardt 建议和侧重弹性段模型的理论曲线，而当采用侧重塑性模型进行拟合时，理论曲线与实测曲线拟合效果较好。

综上所述，在屈服点之前的弹性段，无论采用何种模型的理论曲线与实测曲线均不能实现很好的拟合效果；在屈服点之后的塑性段，采用侧重塑性模型可与实测曲线实现较好的匹配。因此，本节针对弹性段拐弯处的 n 值计算方法进行了更深入的研究，以期实现良好的拟合效果。

（4）建议的单调本构关系模型

在已完成的拉伸试验数据基础上，搜集了国内现有的不同截面类型相同合金类型（6061-T6 铝合金）的单调拉伸试验数据，试验数据汇总见表 2-6。其中 $n_{前拟}$ 是对 $f_{0.2}$ 之前的应力-应变曲线进行拟合，其数值是基于 Ramberg-Osgood 模型对搜集到的实测应力-应变曲线在弹性范围阶段利用 Origin 软件自带的非线性函数的最小二乘拟合法进行非线性拟合。

国内拉伸试验数据汇总　　　　　　　　　　　　　　表 2-6

序号	数据来源	截面类型	合金类型	$f_{0.2}$	f_u	E	$n_{前拟}$
1	本节	H 形	6061-T6	264.9	304.3	69010	26.59
2	本节	H 形	6061-T6	271.2	310.1	70210	28.96
3	本节	H 形	6061-T6	263.9	304.5	68905	23.32
4	本节	H 形	6061-T6	269.1	309.5	68731	22.78
5	本节	H 形	6061-T6	256.1	300.1	71725	24.60
6	本节	H 形	6061-T6	262.1	305.1	70132	13.03

序号	数据来源	截面类型	合金类型	$f_{0.2}$	f_u	E	$n_{前拟}$
7	本节	H形	6061-T6	259.3	300.9	75610	17.98
8	本节	H形	6061-T6	262.6	304.4	69325	16.89
9	郭小农	H形	6061-T6	207.4	245.43	66110.36	10.79
10	郭小农	H形	6061-T6	249	274.6	65591.56	24.32
11	郭小农	H形	6061-T6	255.99	281.07	64200	17.42
12	郭小农	H形	6061-T6	257.45	280.37	66200	16.28
13	郭小农	H形	6061-T6	258.06	281.81	67000	20.92
14	郭小农	H形	6061-T6	258.35	284.98	64100	22.72
15	郭小农	H形	6061-T6	262.51	288.44	64100	14.01
16	郭小农	H形	6061-T6	264.48	289.25	68000	24.56
17	郭小农	H形	6061-T6	215.7	243	65717	7.23
18	郑秀梅	H形	6061-T6	238.6	263.8	69254	20.64
19	郑秀梅	H形	6061-T6	245.1	265.2	69464	44.48
20	张铮	H形	6061-T6	235.3	272.3	69008	13.86
21	张铮	H形	6061-T6	246.8	280.9	73697	13.58
22	张铮	H形	6061-T6	238.6	263.8	69254	20.64
23	张铮	H形	6061-T6	249.5	268.8	69397	5.23
24	张铮	H形	6061-T6	241.9	262.7	69125	35.66
25	张铮	H形	6061-T6	245.1	265.2	69464	44.48
26	吴亚舸	H形	6061-T6	235.5	271.8	67500	16.42
27	吴亚舸	H形	6061-T6	247.3	280.9	71000	17.31
28	王元清	H形	6061-T6	279.9	296.2	70079	9.42
29	王元清	H形	6061-T6	258.1	289.7	68918	27.86
30	王元清	H形	6061-T6	257.8	291.5	72591	43.58
31	王元清	H形	6061-T6	270.5	298.5	69994	23.97
32	王元清	H形	6061-T6	248	285.6	70849	28.64
33	王元清	H形	6061-T6	264.8	297.9	72501	35.44
34	王元清	H形	6061-T6	231.7	260.6	68305	12.35
35	王元清	H形	6061-T6	249.7	291.4	69086	23.93
36	沈祖炎	H形	6061-T6	257.2	273.6	71920.8	33.38
37	沈祖炎	H形	6061-T6	261.4	276.7	78312	32.6
38	沈祖炎	H形	6061-T6	251.2	271.3	79170.7	27.4

续表

序号	数据来源	截面类型	合金类型	$f_{0.2}$	f_u	E	$n_{前报}$
39	Wang ZX	H形	6061-T6	302.38	334.03	75739.76	39.24
40	Wang ZX	H形	6061-T6	304.54	338.46	72266.75	38.76
41	郭小农	T形	6061-T6	220.32	264.15	66900	13.58
42	郭小农	T形	6061-T6	226.62	268.96	68000	12.72
43	郭小农	T形	6061-T6	245.56	285.55	69500	13.83
44	郭小农	T形	6061-T6	264.92	299.15	65400	13.63
45	郭小农	T形	6061-T6	274.52	304.15	65737.65	9.31
46	郭小农	T形	6061-T6	286.6	307.22	66200	28.62
47	郭小农	T形	6061-T6	278.93	292.91	69506.86	5.23
48	郭小农	T形	6061-T6	293.6	316.49	65700	22.45
49	郭小农	T形	6061-T6	245.08	298.67	65154.67	7.56
50	郭小农	圆管	6061-T6	241.96	279.8	67900	16.35
51	郭小农	圆管	6061-T6	244.48	280.53	63000	21.68
52	郭小农	圆管	6061-T6	250.16	285.42	63100	19.13
53	郭小农	圆管	6061-T6	250.78	280.32	64800	23.74
54	郭小农	圆管	6061-T6	221.84	262.59	64800	18.13
55	郭小农	圆管	6061-T6	232.89	273.9	57800	7.45
56	郑秀梅	圆管	6061-T6	213.8	252.5	69985	10.52
57	郑秀梅	圆管	6061-T6	225.9	261.4	70223	16.01
58	郑秀梅	圆管	6061-T6	227.4	263.2	69216	28.76
59	郑秀梅	圆管	6061-T6	228.9	261.2	66335	6.03
60	郭小农	方管	6061-T6	323.9	345.98	68700	22.85
61	郭小农	方管	6061-T6	308.92	326.91	67800	33.72
62	郭小农	方管	6061-T6	289.36	307.74	67900	29.98
63	郭小农	方管	6061-T6	277.12	298.76	70300	21.57
64	郭小农	方管	6061-T6	277.37	296.56	67900	34.10
65	郭小农	方管	6061-T6	269.95	295.07	66000	26.45
66	郭小农	方管	6061-T6	243.59	271.7	68608.58	20.01
67	郭小农	方管	6061-T6	240.9	263.72	68382.88	22.35
68	郭小农	方管	6061-T6	233.7	266.37	67524.77	27.25
69	郑秀梅	方管	6061-T6	230.1	253.5	70608	44.17
70	郑秀梅	方管	6061-T6	233.5	258.1	63718	35.50

序号	数据来源	截面类型	合金类型	$f_{0.2}$	f_u	E	$n_{前拟}$
71	郭小农	L形	6061-T6	329.52	348.78	68365.11	11.07
72	郭小农	L形	6061-T6	329.9	349.31	68229.21	25.47
73	郭小农	L形	6061-T6	288.08	316.3	66596.19	20.51
74	郭小农	L形	6061-T6	325.07	346.43	70900	22.6
75	郭小农	L形	6061-T6	326.85	342.47	69600	36.35
76	郭小农	L形	6061-T6	326.28	345.48	67900	38.22
77	郭小农	L形	6061-T6	323.88	345.98	68700	22.78
78	郭小农	L形	6061-T6	327.3	341.08	68000	33.87
79	郭小农	L形	6061-T6	324.19	346.2	67600	22.57
80	Wang ZX	矩形	6061-T6	240.11	279.96	73173.12	15.13
81	Wang ZX	矩形	6061-T6	237.73	278.18	72237.13	15.26
82	吴亚舸	矩形	6061-T6	246.3	286.9	70000	14.12
83	吴亚舸	矩形	6061-T6	234.1	272.3	69008	12.86
84	郑秀梅	槽形	6061-T6	228.1	264.8	68415	11.27
85	郑秀梅	槽形	6061-T6	232.3	274.6	70445	10.24
86	郑秀梅	槽形	6061-T6	236.4	277.7	69118	9.51
87	郑秀梅	槽形	6061-T6	238.4	274.6	71095	24.45
88	郑秀梅	槽形	6061-T6	240.5	274.9	68936	23.13
89	郑秀梅	槽形	6061-T6	247.3	282.1	69835	10.92
90	郑秀梅	槽形	6061-T6	248.8	282.6	70427	28.64
91	郑秀梅	扁管	6061-T6	229.1	272.5	69608	13.81
92	郑秀梅	扁管	6061-T6	229.7	267.4	71850	20.38
93	郑秀梅	扁管	6061-T6	239.5	267.4	70419	16.10
94	郑秀梅	扁管	6061-T6	241.1	263.8	70686	16.88
95	朱继华	扁管	6061-T6	275.4	283.1	68900	21.61

在 Ramberg-Osgood 模型中，当分析重点在塑性变形阶段时，n值的计算方法见下式：

$$n = \frac{\ln(0.002/\varepsilon_{0,\max})}{\ln(f_{0.2}/f_u)} \tag{2-1}$$

根据表 2-6 中数据对弹性范围内拐弯处$f_{0.2}$-n的关系进行线性回归，回归方程为：

$$n = 0.11 \times f_{0.2} - 7.23 \qquad 0 < f_x < f_{0.2} \tag{2-2}$$

为验证上述回归公式的准确性，将搜集到的国内现有的不同截面类型 6061-T6 铝合金的拉伸试验数据在屈服点之前（弹性段）的拟合曲线与实测数据点的硬化指数n进行比较，实测曲线与拟合曲线$f_{0.2}$-n的比较情况见图 2-11。另外，将搜集的部分拉伸试验数据的拟合曲线与实测曲线进行对比，图 2-12 给出了拟合曲线与实测曲线的对比情况。

从图中可以看出，建议模型拟合曲线同实测值原曲线相比虽然有一定的偏差，但相比其他模型而言，偏差较小，且各模型在拐弯处应变值范围[0.25%,0.45%]的理论曲线与原曲线偏差较大。本节试件的各模型理论曲线与实测曲线在弹性阶段拐弯处的具体最大偏差值见表 2-7。

各模型拟合最大偏差值　　　　　　　　　　表 2-7

试件编号	重弹性	重塑性	Steinhardt 建议	建议模型
HF1-1	2.31	2.15	2.24	1.17
HF1-2	2.51	1.66	1.78	0.63
HFZ1-1	2.90	2.51	2.73	1.70
HFZ1-2	2.50	2.39	2.61	1.67
HY1-1	4.01	2.23	3.05	1.61
HY1-2	4.67	4.83	5.35	2.03
HYZ1-1	2.92	3.23	3.89	2.19
HYZ1-2	2.85	2.59	3.04	1.94
平均值	3.08	2.69	3.09	1.61

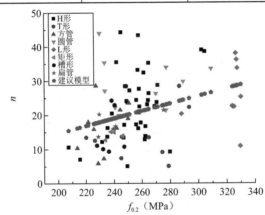

图 2-11　拟合曲线与实测数据点的比较

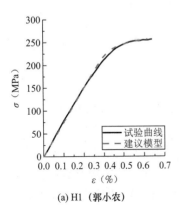 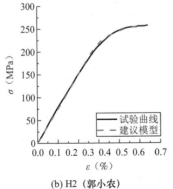 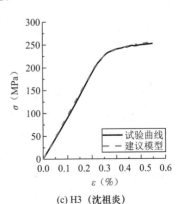

(a) H1（郭小农）　　　　(b) H2（郭小农）　　　　(c) H3（沈祖炎）

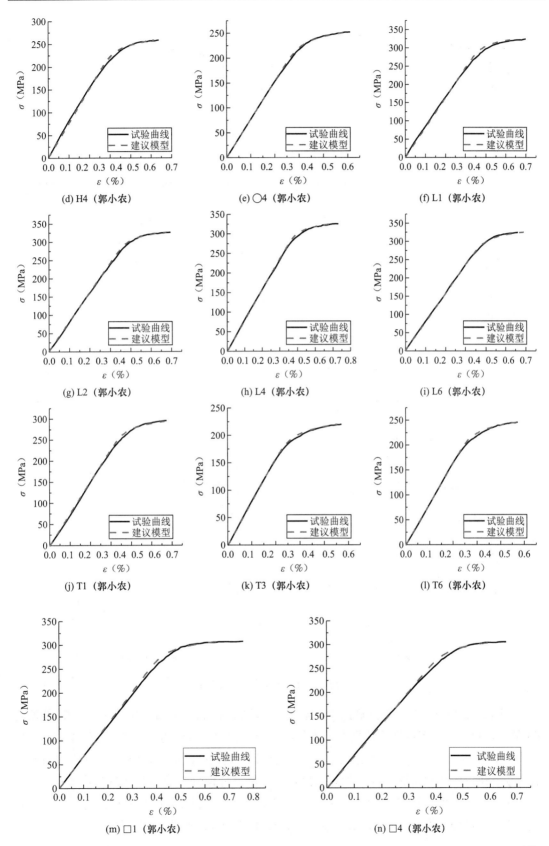

(d) H4（郭小农）

(e) ○4（郭小农）

(f) L1（郭小农）

(g) L2（郭小农）

(h) L4（郭小农）

(i) L6（郭小农）

(j) T1（郭小农）

(k) T3（郭小农）

(l) T6（郭小农）

(m) □1（郭小农）

(n) □4（郭小农）

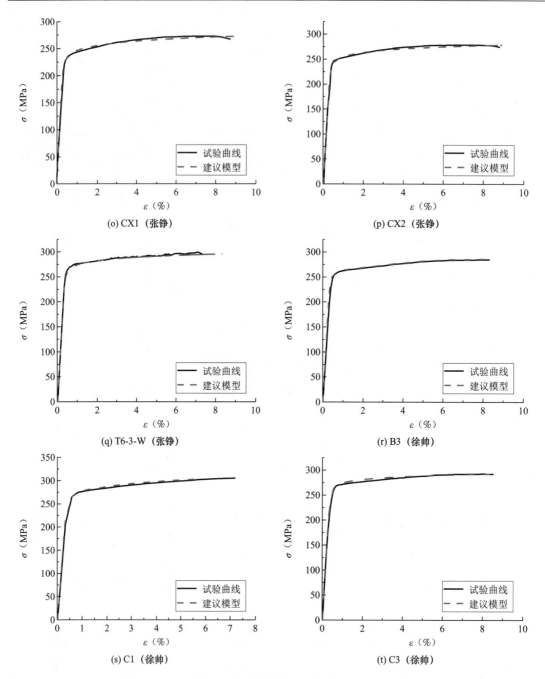

图 2-12　拟合曲线与实测曲线对比

从图 2-12 可知，对于不同截面的 n 值的均值为 20 左右，这些平均值与由回归曲线所得的 n 值较接近，且大多数试验数据点较均匀地分布在建议曲线附近。同时，通过搜集国内部分截面的拉伸试验数据在屈服点之前的拟合曲线与实测曲线的比较并与文献对比可以看出，本节建议模型与实测曲线匹配效果良好，有的试件拟合曲线与实测曲线几乎重合，故由上述统计分析得到的拟合曲线具有一定的准确性。本节试验建议模型所得均值 n 为 21.67，规定非比例延伸强度 $f_{0.2}$ 和 n 比值的均值为 12.2，比 Steinhardt 建议值略大。

综上所述，对于 6061-T6 铝合金，Steinhardt 建议和侧重弹性模型拟合的理论曲线与实测曲线的相对误差最大，侧重塑性模型与实测原曲线的相对误差次之，而本节建议模型与实测原曲线的相对误差最小。在拟合曲线图中拐弯之前（弹性阶段）各模型与实测应力-应变曲线拟合效果相同，且考虑模型在分段处的衔接性，因此，建议本构模型采用 Ramberg-Osgood 模型的形式，应变硬化指数 n 值的具体计算方法为：在弹性范围内的 n 值按式(2-2)，在塑性范围内采用侧重塑性模型公式(2-1)进行取值。

2.1.3 循环本构关系研究

2.1.3.1 试验设计

（1）试验概况

为研究铝合金本构关系，对铝合金 6061-T6 挤压 H 型材进行试件取样，截面尺寸为 H250×125×5×9，如图 2-13 所示。试样分别从翼缘和腹板进行取材，具体尺寸及位置如图 2-14 所示，试样的尺寸和规格均根据《金属材料 拉伸试验 第 1 部分：室温试验方法》GB/T 228.1—2021 的规定进行加工。

图 2-13 型材截面尺寸

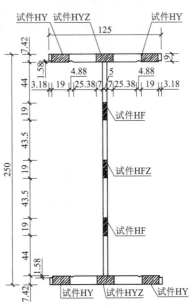

图 2-14 试件取材位置

（2）试验制备

铝合金母材共 4 个取材位置，翼缘位置处试件编号为 HY 和 HYZ，腹板位置处试件编号为 HF 和 HFZ，其中 H 代表母材型号，Y 代表翼缘边缘，YZ 代表翼缘中部，F 代表腹板边缘，FZ 代表腹板中部，如图 2-14 所示，HFZ2-1 中 2 代表滞回试件，1 代表试样个数次序。循环加载试验试件共 16 个，每个取材位置对应 4 个加载试件，循环加载试件基本尺寸见图 2-15，其中 B 表示标距内试件的宽度，t 表示试件厚度。

（3）试验加载装置和加载制度

低周反复加载试验在北京工业大学试验室 QBS-300 型动静两用万能材料试验机上完

成，试验加载装置见图 2-16。平均加载速率为 0.6mm/min，试件应变采用标距分别为 7mm 和 8mm，试验加载采用应变控制。循环加载制度见图 2-17，加载至试件拉断。

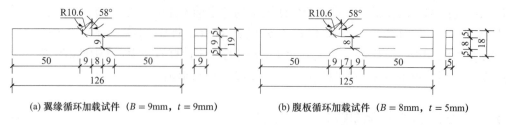

(a) 翼缘循环加载试件（$B = 9mm$, $t = 9mm$）　　　　(b) 腹板循环加载试件（$B = 8mm$, $t = 5mm$）

图 2-15　滞回试件基本尺寸

图 2-16　300kN 试验机加载（滞回）

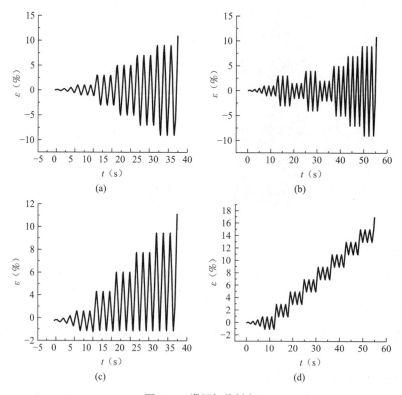

图 2-17　滞回加载制度

2.1.3.2 循环拉伸试验结果分析

（1）试验现象及破坏形态

试件在破坏前存在明显的变形与颈缩，试件破坏过程十分突然，且伴随巨大声响，断后的破坏形态如图 2-18 所示，端口呈金属光泽，腹板处滞回试件断口截面比较平整，翼缘处滞回试件断口截面呈锯齿状。

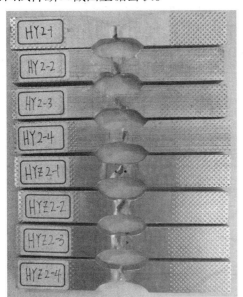 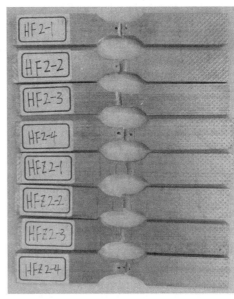

(a) 破坏形态

翼缘　　　　　　　　　　　　　腹板

(b) 断口截面形状

图 2-18　试件破坏形态

（2）应力-应变曲线

图 2-19 为试件在 4 种循环加载制度下的应力-应变曲线，通过不同加载制度下的应力-应变曲线可以看出：

1）试件在循环荷载作用下的应力-应变滞回曲线饱满，表明 6061-T6 铝合金具有良好的滞回性能和耗能能力。

2）试件在滞回过程中表现出了混合强化的特征，既包含各向同性强化又包含了随动强化模式。

3）试件在加载过程中存在循环硬化现象，表现为在循环荷载作用下其应力随着循环次数的增加而变大，而后趋于稳定。

　　4）从试件 HF2-4 和 HFZ2-4、HY2-4 和 HYZ2-4 的滞回应力-应变曲线可以看出，试件的延性较好，并未因循环加载而表现出明显的延性变差。

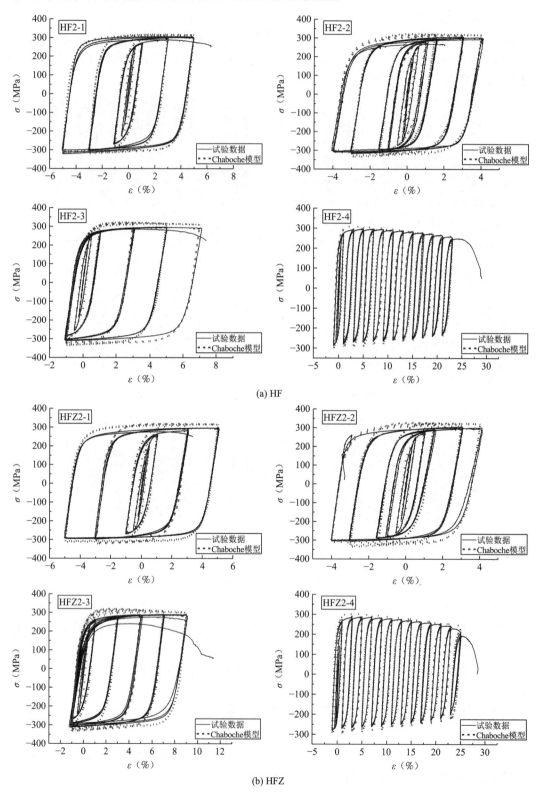

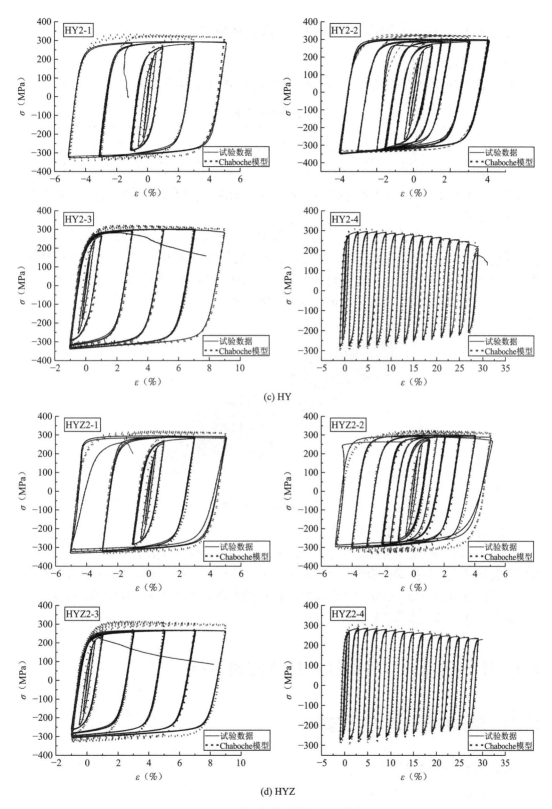

(c) HY

(d) HYZ

图 2-19 循环加载的应力-应变曲线

2.1.3.3　6061-T6 铝合金材料循环本构关系模型

（1）有限元模型

基于试验滞回曲线确定铝合金材料的关键材料参数并列于表 2-8。

试件标定材料参数　　　　　　　　　　　　　　表 2-8

材料牌号	σ_0	Q_∞	b	C_1	γ_1	C_2	γ_2	C_3	γ_3	C_4	γ_4
H6061-T6	205（160）	28.7	4.8	8297	278	3501	146	3988	171.6	5194	190

将以上数据输入 ABAQUS 程序自带的 Cycle Hardening 模块，完成铝合金材料循环本构关系的定义。

采用 ABAQUS 有限元分析软件对各试件的滞回性能进一步模拟分析，建立三维实体有限元模型，材料混合强化参数的设置见表 2-8。边界条件与试验一致，一端固定，约束全部 6 个自由度，另一端自由，施加低周往复位移荷载。单元类型采用 C3D8R，所有试件的网格尺寸均为 0.5mm，有限元滞回试件模型如图 2-20 所示。

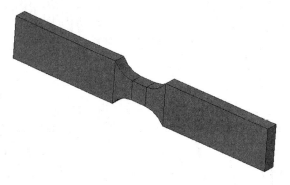

图 2-20　滞回试件模型

（2）有限元模型与试验结果的对比

基于 Chaboche 混合强化模型与试验结果比较见图 2-19。从图中可以看出，有限元分析模型能够准确地模拟各种加载制度下各试件的试验结果。基于 Chaboche 混合强化模型获得的试件滞回曲线与试验结果吻合较好，标定的铝合金材料参数具有良好的精度，可应用于铝合金耗能构件抗震性能分析。

2.2　H 形铝合金构件的轴向拉压滞回性能

2.2.1　轴向拉压滞回性能试验

2.2.1.1　试验设计

（1）构件设计

与封闭截面构件不同，H 形截面构件在地震作用下，由于强、弱轴刚度相差较大，容易发生沿弱轴方向的屈曲。本节试验对象为 3 个 6061-T6 铝合金材料的 H250×125×5×9 轴心低周往复加载构件，其中 C0-1 和 C0-2 构件被设计成沿强轴弯曲，C1-1 构件设计成沿弱轴弯曲，构件截面类型为 H 形，其截面尺寸见表 2-9，如图 2-21 所示，构件两端采用铰接加载方式，即构件固定铰端只能沿X轴转动，加载端的约束条件与固定铰端相似，但释放沿构件长度的平动变形自由度。

为了防止焊接过程降低铝合金材料的强度，通过螺栓将构件和端部连接件相连。为防止螺栓连接部分损坏，确保连接处不早于试验段先破坏，将原截面的翼缘进行了切削处理，连接部位的承载力为试验段承载力的 1.2 倍。

螺栓连接部分的设计长度在 C0-1 和 C0-2 两端为 270mm，C1-1 为 325mm。试验段削弱后构件截面尺寸为 H250×80×5×9，各构件名义长细比依次为 80（沿强轴弯曲）、120（沿强轴弯曲）和 80（沿弱轴弯曲），总长度分别为 1140mm（270＋600＋270）、1975mm（325＋1325＋325）和 1140mm（270＋600＋270）。

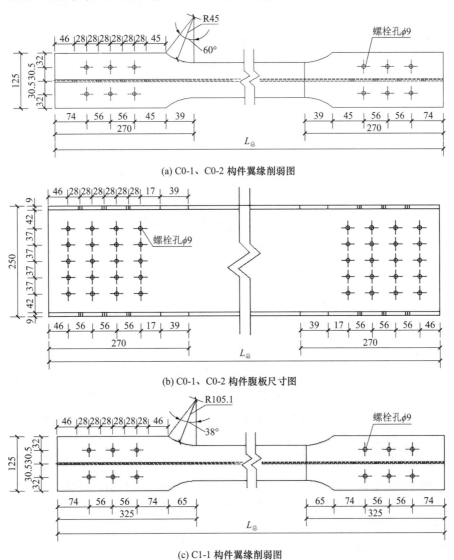

(a) C0-1、C0-2 构件翼缘削弱图

(b) C0-1、C0-2 构件腹板尺寸图

(c) C1-1 构件翼缘削弱图

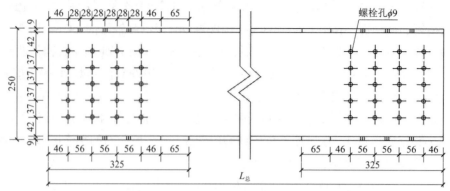

(d) C1-1 构件腹板尺寸图

图 2-21　H 形构件截面削弱图

试验构件详细参数　表 2-9

试件编号	受弯方向	节点处截面尺寸（mm）	削弱后截面尺寸（mm）	节点长度（mm）	构件总长度（mm）	计算长度（mm）	长细比 λ_y	长细比 λ_x
C0-1	沿强轴			270	1140	600	80	15.21
C0-2	沿强轴	H250 × 125 × 5 × 9	H250 × 80 × 5 × 9	325	1975	1435	120	23.5
C1-1	沿弱轴			270	1140	600	80	15.21

构件及坐标系示意图见图 2-22。

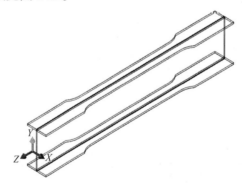

图 2-22　构件及坐标系示意图

节点端板设计见图 2-23，每个端板预留 4 个直径为 39mm 的螺栓孔径，采用 8.8 级 M38 高强度承压型螺栓与加载设备两侧的销轴系统连接，实现铰接边界条件。节点钢板采用 8.8 级 M8 高强度螺栓与铝合金构件进行螺栓连接，为构件两端节点保留足够的空间，节点钢板长度取为 272mm，如图 2-24 所示。

（2）加载装置

采用卧位试验方法，将构件水平放置于反力架（与地面平行的自平衡钢框架中）。采用 ES-100 型液压式压力试验机进行加载，构件两端部均为铰接加载方式，各构件的加载点为销铰装置的中心位置，所有外力通过销铰中心位置传递给构件，调整构件位置实现轴向加载，构件整体示意图如图 2-25 所示。

　　在进行低周往复加载试验时，为防止 C0-1 和 C0-2 构件沿弱轴发生平面外失稳，在构件纵轴方向前后两侧布置侧向支撑以约束构件。为减小侧向支撑与构件之间的接触面积，以达到减小摩擦力的目的，侧向支撑由 $\phi16$ 的钢筋和 16mm 厚的钢板焊接共同组成，侧向支撑与构件垂直放置。安装时为避免影响构件变形的发展，钢筋与构件翼缘没有直接接触，而是在翼缘两侧各保留了 2mm 的间隙，再将整个钢板焊接在 20mm 厚的底部钢板上，底部钢板再与反力架进行螺栓连接，侧向支撑设计如图 2-26 所示，各构件的加载装置实景如图 2-27 所示。

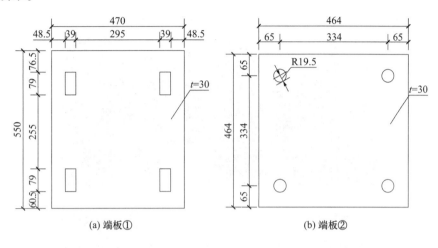

(a) 端板①　　　　　　　　　　　　(b) 端板②

图 2-23　节点端板设计图

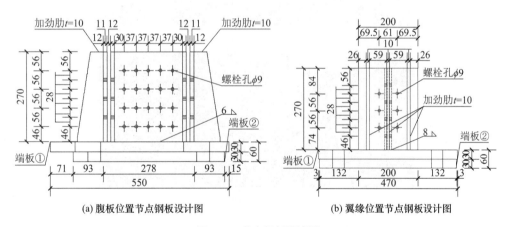

(a) 腹板位置节点钢板设计图　　　　　　(b) 翼缘位置节点钢板设计图

图 2-24　节点钢板设计图

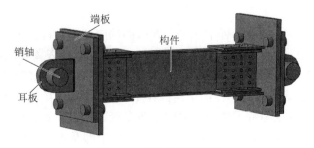

图 2-25　构件整体示意图

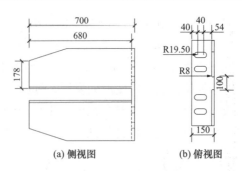

(a) 侧视图　　　　　　(b) 俯视图

图 2-26　侧向支撑设计

(a) C0-1 构件

(b) C0-2 构件

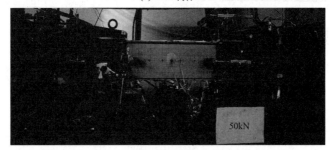

(c) C1-1 构件

图 2-27　加载装置实景

（3）测点布置

为了准确测量构件在加载过程中 5 个主要截面的应变以及位移的变化，应变片布置如图 2-28 所示，命名方法为：SW-S-N 和 SF-S-N，其中 SW 代表翼缘位置，SF 代表腹板位置，S 代表截面位置，N 代表数量标号，例如：应变片 SW-1-1 中 SW 代表翼缘位置，1 代表 1-1 截面位置，1 代表数量标号。由于构件在 1-1 和 5-5 截面削弱起始位置处应力比较复杂，故在此处的上下翼缘中部及腹板一侧中部各布置 1 个应变花，用以测量横向应变、纵向应变以及剪切应变；在 2-2 和 4-4 截面的上下翼缘中部及腹板一侧中部各布置 1 个应变片，用以测量翼缘纵向应变和腹板横向应变；在 3-3 截面布置 8 个应变片和 2 个应变花，用以记录构件在荷载作用下的跨中纵向应变和横向应变,在 H 形构件四个翼缘外侧距离翼缘边缘 5mm 处布置 4 个应变片,用以测量翼缘受压、受拉侧应变,在腹板一侧布置 2 个互相垂直的应变片,在腹板另一侧布置了 2 个应变花,用于监测腹板纵向和横向应变,应变片的量程为 $-20000\mu\varepsilon$ 到 $20000\mu\varepsilon$。

位移计布置如图 2-29 和图 2-30 所示,共布置了 16 个位移计,命名为 D1~D16,位移计编号、类型、量程、精度、布置方向及测试目的见表 2-10。

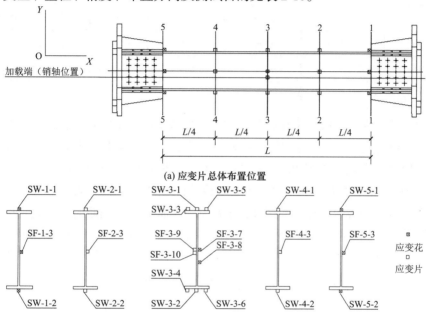

(a) 应变片总体布置位置

(b) 各截面应变片布置图

图 2-28 应变片布置图

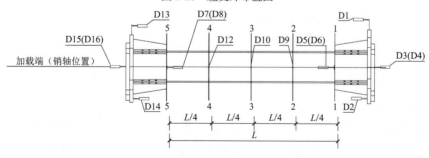

图 2-29 沿弱轴弯曲构件位移计布置图

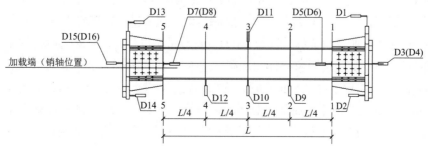

图 2-30 沿强轴弯曲构件位移计布置图

位移计说明　　　　　　　　　　　表 2-10

位移计编号	类型	量程（mm）	精度（mm）	布置方向	测试目的
D1、D2	顶针	±100	0.01	水平	右端板转动（平面内）
D3、D4	顶针	±100	0.01	水平	右端板转动（平面外）
D5、D6、D7、D8	动态拉线	±300	0.001	水平	轴向位移
D9、D10、D11、D12	动态拉线	±300	0.001	竖向	截面挠度（侧向位移）
D13、D14	动态拉线	±300	0.001	水平	左端板转动（平面内）
D15、D16	动态拉线	±300	0.001	水平	端部轴向位移

（4）加载方案

本试验加载分为两阶段：预加载阶段和正式加载阶段。试验开始前进行有限元分析预估承载力的 10%进行加载，使得试件本身和加载装置进入正常工作状态。在正式加载阶段，采用先用力控制、后用位移控制的混合加载制度，分级加载依据有限元模拟的预估承载力，每级加载为 50kN 的整数倍进行滞回，每级加载进行一次，持荷 1～2min，待试件变形和发展稳定之后进行下一级的加载。当试件在某级加载后局部发生屈曲时记录此时构件变形量 δ_y，下一级采用位移控制加载，按照 δ_y、$2\delta_y$、$3\delta_y$…幅值加载，每级加载往复 2 次，直到构件被拉断停止试验，各个构件的加载制度如图 2-31 所示。

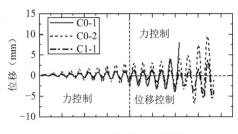

图 2-31　构件试验加载制度

2.2.1.2　试验现象

（1）C0-1、C0-2 构件

C0-1 构件在受拉 7～40kN 过程中，两端端板螺栓打滑发出噪声，且随着荷载幅值的增加，构件整体向上发生平面内失稳，跨中截面上翼缘受拉，在压至−200kN 时，上翼缘最大挠度为 0.4mm。进入第 11 循环第 1 圈（550kN-δ_y14.94mm）时，当加载至−500～−550kN 时构件腹板中部逐渐形成圆形屈曲凹陷，加荷结束后该局部屈曲变形并未消失，如图 2-32（a）所示；记录当前加载端位移计读数 14.94mm 为屈曲位移 δ_y，在此之后构件受拉依旧按照力控制加载，构件受压按照位移控制加载。进入第 13 循环第 2 圈（650kN-$3\delta_y$44.82mm）时，当构件受压位移达到−27.744mm 时，翼缘和腹板发生严重屈曲变形，下翼缘中部被挤压断裂，如图 2-33（a）所示，局部屈曲面积占总屈曲面积的 32%，此时加载端销轴的转角已达到 4.45°。由于局部应变较大，裂缝从跨中截面下翼缘的底部延伸到顶部，并伴有较大的噪声。

(a) C0-1 构件腹板中部局部屈曲（第 11 循环第 1 圈）   (b) C0-2 构件腹板局部屈曲（第 10 循环第 1 圈）

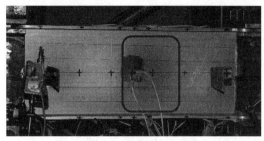

(c) C1-1 构件腹板局部屈曲（第 9 循环第 1 圈）

图 2-32　各构件屈曲

　　当 C0-2 构件拉伸或压缩荷载约为 50kN 时，螺栓打滑发出噪声。局部屈曲最初发生在荷载振幅为 500kN 的第 10 循环第 1 圈（500kN-δ_y3.96mm）（图 2-32b），沿构件长度看，腹板呈正弦屈曲形状。此时记录到 3.96mm 的水平构件位移，并将其作为屈曲位移 δ_y，局部屈曲塑性变形不可恢复并迅速发展。最后，随着腹板屈曲的加深，靠近加载端的翼缘受压至屈曲并发生扭转。当循环加载进入第 14 循环第 1 圈（700kN-5δ_y19.8mm）时，靠近加载端的上翼缘受拉断裂，一条裂纹直接向下翼缘发展，见图 2-33（b）。在杆件腹板的长度上出现了几个正弦屈曲区，局部屈曲面积占总屈曲面积的 19%。

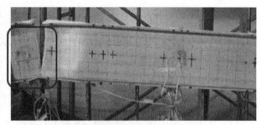

(a) C0-1 构件破坏模式（第 13 循环第 2 圈）   (b) C0-2 构件破坏模式（第 14 循环第 1 圈）

(c) C1-1 构件破坏模式（第 14 循环第 2 圈）

图 2-33　各构件的破坏模式

（2）C1-1 构件

构件失效模式如图 2-32（c）所示，与上述两个试验不同，C1-1 杆件试验没有布置侧向支撑，因此杆件可以绕弱轴弯曲。加载到第 9 循环第 1 圈（450kN-δ_y1.65mm），当 C1-1 构件拉伸或压缩荷载约为 450kN 时，出现了平面外失稳，并伴有螺栓滑动的声音。进行第 9 循环时，第 3 节腹板发生局部屈曲，将当时 1.65mm 的水平位移视为屈曲位移δ_y（图 2-33c）。当加载到第 10 循环第 1 圈（500kN-2δ_y3.3mm）时，构件沿纵轴呈正弦波形屈曲。构件跨中腹板和靠近固铰端的腹板向不同方向凸起。随后，这种局部的反弹变得无法恢复。当进入第 14 循环第 2 圈（700kN-6δ_y9.9mm），拉伸荷载达到 700kN 时，裂纹从底部翼缘扩展到腹板并断裂，伴随着巨响。最后，局部屈曲面积占总屈曲面积的比例为 11%。

2.2.1.3　试验结果分析

从试验破坏现象来看，沿强轴弯曲的构件破坏形式为局部屈曲，沿弱轴弯曲的构件破坏形式为先整体屈曲后局部屈曲；表明局部屈曲是导致受压承载力降低的主要因素。对 3 个构件局部屈曲的面积进行统计，C0-1 构件局部屈曲的面积占比 32%、C0-2 构件局部屈曲的面积占比 19%、C1-1 构件局部屈曲的面积占比 11%，这表明对于 C0-1 和 C0-2 构件，长细比越大，破坏前的局部屈曲比例越小；面内弯曲构件在破坏时局部屈曲比例较低，说明其承载力较低，破坏时变形不明显。

值得注意的是，三种试件的破坏位置不同。C0-1、C0-2 弯曲方向均沿强轴方向，但 C0-1 由于长细比小，塑性区比例较大，塑性沿长度方向分布均匀。最终，由于受压屈曲和最大弯矩发生在跨中截面，断裂破坏发生在跨中截面底部。C0-2 的塑性发展不均匀，主要分布在加载端附近区域。最后，在腹板平面外两屈曲半波交界处塑性迅速发展。同时，在轴力和弯矩的作用下，上翼缘受拉撕裂。随后，一分为二的组件继续压缩和交错，导致腹板撕裂。C0-1 和 C1-1 试样的长细比均为 80，但 C1-1 试样没有侧向约束，首先发生面外失稳。随着腹板沿面外方向的位移逐渐增大，受节点连接区自由度的限制，试件翼缘开始绕Z轴扭转。在跨中翼缘和节点的连接处，塑性继续发展。当加载到破坏荷载时，节点与构件之间的连接处会因塑性积累而断裂。

由于构件受压时先屈曲，后进入塑性，导致构件在局部屈曲的位置塑性发展较其他部位更快，容易形成塑性铰，局部变形较大。对构件继续进行往复加载的过程中，构件整体未完全进入塑性阶段，此时局部屈曲的部位损伤已较为严重，致使构件发生破坏的时间较早，塑性不能整体均匀发展。

（1）荷载-位移曲线分析

在地震能量场中，地震将能量传递给构件，有一个连续的能量吸收和耗散过程。在低周往复加载过程中得到的荷载-位移滞回曲线面积反映了构件的耗能能力。三个构件的荷载-位移滞回曲线见图 2-34。结果表明，小长细比的平面内屈曲构件具有较好的抗震性能。

在轴向循环荷载作用下，构件屈曲部分的刚度严重退化。因此，这一区域很容易成为构件最薄弱的部分，并使构件在其他部分完全进入塑性之前失效。这种机制限制了构件的耗能能力。这也反映了构件屈曲范围越大，所消耗的能量越多。受压阶段的耗能面积比受拉阶段的耗能面积大，说明局部屈曲后构件的耗能在受压阶段体现得更明显。当大部分构件达到塑性时，滞回环面积突然增大。受压局部屈曲后，受压侧构件刚度显著降低，因此构件受压变形大于受拉变形。屈曲部分的有效截面在塑性阶段逐渐减小，削弱了构件的承载能力。

虽然三种构件截面相同，但其断裂荷载和极限承载力却不同。其中，长细比较小且面内弯曲的构件由于材料利用率较高，其断裂荷载较大。由于侧向支撑的作用，整体屈曲破坏的构件临界荷载显著高于局部屈曲破坏的构件，且退化程度相对较弱。这是因为整体屈曲的材料利用率相对高于局部屈曲，构件整体性能并没有因为局部材料的退化而显著下降。

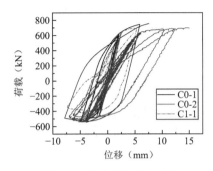

图 2-34　构件荷载-位移曲线

（2）循环骨架曲线分析

骨架曲线是将每个加载周期的荷载极值点按与滞回曲线相同的方向顺序连接而得到的包络曲线，如图 2-35 所示为 3 根构件的骨架曲线。从构件骨架曲线的趋势可以看出，随着构件端部位移的增加，构件受拉阶段进入塑性后承载力仍缓慢增加，呈现明显的强化阶段，直到构件被拉断时受拉承载力并没有下降；而构件受压阶段屈曲后很快达到受压承载力极限，之后有明显的退化现象。对比不同长细比的两个构件 C0-1 和 C0-2，结果表明随着长细比的增大构件的受压承载力退化更明显；对比沿强轴和弱轴弯曲的两个构件 C0-1 和 C1-1，表明沿弱轴弯曲的构件受压承载力退化更严重。

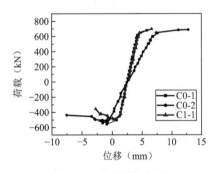

图 2-35　构件骨架曲线

（3）刚度退化分析

提取 3 根构件每级加载的割线刚度如图 2-36 所示，割线刚度的计算公式如下：

$$K_i = \frac{|+N_i| + |-N_i|}{|+\delta_{zi}| + |-\delta_{zi}|} \tag{2-3}$$

式中，N_i 为第 i 循环下构件所受的最大拉力以及最大压力；δ_i 为第 i 循环下构件的最大伸长量与压缩量。当构件保持相同的峰值荷载时，峰值点位移随循环次数的增加而增大，分析结果表明各个构件都有一定程度的刚度退化,随着长细比的增大,刚度退化速率略有下降;沿弱轴弯曲的构件刚度退化最慢。

随着构件屈曲面积的增大,材料的损伤更加严重,刚度退化更加显著。因此,小长细比构件的刚度首先退化,而大长细比构件和无侧向约束构件由于局部屈曲和整体屈曲的耦合作用,刚度退化更彻底。由此可见,这两类构件的刚度退化速率主要受局部屈曲控制,且相对缓慢,见图 2-36。

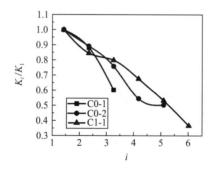

图 2-36 构件刚度退化

（4）稳定性分析

对比 3 根构件的试验现象,发现轴压构件不仅有丧失整体稳定性的可能,也有丧失局部稳定性的可能。对于 H 形构件,腹板和翼缘的厚度与其他两个方向尺寸相比小了许多,所以在一定的均匀压力作用下会产生凹凸屈曲现象。腹板高厚比较大,更容易发生屈曲,腹板发生屈曲后可假设腹板不再承受荷载,腹板屈曲处的翼缘将会代替腹板承受一定的荷载,当翼缘局部进入塑性屈曲时将无法继续为腹板提供约束,此时构件发生局部屈曲。轴向受压构件腹板长度为 a,腹板高度为 b,总共出现 m 个半波;根据式(2-4)可知在 $a/b > 1$ 时,K 的最小值几乎为一个定值 4,所以对于轴压构件来说,在构件中设置加劲肋的间距小于腹板高度才可以起到有效的约束作用,以提高板件局部屈曲承载力。

$$K = (mb/a + a/mb)^2 \tag{2-4}$$
$$K = \left(0.425 + b_1^2/a^2\right) \tag{2-5}$$

对于 H 形构件,腹板假设为四边简支的板件,翼缘假设为三边简支一边自由的板件,所以用式(2-5)来计算屈曲系数。对于试验构件:

计算腹板的弹性屈曲应力:

$$\sigma_{\text{crx 腹板}} = \frac{\kappa K\pi^2 E}{12(1-\nu^2)}\left(\frac{t}{b}\right)^2 = \frac{4 \times \pi^2 \times 70400}{12 \times (1-0.325^2)} \times \left(\frac{5}{232}\right)^2 = 120.28\text{MPa}$$

计算翼缘的弹性屈曲应力:

$$\sigma_{\text{crx 翼缘}} = \frac{\kappa K\pi^2 E}{12(1-\nu^2)}\left(\frac{t}{b}\right)^2 = \frac{\left(0.425 + \frac{37.5^2}{325^2}\right) \times \pi^2 \times 70400}{12 \times (1-0.325^2)} \times \left(\frac{9}{80}\right)^2 = 359.14\text{MPa}$$

由此式计算得到该构件屈曲承载力为 517kN,与 3 根构件试验测得的屈曲承载力相近（较 C0-1 构件大 3.4%;较 C0-2 构件大 4.6%;较 C1-1 构件大 10%）,计算得到发生屈曲时截面平均应力为 198MPa,小于 CH 本构关系中塑性的定义 205MPa,属于弹性屈曲。由于轴压板件局部屈曲承载力与构件长细比无直接关系,考虑其误差与试验构件的初始缺陷以及腹板、翼缘相互嵌固的影响有一定关系，仍需要进行更多试验以提出相关系数来进行调整。

对于试验构件的腹板，由于中部屈曲，导致板件达到极限屈曲承载力时荷载完全由侧边部分的板来承担，求得侧边的有效宽度 $b_e = b\sigma_u/f_y = 232 \times 120.28/180 = 155.03\text{mm}$，占到总腹板面积的 66.8%。

根据《铝合金结构设计规范》GB 50429—2007，H 形构件的腹板为加劲板件，翼缘为非加劲板件；对于试验用 6061-T6 铝合金构件，翼缘最大宽厚比为：

$$6\varepsilon\sqrt{\eta k'} = 6 \times \sqrt{240/240} \times \sqrt{1 \times 1} = 6$$

腹板最大宽厚比为：

$$21.5\varepsilon\sqrt{\eta k'} = 21.5 \times \sqrt{240/240} \times \sqrt{1 \times 1} = 21.5$$

对于工程中常用的构件一般不对弱轴方向进行约束，容易发生整体屈曲，通常通过加大截面的做法增加构件的刚度，提高整体屈曲承载力，但这样会降低构件轴向屈曲承载力，设计构件时需要将二者同时考虑。

2.2.2 轴向拉压滞回性能数值模拟

2.2.2.1 有限元分析模型

（1）本构关系

弹性模量 $E = 70400\text{MPa}$，泊松比为 $\nu = 0.325$。强化模型采用基于 Chaboche 混合强化理论的混合强化模型，既考虑了强化时材料屈服面等向扩张的等向强化，又考虑了后继屈服面大小不变，仅是移动的随动强化，可以较准确地模拟铝合金构件的本构关系。本节在对铝合金压弯构件进行有限元数值模型建模时，采用前述对 6061-T6 铝合金材性试验得到的 Chaboche 本构关系模型，材料各参数见表 2-11。

6061-T6 材料参数　　　　　　　　　　　　　表 2-11

材料牌号	σ_0	Q_∞	b	C_1	γ_1	C_2	γ_2	C_3	γ_3	C_4	γ_4
H6061-T6	205	28.7	4.8	8297	278	3501	146	3988	171.6	5194	190

（2）初始几何缺陷

影响轴心受压构件极限承载力的一个重要因素是初始缺陷，初始缺陷主要包括残余应力和初始弯曲，构件截面上的残余应力主要和构件的加工方法有关。Mazzolani 通过试验研究发现，铝合金挤压型材的残余应力普遍较小，一般小于 20MPa，所以在铝合金挤压型材中，这种影响几乎可以忽略不计。对各国型材产品的调查资料表明，初始弯曲一般在 $L/1000$ 以内，故本节数值模拟有限元模型按照结构一阶特征值屈曲模态对构件施加总长度的 1/1000 为初始几何缺陷，计算后根据试验现象对模型进行调整，对残余应力不进行过多考虑。

（3）单元类型和网格划分

构件采用三维实体单元建模，网格尺寸均为 10mm，单元类型设置为 C3D8I 非协调模式。在 ABAQUS 中采用不兼容模式对 C3D8I 型线性四边形连续单元进行增强，以改善弯曲性能。该过程消除了弯曲过程中泊松效应引起的人为加劲，避免了应力不准确和刚度高估，使模型适用于轴向循环荷载作用下 H 形构件的模拟。

（4）边界条件

在边界条件的定义中，在构件的两端设置了 RP-1 和 RP-2 两个参考点。将构件两端耦合到两个参考点，且两个参考点到构件跨中的距离一致。构件的详细边界条件如图 2-37 所示。防止构件弱轴失稳，在构件 C0-1 和 C0-2 两侧分别添加横向约束。

图 2-37　边界条件

2.2.2.2　有限元模拟验证

有限元模拟（FEM）与试验的破坏模式对比如图 2-38 所示。从图中可以看出，模型的破坏模式与试验一致，但破坏位置不同。由于试件呈几何对称，在轴向荷载作用下，试件中部会发生破坏。实际上，试验的失效位置接近终点，说明失效位置对初始缺陷和安装偏差较为敏感，FEM 无法准确考虑这些误差因素。但有限元法计算的极限承载力、荷载-位移曲线和破坏模式与试验结果基本一致。由此可见，有限元法在预测构件变形破坏方面仍然是有效的，可为工程应用提供参考。

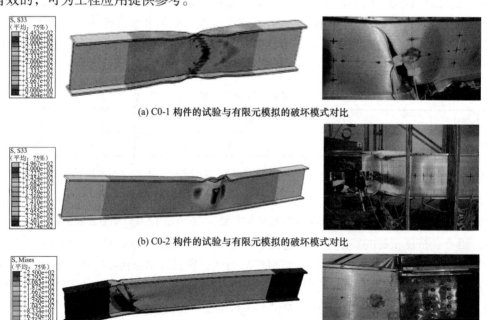

(a) C0-1 构件的试验与有限元模拟的破坏模式对比

(b) C0-2 构件的试验与有限元模拟的破坏模式对比

(c) C1-1 构件的试验与有限元模拟的破坏模式对比

图 2-38　试验与有限元模拟的破坏模式对比

　　有限元模拟与试验的面内荷载-位移曲线对比如图 2-39 所示，结果表明，有限元模拟的构件荷载-位移曲线与试验得到的数据曲线吻合较好。由于 C1-1 构件没有横向约束，其主要变形为腹板的面外变形。图 2-40 为三段腹板的有限元模拟和试验荷载及面外位移，反映了腹板沿弱轴弯曲受轴力时的滞回性能。有限元计算结果与试验结果相似，截面 2 的侧向位移最大。构件的滞回曲线在加载初始阶段呈线性变化，表明构件刚度基本不变。荷载逐渐增大时，滞回曲线斜率减小，压缩侧面积大于拉伸侧面积，表明构件已进入塑性阶段，主要通过压缩变形耗散能量。

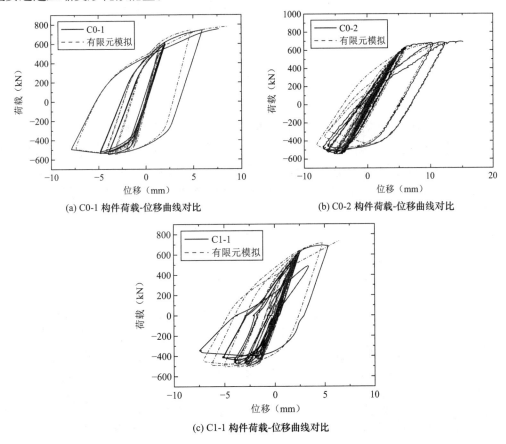

(a) C0-1 构件荷载-位移曲线对比　　　　　(b) C0-2 构件荷载-位移曲线对比

(c) C1-1 构件荷载-位移曲线对比

图 2-39　试验与有限元模拟的荷载-位移曲线对比

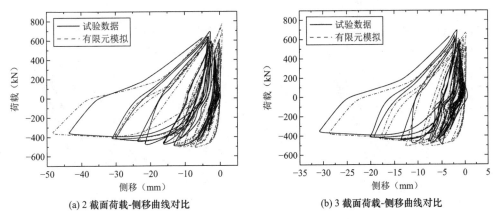

(a) 2 截面荷载-侧移曲线对比　　　　　(b) 3 截面荷载-侧移曲线对比

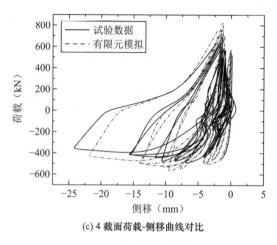

(c) 4 截面荷载-侧移曲线对比

图 2-40　C1-1 构件荷载-侧移曲线对比

从图 2-41 的荷载-应变曲线可以看出，构件 C0-1 和 C0-2 的第 3 段发生了较大的应变，有利于能量的耗散。塑性应变峰值出现在跨中下翼缘区域，解释了截面 3 的初始断裂始于下翼缘并向截面剩余部分扩展的试验观察结果。构件 C1-1 的第 2 段出现了较大的应变，有助于能量耗散。这主要是由于在截面 1 附近发生了大量的局部屈曲和集中的塑性发展。

通过对比，基于 Chaboche 混合强化材料性能本构模型引入初始缺陷的有限元方法是可靠的，能较好地反映构件耗能能力和刚度的变化。

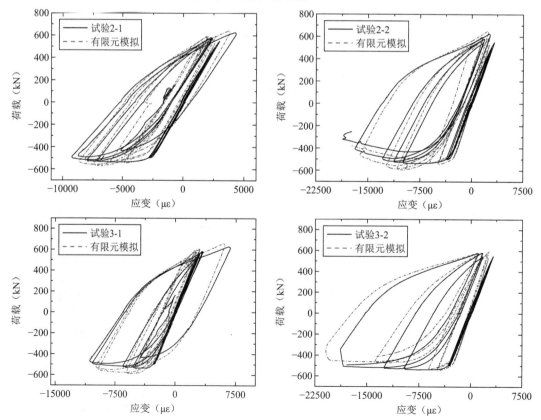

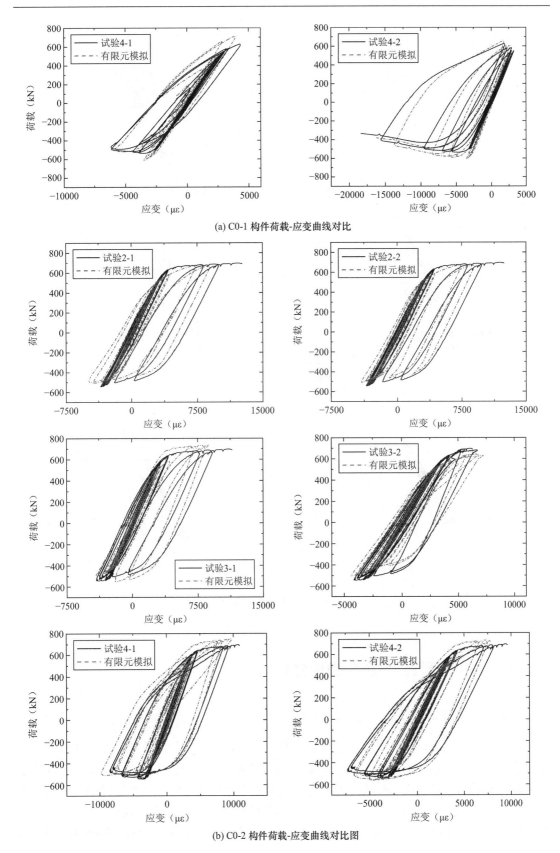

(a) C0-1 构件荷载-应变曲线对比

(b) C0-2 构件荷载-应变曲线对比图

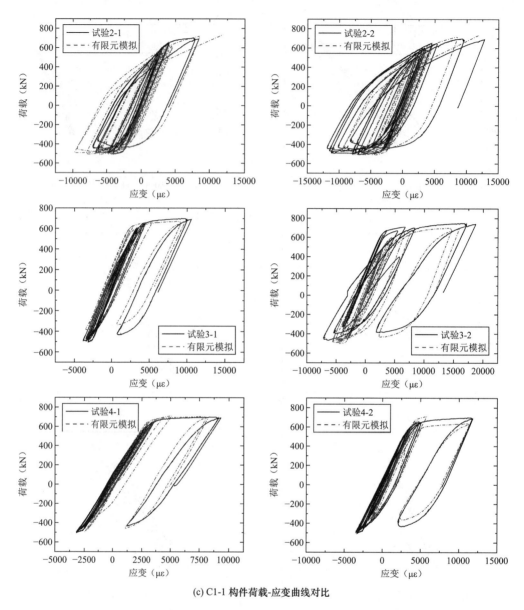

(c) C1-1 构件荷载-应变曲线对比

图 2-41　荷载-应变曲线对比

2.2.3　轴向拉压滞回性能参数化分析

2.2.3.1　参数设计

在模拟验证的基础上，进行了参数化研究，包括构件长细比和截面尺寸对 H 形铝合金构件轴向拉压滞回性能的影响。通过有限元软件 ABAQUS 对 24 个 H 形铝合金构件进行了广泛的参数分析。事实上，铝合金结构中的连接是半刚性的，但在工程设计中一般默认为刚性连接。因此，在参数分析中，对刚性连接和铰接构件进行了模拟比较。24 个构件由 H250×125×9 和 H200×140×6×8 两组不同的截面尺寸组成。具体参数如表 2-12 所示。参数分析采用构件的第 1 阶模态作为初始缺陷，为构件总长度的 1/1000，构件长细比的计算方法如式(2-6)所示。

$$\lambda = \frac{\mu L}{i} \tag{2-6}$$

式中，μ 为有效长度系数；L 为构件长度；i 为回转半径。轴压构件两端铰接时，有效长度系数为 1。轴压构件两端刚性连接时，有效长度系数为 0.5。

确定单调荷载作用下各构件的初始屈服位移，记为 δ_y。单调荷载作用下，构件进入屈服阶段时，加载端对应的轴向位移取屈服位移 δ_y。在一个周期的弹性状态下，观察到位移幅值差为 $0.25\delta_y$ 的等幅往复循环。在非弹性状态下，根据《建筑抗震试验规程》JGJ/T 101—2015 的规定，位移幅值增加 δ_y、$2\delta_y$、$3\delta_y$、$5\delta_y$、$7\delta_y$。每个位移幅值加载构件三个周期。

参数分析中的构件尺寸 表 2-12

构件编号	截面尺寸（mm）	长细比λ	计算长度系数（mm）	受弯方向	边界条件
JX60-1		60	1760	沿强轴	铰接
JX80-1		80	2352		
JX100-1	H250×125×5×9	100	2952		
JX60-2		60	1760	沿弱轴	
JX80-2		80	2352		
JX100-2		100	2952		
JD60-1		60	2000	沿强轴	
JD80-1		80	2652		
JD100-1	H200×140×6×8	100	3318		
JD60-2		60	2000	沿弱轴	
JD80-2		80	2652		
JD100-2		100	3318		
GX60-1		60	3520	沿强轴	刚接
GX80-1		80	4704		
GX100-1	H250×125×5×9	100	5904		
GX60-2		60	3520	沿弱轴	
GX80-2		80	4704		
GX100-2		100	5904		
GD60-1		60	4000	沿强轴	
GD80-1		80	5304		
GD100-1	H200×140×6×8	100	6636		
GD60-2		60	4000	沿弱轴	
GD80-2		80	5304		
GD100-2		100	6636		

注：在构件编号中，J 和 G 分别代表铰接连接和刚性连接的边界条件。D、X 分别为 H200×140×6×8、H250×125×5×9 的截面尺寸。"60""80""100"为长细比值。"1"和"2"分别代表弯曲方向围绕强轴和弱轴。

2.2.3.2　骨架曲线

　　参数分析得到的各构件骨架曲线如图 2-42 所示。相同截面尺寸、不同长细比构件的极限抗拉承载力非常接近，说明极限抗拉承载力与长细比无关。但绕弱轴弯曲的构件屈曲面积更大，整体损伤更严重，因此其极限抗拉承载力比绕强轴弯曲的构件低 20% 左右，如图 2-42（a）～（c）所示。从耗能能力来看，绕强轴弯曲的构件比绕弱轴弯曲的构件具有更好的耗能能力。在弯曲方向相同的情况下，总长细比的增大降低了耗能能力。基于此，在网壳抗震设计中，限制构件长细比可以提高结构的耗能能力。由图 2-42（d）可以看出，随着长细比的增加，构件的临界屈曲承载力略有降低。在轴向循环加载作用下，沿长轴弯曲的构件在加载过程中的刚度退化比沿弱轴弯曲的构件更明显。

　　Huck 螺栓通常用于铝合金网壳结构的连接。这种连接是刚性连接和铰接连接之间的半刚性连接。在工程设计中一般采用刚性连接。不同的边界条件会影响构件的抗震性能。在图 2-42（e）～（f）中，相同长细比的刚性构件和铰接构件的骨架曲线基本相同。相同长细比的构件有效长度系数不同，说明相同长度时刚性连接构件的耗能能力优于铰接构件。在铝合金网壳中，H 形构件的连接为半刚性连接，介于铰链连接和刚性连接之间。但在一般工程设计中，都是按刚性连接进行抗震分析，导致构件的设计抗震能力大于实际抗震能力。在设计过程中必须考虑这个问题。

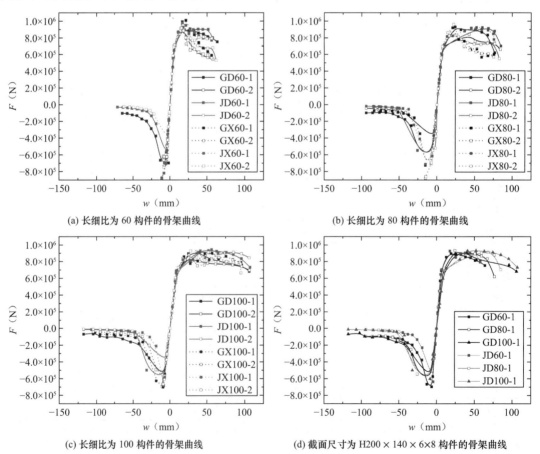

(a) 长细比为 60 构件的骨架曲线

(b) 长细比为 80 构件的骨架曲线

(c) 长细比为 100 构件的骨架曲线

(d) 截面尺寸为 H200×140×6×8 构件的骨架曲线

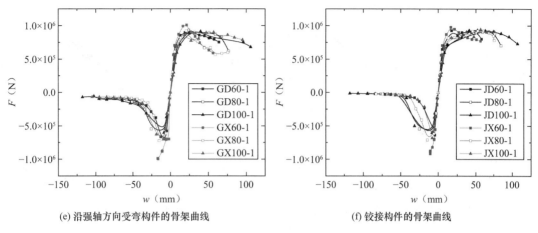

(e) 沿强轴方向受弯构件的骨架曲线　　　　　(f) 铰接构件的骨架曲线

图 2-42　参数分析构件骨架曲线

2.2.3.3　有效截面弱化

由于构件的抗拉刚度与铝合金弹性模量E和构件截面尺寸有关，外荷载对构件弹性模量的影响可以忽略。因此，刚度的退化主要是由构件有效截面的减小引起的。铝合金在 29 次低周往复荷载作用下的损伤行为与 H 形构件局部屈曲行为的耦合可以显著减小构件截面的有效面积。

以 JX60-1 为例，屈曲位置的荷载-应力曲线如图 2-43 所示。

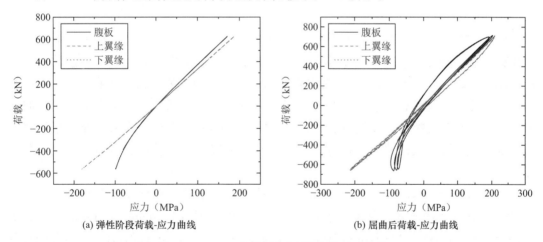

(a) 弹性阶段荷载-应力曲线　　　　　　(b) 屈曲后荷载-应力曲线

图 2-43　JX60-1 构件屈曲位置的荷载-应力曲线

在弹性阶段，上、下翼缘的应力始终保持线性增长，腹板在接近屈曲荷载前压缩屈服，这表明塑性首先出现在腹板中。同时，上、下翼缘开始承担部分腹板上的荷载。如图 2-43（b）所示，在屈曲后加载的第一阶段，翼缘的应力在 205MPa 左右进入塑性，荷载-应力曲线不再呈直线。而腹板的应力在达到 100MPa 左右后不再继续上升，说明构件发生了轻微的局部屈曲，腹板不能再承受更多的荷载。图 2-44 为未屈曲截面的荷载-应力曲线，从图中可以看出，屈曲部分的塑性发展比其他部分更充分，说明屈曲会对铝合金造成明显的损伤。随着加载的继续，屈曲部分塑性迅速加深，残余应变较大，有效截面面积减小。

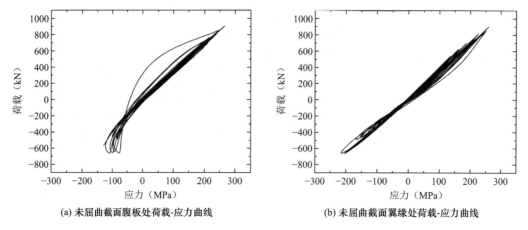

| (a) 未屈曲截面腹板处荷载-应力曲线 | (b) 未屈曲截面翼缘处荷载-应力曲线 |

图 2-44　未屈曲截面荷载-应力曲线

2.3　H 形铝合金构件偏心拉压滞回性能

2.3.1　偏心拉压滞回性能试验

2.3.1.1　试验设计

（1）构件设计

网壳结构通常采用 H 形截面构件。与圆钢管构件不同，H 形截面构件在地震作用下常发生偏心作用和弯曲。试验对象是 3 根 6061-T6 H 形铝合金构件，构件截面尺寸为 H250×125×5×9，它们都是沿强轴弯曲的。构件两端采用铰接加载方式。考虑到焊接会造成铝合金材料强度显著降低，因此构件与支座之间没有采用直接焊接。取而代之的是在节点处螺栓连接钢板和构件，然后焊接钢板和端板。为防止连接部分螺栓孔处的损坏，将原截面的翼缘进行了切削处理，使连接部位的承载力为试验段承载力的 1.2 倍。

构件两端节点设计长度均为 325mm。试验段削弱后构件截面尺寸为 H250×80×5×9，各构件名义长细比分别为 80、100 和 120，总长度分别为 1250mm（325＋600＋325）、1635mm（325＋985＋325）和 1975mm（325＋1325＋325）。构件设计图和构件参数设置分别如图 2-45 和表 2-13 所示。

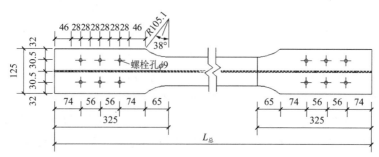

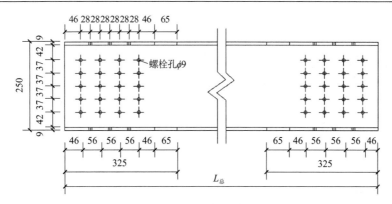

图 2-45 构件设计

各构件具体参数取值   表 2-13

构件编号	受弯方向	节点处截面尺寸（mm）	节点长度（mm）	长细比 λ_x	长细比 λ_y	总长度 $L_{总}$（mm）	削弱后构件截面尺寸（mm）	计算长度 L_1（mm）	偏心距 e（mm）
H-1				16.7	80	1250		600	
H-2	绕强轴	H250×125×5×9	325	20.1	100	1635	H250×80×5×9	985	40
H-3				23.5	120	1975		1325	

　　节点端板设计见图 2-46，每个端板预留 4 个直径为 39mm 的螺栓孔径，采用 8.8 级 M38 高强度承压型螺栓与加载设备两侧的销轴系统连接，实现铰接边界条件。节点钢板采用 8.8 级 M8 高强度螺栓与铝合金构件进行螺栓连接，为构件两端节点保留足够的空间，节点钢板长度取为 272mm，如图 2-47 所示。

　　（2）加载装置

　　采用卧位试验方法，将构件水平放置于反力架（与地面平行的自平衡钢框架中），采用 ES-100 型液压式压力试验机进行加载。由于铝合金结构设计过程中对构件长细比的限制要求，结构的抗震构件一般设计为绕强轴弯曲。因此，试验中的三个构件也都是这样设计的，偏心距为 40mm。构件两端部均为铰接加载方式，各构件的加载点为销铰装置的中心位置，所有外力都需要通过销铰的中心位置传递给构件，通过调整构件的位置以达到偏心加载的目的，加载装置示意图见图 2-48。

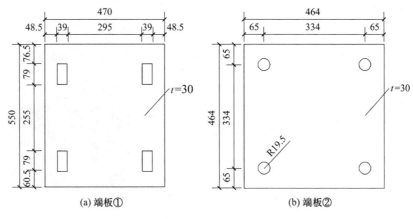

(a) 端板①　　　　　　　　　　　　　(b) 端板②

图 2-46 节点端板

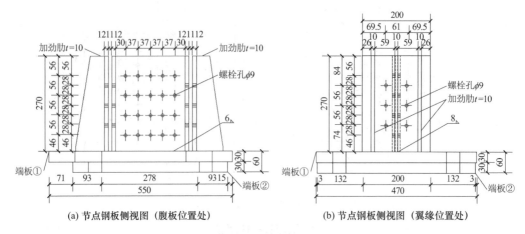

(a) 节点钢板侧视图（腹板位置处）　　　　　(b) 节点钢板侧视图（翼缘位置处）

图 2-47　节点钢板

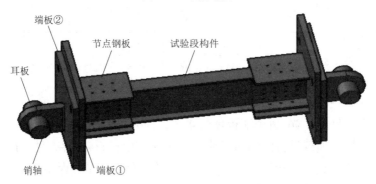

图 2-48　加载装置示意图

由于循环荷载试验只便于研究构件沿长轴的滞回性能，所以在构件纵轴的前后两侧都设置了侧向支撑。布置侧向支撑以约束构件可能的出平面位移，防止构件绕弱轴发生平面外失稳。考虑到构件长度的不同，对三个构件布置了不同数量的侧向支撑。侧向支撑由$\phi16$的钢筋和 16mm 厚的钢板焊接共同组成，侧向支撑与构件垂直放置。安装时为避免影响构件变形的发展，钢筋与构件翼缘没有直接接触，而是在翼缘两侧各保留了 2mm 的间隙，再将整个钢板焊接在 20mm 厚的底部钢板上，底部钢板再与反力架进行螺栓连接，侧向支撑设计见图 2-49，各构件的加载装置实景如图 2-50 所示。

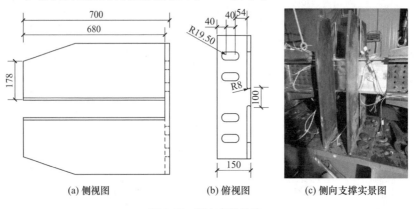

(a) 侧视图　　　　　　(b) 俯视图　　　　　　(c) 侧向支撑实景图

图 2-49　侧向支撑设计

(a) 构件 H-1

(b) 构件 H-2

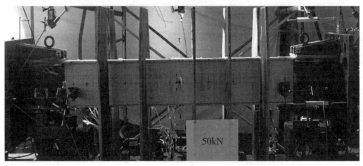

(c) 构件 H-3

图 2-50　各构件加载装置图

（3）测点布置

应变片和位移计沿铝合金构件四分之一点的长度从左到右排列。应变片用于测量截面上相应位置的纵向和横向应变，以检测构件的应力发展状态和局部屈曲的发生情况。位移计用于测量构件横截面处的轴向位移和构件横截面的挠度。

应变片布置如图 2-51 所示，命名方法为：SW-S-N 和 SF-S-N，其中 SW 表示腹板应变片，SF 表示翼缘应变片，S 表示截面数，N 表示应变片数，例如：应变片 SW-2-1 中 SW 代表翼缘位置，2 代表 2-2 截面位置，1 代表数量标号。由于构件在 1-1 和 5-5 截面削弱起始位置处应力比较复杂，故在此处的上下翼缘中部及腹板一侧中部各布置 1 个应变花以测量横向应变、纵向应变以及剪切应变；在 2-2 和 4-4 截面的上下翼缘中部及腹板一侧中部各布置 1 个应变片，用以测量翼缘纵向应变和腹板横向应变；在 3-3 截面布置了 8 个应变片和 2 个应变花，用以记录构件在荷载作用下的跨中纵向应变和横向应变，在 H 形四个翼缘外侧距离翼缘边缘 5mm 处布置 4 个应变片，用以测量翼缘受压、受拉侧应变，在腹板一侧

75

布置 2 个互相垂直的应变片，在腹板另一侧布置了 2 个应变化，用于监测腹板纵向和横向的应变，应变片的量程为 $-20000\mu\varepsilon \sim 20000\mu\varepsilon$。

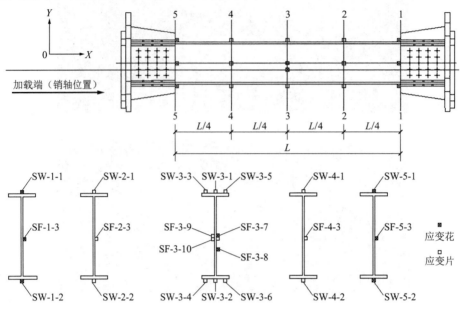

图 2-51　应变片布置图

位移计布置如图 2-52 所示，共布置了 16 个位移计，位移计编号、类型、量程、精度、布置方向及测试目的见表 2-14。

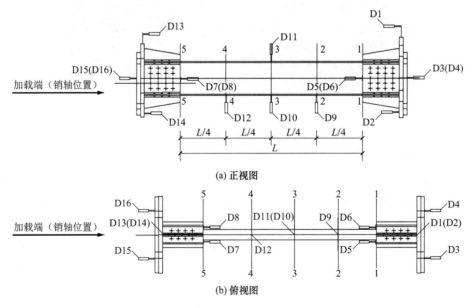

(a) 正视图

(b) 俯视图

图 2-52　位移计布置图

表 2-14

位移计说明

位移计编号	类型	量程（mm）	精度（mm）	布置方向	测试目的
D1、D2	顶针	±100	0.01	水平	右端板转动（平面内）

位移计编号	类型	量程（mm）	精度（mm）	布置方向	测试目的
D3、D4	顶针	±100	0.01	水平	右端板转动（平面外）
D5、D6、D7、D8	动态拉线	±300	0.001	水平	轴向位移
D9、D10、D11、D12	动态拉线	±300	0.001	竖向	截面挠度（侧向位移）
D13、D14	动态拉线	±300	0.001	水平	左端板转动（平面内）
D15、D16	动态拉线	±300	0.001	水平	端部轴向位移

（4）加载方案

本次试验的加载分两个阶段进行：预压阶段和正式加载阶段。首先通过有限元分析计算得到构件的预估承载力，之后再施加 10%左右的预估承载力，以确定整个装置和构件进入正常工作状态，并进行偏心距的对中。

正式加载时，全部构件采用荷载-位移控制的方法施加水平荷载。根据有限元模拟分析，构件在进入塑性阶段之前，构件在弹性阶段发生局部屈曲。以构件发生局部屈曲为界，试验加载分为两个阶段，第一阶段构件屈曲前采用荷载控制，将构件的预估承载力作为确定荷载分级加载制度的依据，每级荷载幅值根据承载力的大小定为 5kN 的整数倍，每级荷载循环一圈，每一级荷载加载完后，持荷 1min，待构件变形和应变发展稳定后再进行数据采集和施加下一级荷载，直至构件开始发生局部屈曲。第二阶段构件局部屈曲后对试件施加低周往复荷载，当构件受拉时，每级荷载增大 50kN 来进行荷载控制；当构件受压时，采用位移控制，构件发生局部屈曲时所对应的位移记为δ_y，以δ_y（两周）、$2\delta_y$（两周）、$3\delta_y$（两周）、$5\delta_y$（两周）、$7\delta_y$（两周）…加载，加载至构件受压承载力约为最大承载力的 50%之后，将构件进行拉伸直至断裂破坏，试验停止加载。试验时加卸载速度保持一致，以保证试验数据的稳定。

2.3.1.2 试验现象

（1）H-1 试件

在 H-1 试件的试验加卸载过程中，构件支座端发出螺栓滑移引起的"蹦蹦"声。随着加载幅值的增加，构件整体首先发生面内失稳，跨中截面上翼缘失稳较大。张拉时，最大挠度为 2.90mm，下翼缘受压，最大挠度为 2.94mm。

进入第 9 循环第 1 圈（450kN-δ_y1.53mm）时，腹板出现局部弯曲和中部凹陷，水平荷载大幅度下降，达到极限承载力的 80%，见图 2-53（a）。随后，局部屈曲变形明显增加，且不可恢复，记此时构件的水平位移 1.53mm 为屈曲位移δ_y。此后构件受拉时，采用荷载控制，构件受压时，采用位移控制。

当进入第 15 循环（600kN-5δ_y7.65mm）时，受压时构件变形严重，整体向上弯曲更加明显，局部屈曲现象愈加显著，跨中截面内侧下翼缘凸起高度明显增大，且下翼缘上表面有明显的细小裂纹，跨中截面挠度明显增大，上翼缘挠度增大为 21.6mm，下翼缘挠度为 31.1mm，构件变形见图 2-54。

最后，加载到第 17 循环（受拉荷载为 650kN）由于局部应变较大，构件从跨中截面下翼缘底部延伸到顶部，并伴有较大的噪声。此时水平反力下降到极限承载力的 50%。构件断裂，试验停止加载，构件的破坏模式见图 2-56（a）。

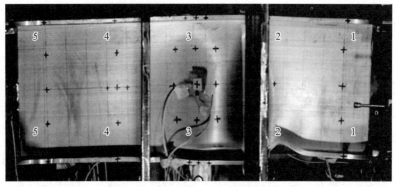

(a) H-1 构件局部屈曲（第 9 循环第 1 圈）

(b) H-2 构件局部屈曲（第 8 循环第 1 圈）

(c) H-3 构件局部屈曲（第 9 循环第 1 圈）

图 2-53　各个构件局部屈曲图

(a) 构件外侧（第 15 循环第 2 圈 600kN）　　　　　(b) 构件内侧局部屈曲

图 2-54　H-1 构件加载变形图

（2）H-2 试件

H-2 构件的试验与上述试验现象相似。随着荷载幅值的增加，构件整体向上发生平面内失稳，跨中截面上翼缘受拉，最大挠度为 4.52mm，下翼缘受压，挠度最大为 4.59mm。

进入到第 8 循环第 1 圈（400kN-δ_y）后，压力加载过程中，当水平位移为 2.2mm 时，构件在 1-1 和 2-2 截面的中间截面腹板位置（记为 A 截面）以及 2-2 和 3-3 截面的中间截面腹板位置（记为 B 截面）发生局部屈曲，均向内侧发生凹陷；2-2 截面腹板处发生局部屈曲，向外侧凸起，记此时构件的水平位移 2.2mm 为屈曲位移δ_y，如图 2-53（b）所示。此后构件受拉时，采用荷载控制；构件受压时，采用位移控制。

当进入到第 16 循环（600kN-7δ_y）时，构件局部屈曲严重变形，此时跨中截面上翼缘挠度为 20.6mm，下翼缘挠度为 22.7mm；2-2 截面下翼缘挠度为 25.8mm，构件变形图见图 2-55。

加载到第 18 循环（650kN-7δ_y）时，由于上级荷载加载时导致其受压承载力为最大承载力的 50%，构件基本丧失承载能力，此时将构件进行拉伸，由于较大的局部应变引起构件发生断裂，并伴有一声巨响，断口形状为直裂缝，试验停止加载，构件断裂破坏模式见图 2-56（b）。

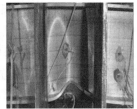

构件内侧及局部屈曲（第 2 圈 600kN）

图 2-55 H-2 构件加载变形图

(a) H-1 构件破坏模式图（第 17 循环）

(b) H-2 构件破坏模式图（第 18 循环）

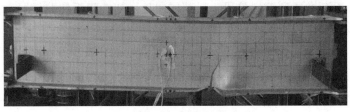

(c) H-3 构件破坏模式图（第 17 循环）

图 2-56 各构件破坏模式

（3）H-3 试件

与上述两个试验相似，H-3 杆件在拉伸或压缩到约 20kN 时，发生面内失稳，并伴有螺栓滑动的声音。

进入第 9 循环第 1 圈（450kN-δ_y）在压力加载过程中，当水平位移为 2.64mm 时，腹板处发生局部屈曲，向内侧凹陷，且下翼缘向上微凸起，记此时构件的水平位移 2.64mm 为屈曲位移δ_y，见图 2-53（c）。构件整体向上平面内失稳，跨中截面上翼缘挠度为 12.5mm，下翼缘挠度为 11.67mm。此后构件受拉时，采用荷载控制，构件受压时，采用位移控制。

第 15 循环至第 16 循环（受拉荷载为 600kN，受压水平位移为 5δ_y即 13.2mm）：第 1 圈受拉时，腹板和下翼缘局部屈曲现象仍存在，构件未被完全拉直；受压时构件变形严重，整体向上弯曲更加明显，局部屈曲现象愈加显著，腹板向内侧凹陷加深，圆形屈曲面积增大，下翼缘屈曲变形严重，凸起高度明显增大。构件跨中截面挠度明显增大，上翼缘挠度增大为 37.1mm，下翼缘挠度为 37mm，此时构件的受压承载力约为最大承载力的 50%。

第 17 循环（受拉荷载为 650kN）：由于构件局部变形严重，当拉力加载至 115kN 时，构件从 A 截面下翼缘位置自下而上开始延伸，构件发生断裂，并伴有一声巨响，断口形状为斜裂缝，试验停止加载，断裂破坏形态见图 2-56（c）。

各构件在循环加载下的构件局部屈曲及断裂后破坏形态，断口呈金属光泽且断口截面较平整。

2.3.1.3　试验结果分析

试验结果表明，在相似的荷载作用下，二种构件均发生了局部屈曲，但长细比最小的 H-1 构件能获得较高的拉压承载力。从试验结果发现，局部屈曲集中在底部附近是主要的破坏模式，而没有观察到任何一个试件的整体屈曲。随着塑性屈曲变形的累积，在翼缘与腹板的连接处发生断裂，这里发生了最大的局部屈曲变形。对于每个试件，峰值拉伸抗力约为屈曲荷载的 150%。值得注意的是，与最大水平承载能力相对应的荷载幅值和与局部屈曲起始的相关性是相同的，表明试件抗压承载力的下降主要是由局部屈曲引起的。

三个构件在加载过程中的变形过程可以划分为四个阶段：

第一阶段，弹性屈曲阶段。由于腹板高厚比较大，随着荷载幅值的增加，各构件在施加往复荷载过程中的弹性阶段，腹板先发生局部屈曲，局部失稳先于材料屈服，仅屈曲位置部分区域进入塑性状态。

第二阶段，塑性阶段。随着荷载和位移幅值的增加，由于构件先发生局部屈曲，致使构件在局部屈曲的位置塑性发展较其他部位更快，形成塑性铰，变形较大，塑性发展逐渐深入，构件整体逐渐发展到塑性阶段，局部屈曲从最初的腹板屈曲位置逐渐扩展到附近截面腹板和翼缘位置，构件变形区域扩大。

第三阶段，承载力退化阶段。随着加载幅值的增加，翼缘和腹板局部屈曲变形严重，表现为不同程度的凸起或凹陷，构件受压承载力降低。由于构件偏心加载，构件沿截面塑性并未得到充分发展，达不到全截面进入塑性，构件在发生局部屈曲之后，其刚度发生退化。

第四阶段，破坏阶段。随着屈曲变形和塑性变形的不断发展，构件先在"凹面"的下翼缘位置处产生细小的裂纹，裂纹逐渐扩展，最终构件发生断裂破坏，且随着长细比的增大，这种趋势越发明显，构件断裂破坏时的裂缝从下翼缘自下而上形成直裂缝或斜裂缝。

（1）滞回曲线

偏心荷载作用下构件的滞回性能能较好地反映其抗震性能，滞回曲线的饱和度与构件的耗能能力密切相关，各构件的荷载-位移滞回曲线和构件上各位移计的荷载-位移滞回曲线分别见图 2-57 和图 2-58。

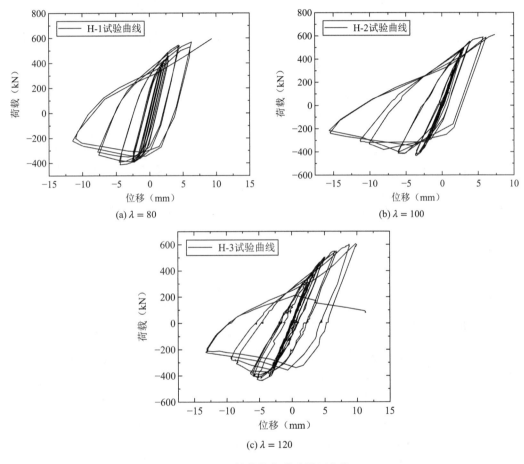

(a) $\lambda = 80$

(b) $\lambda = 100$

(c) $\lambda = 120$

图 2-57　构件荷载-位移滞回曲线

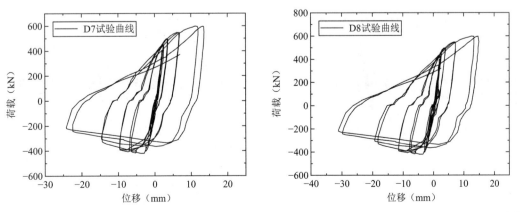

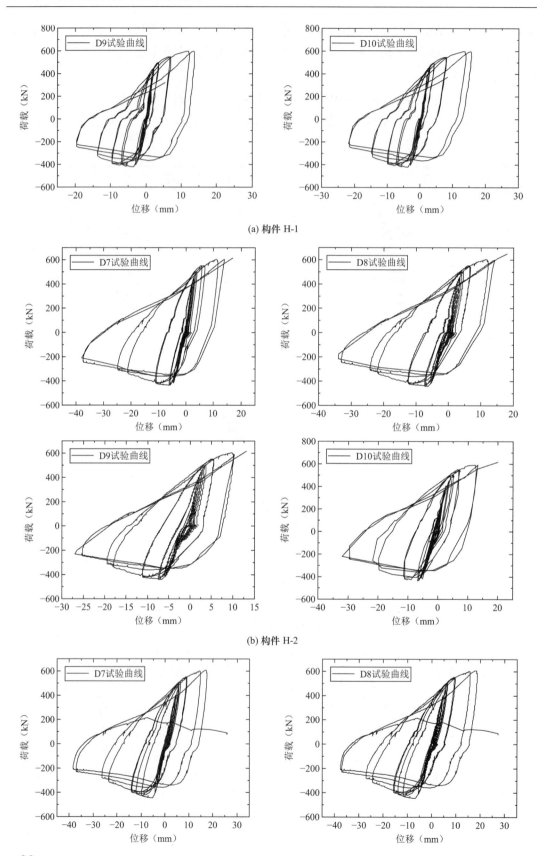

(a) 构件 H-1

(b) 构件 H-2

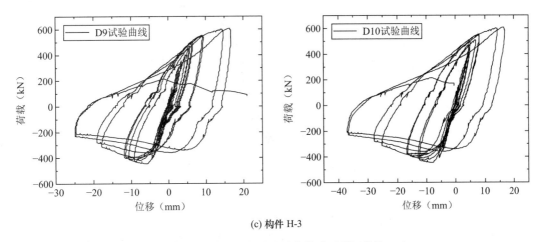

(c) 构件 H-3

图 2-58　构件上各位移计荷载-位移滞回曲线

在图 2-57 和图 2-58 中示出了各构件的荷载-位移滞回曲线；在加载端的另一端测量轴向反力作为滞回曲线中的荷载。往复荷载作用下，特别是当轴向荷载较大时，连接处的螺栓容易松动；因此，实际水平位移是位移计 D7 和 D8 测得的平均值与位移计 D5 和 D6 测得的平均值之差。计算实际水平位移的公式为

$$\delta = \frac{R_{D7} + R_{D8}}{2} - \frac{R_{D5} + R_{D6}}{2} \tag{2-7}$$

式中，R_{D5}、R_{D6}、R_{D7}、R_{D8} 分别为位移计 D5、D6、D7 和 D8 的读数。

从图 2-57 和图 2-58 中可以看出：

在构件发生局部屈曲之前，构件处于弹性工作阶段，荷载-位移曲线基本为线性，加载和卸载曲线基本重合，即构件残余应变基本为零。随着荷载幅值的增加，构件发生局部屈曲，构件受拉侧进入塑性后承载力仍缓慢增加。

由于每一循环均遵循先拉后压的加载次序，受拉过程中的残余变形即为构件受压时的缺陷，而受拉时的残余变形随着力-位移幅值的增加而增加。因此，构件受压侧承载力随着力-位移幅值的增加而降低，受拉侧荷载-位移曲线斜率基本不变。此外，受压侧构件的刚度显著降低。当构件卸载到零时，会出现一定的残余变形。

当偏心距相同时，长细比越小，构件的滞回曲线越饱满，沿截面塑性发展更充分，构件的耗能能力越好。构件的长细比较大时，构件因挠度引起的二阶效应较明显，随着长细比的增大，构件的强度和刚度明显减小，而跨中挠度明显增大。

各构件发生屈曲之前，构件受拉侧滞回环面积与受压侧滞回环面积基本相同，即耗散能量相同。而构件屈曲后，受压侧耗散的能量大于受拉侧耗散的能量。这是因为构件受压变形比受拉变形大。

（2）循环骨架曲线

骨架曲线为各构件的滞回曲线在各加载级第一循环的峰值点所连成的包络线，它反映了构件在地震作用下的强度、刚度和延性等性能。从图 2-59 中可以看出各构件在不同长细比下加载端骨架曲线的对比情况。

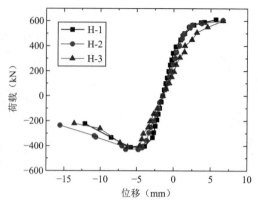

图 2-59　循环骨架曲线对比

从图 2-59 中曲线可以看出，加载位移幅值增大初期，受拉承载力均表现出强化趋势，且长细比大的受拉承载力略低。后期随着荷载-位移幅值的增加，受拉承载力均表现出增大的趋势，但受压承载力因屈曲发生均呈现退化趋势。

（3）断裂延性及断裂循环圈数

在结构抗震性能中，延性是重要的指标之一，表示构件在地震作用下的塑性变形能力。通常用延性系数 μ 表示，其表达式如下：

$$\mu = \delta_u / \delta_y \tag{2-8}$$

式中，δ_u 为构件加载端的极限位移；δ_y 为构件的屈服位移。延性系数 μ 越大，则构件的延性性能越好，反之，构件的延性性能越差，本节中极限位移 δ_u 取铝合金构件发生断裂时构件加载端的位移。

构件在加载过程中，铝合金构件局部塑性发展越快，则构件断裂越早，由于构件为偏心构件，其塑性发展速度快的区域主要集中在局部屈曲处，因此构件发生局部屈曲的时刻，也是影响构件断裂快慢的因素之一。

表 2-15 为各构件在不同长细比下的断裂延性即断裂循环圈数。

不同构件断裂延性　　　　　　　　　　　　　　　表 2-15

构件编号	δ_u（mm）	δ_y（mm）	μ	n
H-1	4.8	1.53	3.13	16
H-2	7.4	2.2	3.36	17
H-3	9.7	2.64	3.67	17

注：n 表示断裂循环圈数，其中 δ_y 为构件的屈曲位移值。

从表 2-15 中可以看出，构件随着加载幅值的增加，其断裂延性和断裂循环圈数也略增加。从各构件的断裂循环圈数来看，断裂循环圈数随着长细比的增长幅度不大，这是由于各构件发生局部屈曲或发生局部屈曲与整体进入塑性的相对时间的差别不明显。

（4）耗能分析

耗能能力是描述结构或构件抗震性能的重要指标，当构件处于地震能量场中时，能量会被地震输入到构件中，构件不断吸收耗散能量。本节采用当结构或构件达到极限承载力后荷载下降至 50% 时所对应的滞回曲线所包围的面积来衡量其耗能能力，以充分体现构件耗能能力的强弱。

将每一滞回环所对应的滞回面积进行累加求和，面积越大，则耗能能力越强，面积越小，则耗能能力越弱。表2-16显示了各构件的耗能能力。当偏心距相同时，总长细比的增加使铝合金构件的耗能能力降低。根据滞回面积的大小可知，当偏心距相同时，铝合金构件的耗能能力随长细比的增大而降低。试验构件的总累积耗能在32.2~39.7kJ之间，耗能能力对长细比敏感。构件耗能能力的降低不利于整体结构的安全，必须谨慎行事。

各构件的耗能能力 表2-16

试件	H-1	H-2	H-3
长细比λ	80	100	120
耗能（kJ）	39.752	33.628	32.218

（5）荷载-应变曲线

对于三种铝合金构件，在试验的同一位置处的荷载-应变曲线表现出相似的趋势，见图2-60。当荷载较小时，构件处于弹性阶段，各构件的应变基本呈线性增长；当构件进入塑性之后，应变呈非线性增长，且随着加载幅值的增加，应变也增加。由于偏心侧同时承受轴向荷载和弯矩，偏心侧应变的增长速度明显快于远离偏心轴的应变。偏心侧的塑性应变较其他侧明显，这说明偏心侧的变形大于另一侧，构件的破坏是从偏心侧开始的。随着长细比的增大，构件应变增加缓慢，截面塑性发展不明显。

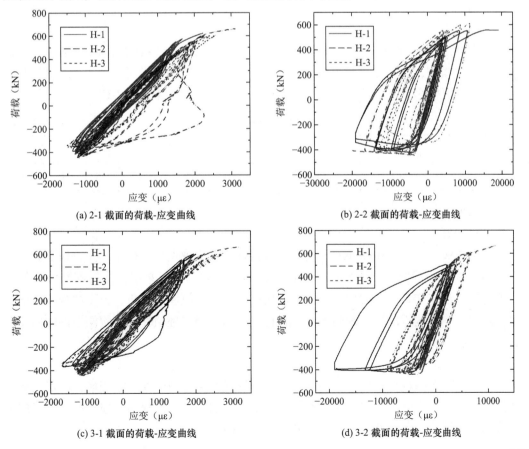

(a) 2-1 截面的荷载-应变曲线

(b) 2-2 截面的荷载-应变曲线

(c) 3-1 截面的荷载-应变曲线

(d) 3-2 截面的荷载-应变曲线

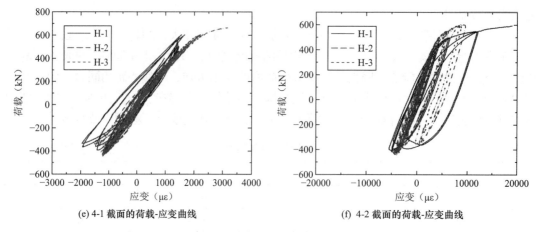

(e) 4-1 截面的荷载-应变曲线　　　　　(f) 4-2 截面的荷载-应变曲线

图 2-60　荷载-应变曲线对比图

2.3.2　偏心拉压滞回性能数值模拟

2.3.2.1　有限元分析模型

由于试验试件数量的限制，需要数值模拟分析才能准确地描述铝合金 H 形截面构件的非线性响应。针对有限的试验结果，对铝合金 H 形截面构件在偏心循环荷载作用下的性能进行了数值研究。

（1）本构关系

弹性模量 $E = 70400\text{MPa}$，泊松比 $\nu = 0.325$。强化模型采用基于 Chaboche 混合强化理论的混合强化模型，本节在对铝合金构件进行有限元数值模型建模时，采用前述试件材性试验基于 CH 模型标定的关键材料参数完成本构关系的定义，详见表 2-17。

本构关系材料参数　　　　　　　　　　表 2-17

材料牌号	σ_0	Q_∞	b	C_1	γ_1	C_2	γ_2	C_3	γ_3	C_4	γ_4
H6061-T6	205	28.7	4.8	8297	278	3501	146	3988	171.6	5194	190

（2）初始几何缺陷

1）整体缺陷

利用 ABAQUS 中的 Buckling 分析，引入构件的低阶弹性屈曲模态，并将模态的位移幅值调整为根据经验公式或实际试验方法得到的初始缺陷幅值来引入构件的整体初始缺陷，即先建立没有初始缺陷的模型，然后对构件进行特征值屈曲分析，将屈曲分析得到的一阶屈曲模态作为构件的初始缺陷形状，并将实测初始缺陷幅值作为一阶模态的幅值（参数分析时取 $L/1000$）。

2）局部缺陷

由于试验过程中构件断裂位置与其局部变形特征相关，与整体缺陷相比，局部缺陷对构件低周疲劳寿命影响更大。为模拟实际构件中存在的初始几何缺陷，修正特征值屈曲模态并施加局部缺陷，各构件的初始缺陷分别见图 2-61。

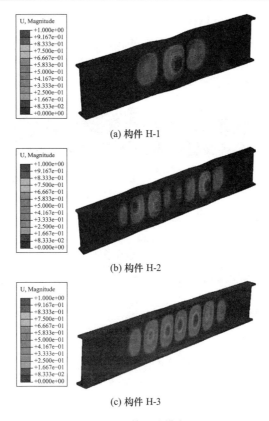

(a) 构件 H-1

(b) 构件 H-2

(c) 构件 H-3

图 2-61　第 1 阶模态

（3）单元类型和网格划分

有限元模型采用实体单元 C3D8I,所有构件的网格尺寸均为 10mm,网格划分如图 2-62 所示。对 ABAQUS 中的 C3D8I 型线性四边形连续单元进行了非协调模态增强,以改善其弯曲性能。它可以消除弯曲过程中由于泊松效应而造成的应力错误和刚度变高。因此,该网格划分方法适合于模拟偏心循环荷载作用下的 H 形截面构件。

图 2-62　网格划分

（4）边界条件

在模型中采用了相对位移来加载,所以没有考虑螺栓连接。为了提高计算效率和数值收敛性,加载装置被移除,代之以理想的铰接边界条件,在左端施加偏心往复拉压荷载。在 ABAQUS 有限元模拟过程中为实现构件两端铰接的边界条件,并输出支座反力,在构件两端分别设置 RP-1 和 RP-2 两个参考点,将构件两端横截面上所有的节点与两个参考点进行耦合,且这两个参考点距杆端距离完全一致,等于试验中销心到杆端的距离。约束 RP-1 的四个自由度,分别为 U1、U2、UR2、UR3,约束 RP-2 的五个自由度,分别为 U1、U2、

U3、UR2、UR3，以保证沿铝合金构件轴向方向上的加载端 RP-1 可以水平自由运动，而 RP-2 固定铰支，构件不能发生其他两个面内的转动。为了使构件绕强轴受弯，分别在构件两侧添加侧向约束，防止构件发生弱轴失稳，具体边界条件见图 2-63。

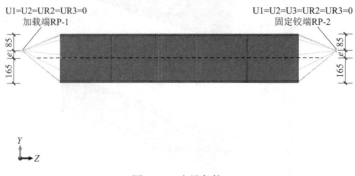

图 2-63 边界条件

注："U" 和 "UR" 表示平移和旋转自由度；"1、2、3" 分别表示 X 轴、Y 轴、Z 轴；"e" 是偏心距。

2.3.2.2 有限元模型验证

（1）构件破坏形态比较

图 2-64 是各构件的数值模拟破坏模式，从构件的破坏位置可以看出，试验结果与模拟结果吻合良好，进一步验证了数值模型及本构模型的准确性。

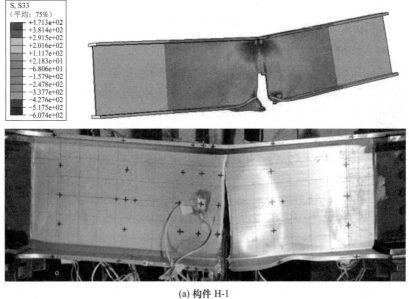

(a) 构件 H-1

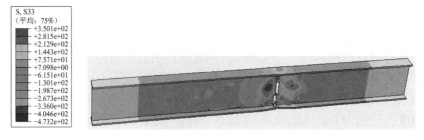

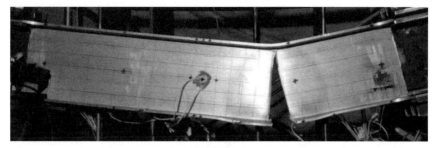

(b) 构件 H-2

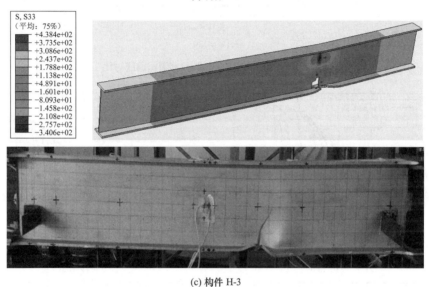

(c) 构件 H-3

图 2-64　构件破坏模式比较图

（2）滞回曲线的比较

各构件有限元数值模型的荷载-位移滞回曲线、构件上各位移计的荷载-位移滞回曲线分别见图 2-65 和图 2-66。一些构件在大位移下的受压阶段会出现微小的差异，这可能是由于几何缺陷、几何尺寸变化、边界条件模拟、材料性能以及建模技术等方面的不确定性所致。尽管如此，有限元分析结果与试验结果总体趋势吻合较好，能较好地反映各构件的极限承载力、刚度等非线性性能。

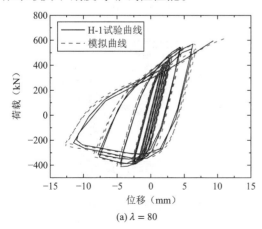

(a) $\lambda = 80$

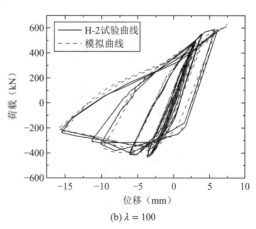

(b) $\lambda = 100$

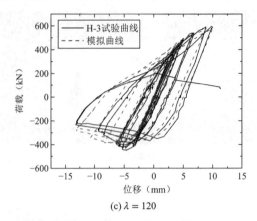

(c) $\lambda = 120$

图 2-65　模拟与试验的荷载-位移滞回曲线对比

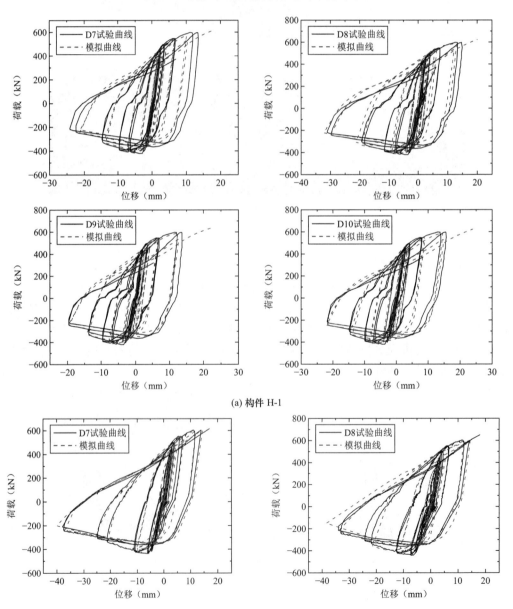

(a) 构件 H-1

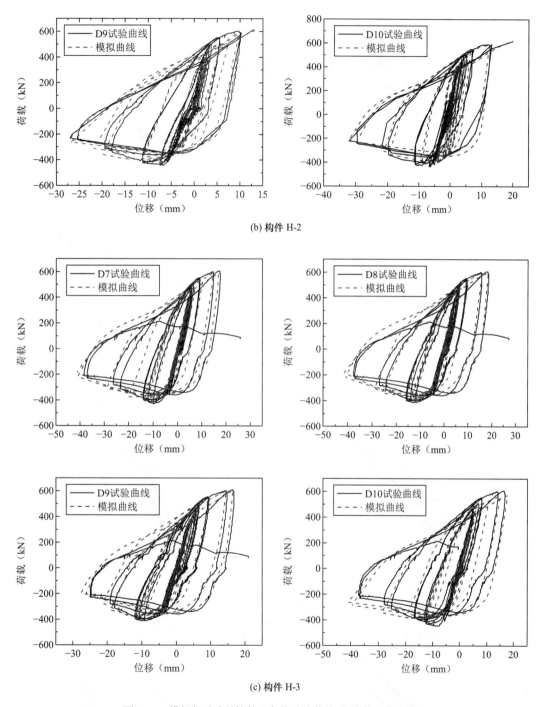

(b) 构件 H-2

(c) 构件 H-3

图 2-66 模拟与试验的构件上各位移计荷载-位移滞回曲线对比

（3）应变幅值的比较

为了从微观角度进一步验证数值模拟的准确性，分别在有限元模拟中提取各构件断裂位置或其附近的沿构件长度方向的部分应变幅值，并将其与试验采集的应变进行对比，各构件应变片测点幅值对比情况见图 2-67。

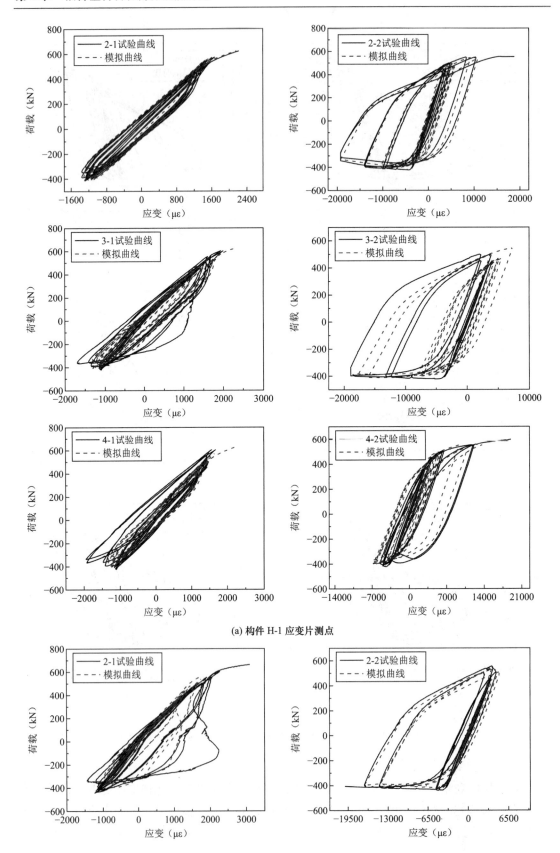

(a) 构件 H-1 应变片测点

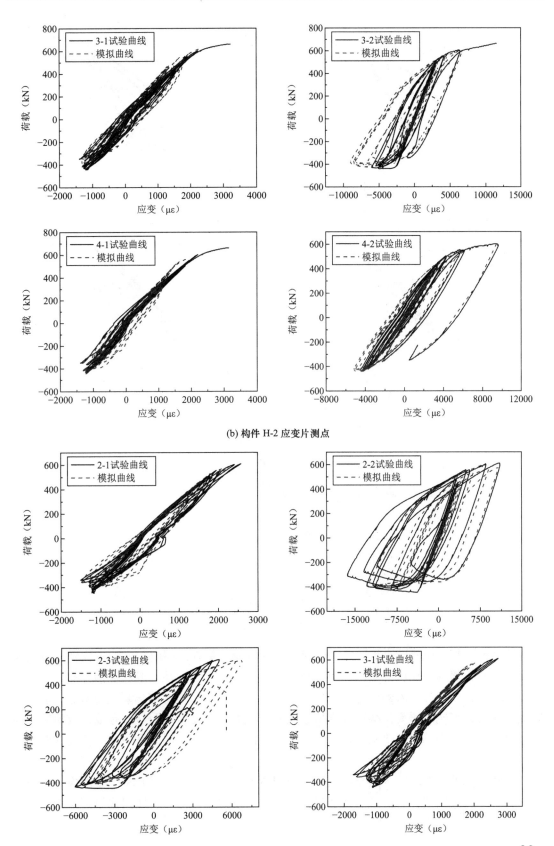

(b) 构件 H-2 应变片测点

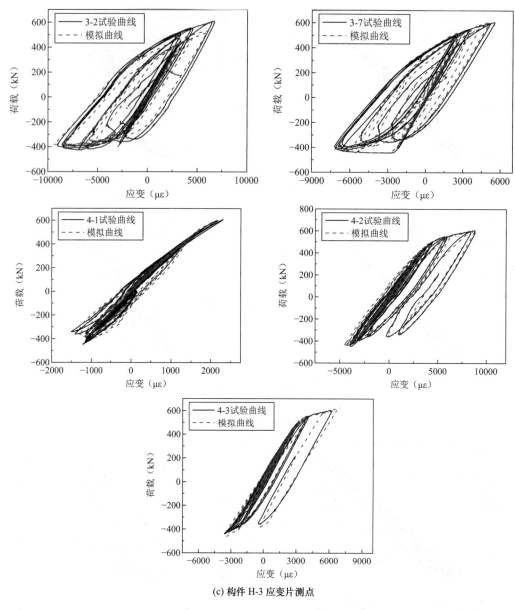

(c) 构件 H-3 应变片测点

图 2-67　各构件应变幅值对比

图 2-67 中试验测得的各构件的应变值均在应变片量程范围内，反映了构件的真实应变。从应变幅值的对比可以看出，当荷载较小时，构件处于弹性阶段，各构件的应变基本呈线性增长；当构件进入塑性之后，应变呈非线性增长，且随着加载幅值的增加，应变也增加。随着长细比的增大，构件应变增加缓慢，截面塑性发展不明显。有限元数值模拟应变结果与试验应变总体趋势吻合较好，因此建立的模型从微观层面反映铝合金构件的滞回特性。

荷载-应变曲线表明，对耗能有贡献的构件在跨中发生了较大的应变。塑性应变峰值出现在跨中下翼缘区域，解释了初始断裂总是从跨中下翼缘开始并扩展到截面剩余部分的试验观察结果。

2.3.3　偏心拉压滞回性能参数化分析

2.3.3.1　参数设计

在验证研究的基础上，进一步进行了参数研究，探讨了长细比和偏心距参数的扩展范围对 H 形截面铝合金构件偏心循环响应的影响。构件设计参数见表 2-18，构件命名方法为 Cxx-Eyy，例如 C60-E40 代表截面尺寸 H200 × 140 × 6 × 8、长细比 60、偏心距 40mm。构件有限元模型假定构件的初始弯曲为正弦曲线型，矢高取为构件长度的 1/1000，忽略残余应力的影响，屈曲分析得到的第 1 阶屈曲模态作为构件的初始缺陷形状。

构件设计参数　　　　　　　　　　　　　　　　表 2-18

构件编号	截面尺寸（mm）	长度（mm）	长细比	偏心距e（mm）	屈服位移（mm）
C60-E10		2000	60	10	4.3
C60-E20		2000	60	20	4.65
C60-E40		2000	60	40	5.2
C80-E10		2652	80	10	5.3
C80-E20	H200 × 140 × 6 × 8	2652	80	20	5.8
C80-E40		2652	80	40	6.15
C100-E10		3318	100	10	6.1
C100-E20		3318	100	20	6.5
C100-E40		3318	100	40	7.13

2.3.3.2　加载制度

通过 ABAQUS 有限元数值模拟来确定各构件在单调荷载作用下初始屈服位移的大小，记为 δ_y，按照 ECCS 建议的加载制度进行加载，在弹性状态下以 $0.25\delta_y$ 的位移幅值差等幅往复循环一周，在塑性状态下以 δ_y 的位移幅值差等幅往复循环三周，即位移荷载按照 $0.25\delta_y$（一周）、$0.5\delta_y$（一周）、$0.25\delta_y$（一周）、$0.75\delta_y$（一周）、δ_y（一周）、$2\delta_y$（三周）、$3\delta_y$（三周）、$4\delta_y$（三周）…加载，位移加载制度见图 2-68，其中横坐标 n 表示加载循环圈数，纵坐标 δ/δ_y 表示位移幅值的大小。

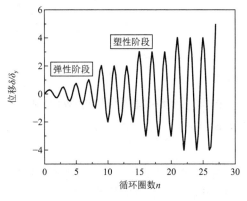

图 2-68　位移加载制度

2.3.3.3 滞回曲线分析

图 2-69 给出了构件在不同偏心距（10mm、20mm 和 40mm）和不同长细比（60、80 和 100）下的荷载-位移滞回曲线。

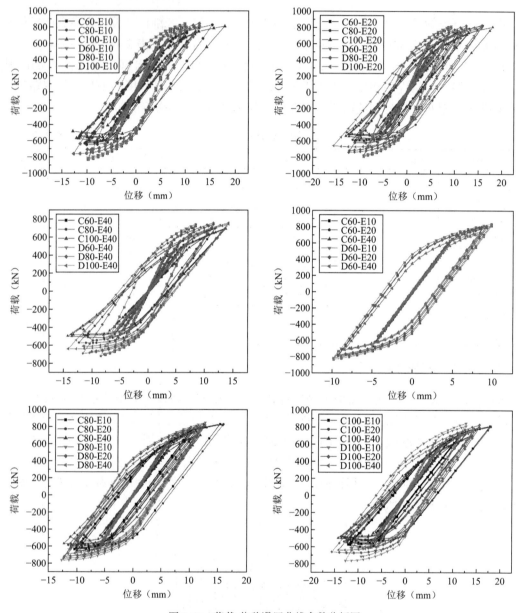

图 2-69 荷载-位移滞回曲线参数分析图

注：C60-E10 是指横截面尺寸为 H200×140×6×8，长细比为 60，偏心距为 10mm 的构件。D60 表示横截面尺寸为 H250×125×5×9。

从图 2-69 中可以看出，当偏心距相同时，长细比越小，构件滞回曲线越饱满，沿截面塑性发展越充分。随着长细比的增大，构件因挠度引起的二阶效应明显，受压更易失稳，铝合金构件受拉承载力、受压承载力及刚度明显减小。

　　当长细比相同时，截面尺寸越大，构件越容易绕强轴弯曲，滞回曲线捏缩效应越明显，构件的拉压承载力越小。偏心距越大，构件受拉侧承载力强化趋势越明显，而受压侧承载力有趋于稳定减小的趋势，故受压承载力相差不大。

2.3.3.4　骨架曲线及承载力分析

　　构件在不同长细比和不同偏心距下的循环骨架曲线分别见图2-70和图2-71。

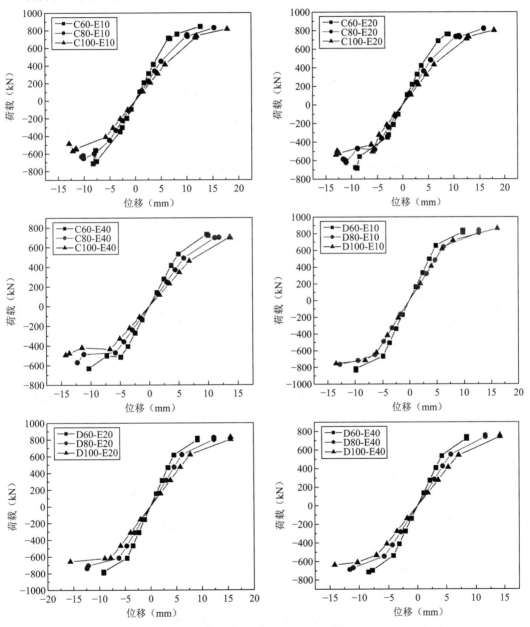

图2-70　不同长细比构件的骨架曲线

　　骨架曲线是各循环荷载作用下水平力最大峰值的轨迹，反映了构件受力和变形的不同阶段和强度。从图2-71中可以看出：当偏心距相同时，随着加载位移幅值的增大，构件受拉承载力逐渐增大，均表现出强化趋势，而受压承载力均呈现屈曲导致的强度退化趋势，且长细比越大的构件承载力越小，其刚度退化较慢。当偏心距相同时，随着长细比的增大，各构件间受拉侧承载力的差距变化不大。

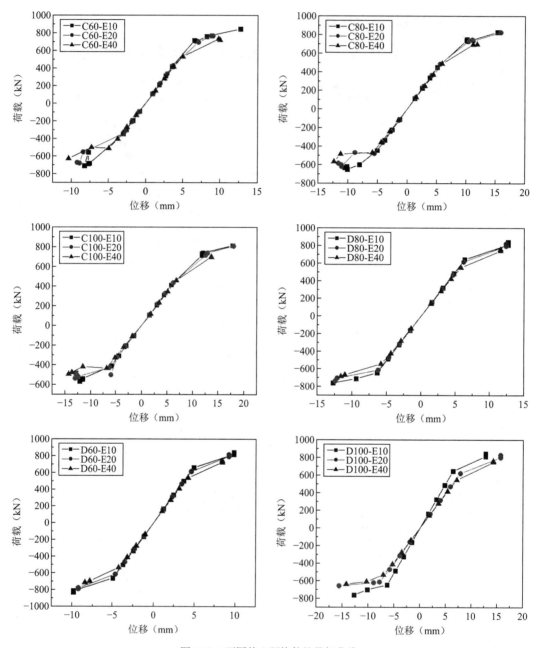

图 2-71　不同偏心距构件的骨架曲线

　　从图 2-71 中可以看出：偏心距对构件的影响主要体现在承载力的大小不同。构件越短，偏心距越小，则构件的承载力越大。当长细比相同时，偏心距越大，则构件受拉承载力和受压承载力越低，刚度也明显减弱，受拉侧在循环荷载作用下显现出更明显的强化趋势。

2.3.3.5 断裂延性及断裂循环圈数分析

构件的断裂延性是其在地震作用下可靠度的重要指标。表 2-19 为各构件在不同长细比下的断裂延性和断裂循环圈数。

构件断裂延性 表 2-19

构件编号	C60			C80			C100		
偏心距（mm）	$e=10$	$e=20$	$e=40$	$e=10$	$e=20$	$e=40$	$e=10$	$e=20$	$e=40$
δ_u（mm）	12.7	9.0	10.0	15.3	15.9	11.8	17.8	18.0	13.7
δ_y（mm）	4.3	4.7	5.2	5.3	5.8	6.2	6.1	6.5	7.1
μ	3.0	1.9	1.9	2.9	2.7	1.9	2.9	2.8	1.9
n	7	6	5	7	7	5	7	7	6
构件编号	D60			D80			D100		
偏心距（mm）	$e=10$	$e=20$	$e=40$	$e=10$	$e=20$	$e=40$	$e=10$	$e=20$	$e=40$
δ_u（mm）	9.8	9.2	8.4	12.7	12.4	11.6	12.7	15.6	14.2
δ_y（mm）	4.9	4.6	4.2	6.4	6.2	5.8	8.1	7.8	7.1
μ	2.0	2.0	2.0	2.0	2.0	2.0	1.6	2.0	2.0
n	6	6	5	5	5	5	5	5	5

注：δ_u 为加载端极限位移，δ_y 为构件的屈服位移，μ 为延性系数，n 为断裂循环圈数。

从表 2-19 中可以看出，当偏心距相同时，构件的断裂延性和断裂循环圈数随着长细比的增大而增加。当长细比相同时，构件的断裂延性及断裂循环圈数随着偏心距的增大而减小。

2.3.3.6 耗能分析

本节采用 Origin 软件自带的微积分来求解各构件在不同长细比和不同偏心距下滞回曲线的耗能能力，表 2-20 给出了各构件的耗能能力值。

不同构件的耗能能力值 表 2-20

构件编号	C60			C80			C100		
偏心距（mm）	$e=10$	$e=20$	$e=40$	$e=10$	$e=20$	$e=40$	$e=10$	$e=20$	$e=40$
耗能值（t·mm）	137.7	136.7	121.6	129.6	116.3	105.9	120.8	112.5	104.3

从表 2-20 中可以看出，当偏心距相同时，长细比小的构件耗能能力好，而长细比大的构件耗能能力较差。当长细比相同时，随着偏心距的增大，构件耗能能力减弱，且随着长细比的增大偏心距对构件耗能能力影响减弱。

2.3.3.7 刚度退化

构件在不同长细比和不同偏心距下的刚度退化曲线分别见图 2-72 和图 2-73。

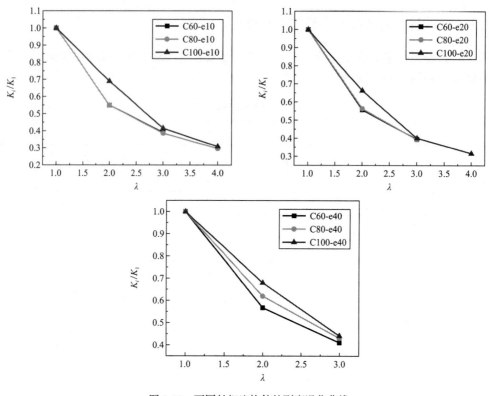

图 2-72　不同长细比构件的刚度退化曲线

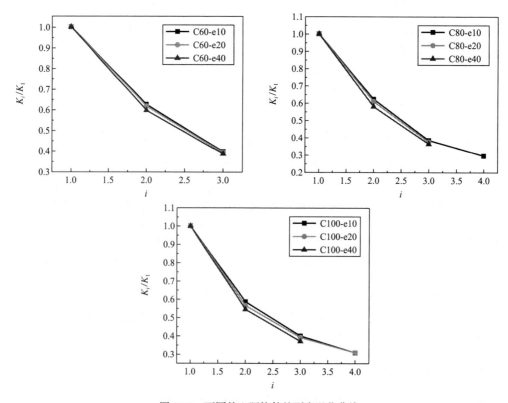

图 2-73　不同偏心距构件的刚度退化曲线

从图 2-72 和图 2-73 中可以看出，当偏心距相同时，构件随着长细比的增大其刚度退化变慢。当长细比相同时，构件随着偏心距的增大其刚度退化变快。

构件发生屈曲之后，其强度及刚度发生迅速退化，退化原因可分为两个方面，一方面是宏观上构件本身的影响，表现为构件从发生局部屈曲之后，随着位移幅值的增加，局部屈曲范围增大，构件有效面积减小；另一方面是微观上本构关系模型的影响，表现为从局部屈曲位置的塑性应力逐渐扩展至附近区域，致使先发生屈曲位置处的应力减小，附近截面的应力逐渐增大，应变也增大，导致构件有效面积进一步减小，构件承载力降低。

第 3 章　铝合金板式节点力学性能研究

3.1　考虑起拱的铝合金板式节点静力性能

3.1.1　节点静力性能试验

3.1.1.1　试验设计

图 3-1　板式节点静力性能试验

铝合金板式节点试验，通常将节点模型简化为平板式节点，与节点在实际结构中受力存在较大差异。为了使本次试验中板式节点在荷载作用下具有与实际网壳工程中的节点相近的受力形式，精确化分析节点受力性能，并定性讨论此种简化方式的合理性，设计了考虑起拱的铝合金板式节点试验（图 3-1）。

（1）构件设计

试验节点由上下两个铝合金节点板和 4 根 H 形铝合金杆件通过 Huck 螺栓连接而成。节点设计时考虑了常用网壳的曲率以及杆件的长细比。节点起拱角度为 7°，杆件截面为 H250×125×5×9，杆件长度为 1650mm，其绕弱轴长细比为 56.3，满足规范要求。相邻杆件均呈 90° 夹角，杆件的编号依次为 L1～L4（图 3-2）。H 形杆件与节点板连接的一端为了避免杆件相互磕碰，将杆件端部的上、下翼缘宽度进行了削弱。

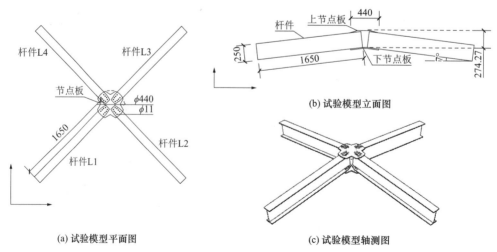

(a) 试验模型平面图

(b) 试验模型立面图

(c) 试验模型轴测图

图 3-2　起拱板式节点试验模型

H 形杆件与节点板的材料均为国产 6061-T6 挤压型铝材。拱形扣板节点板的生产工艺为：先挤压出平面的圆形节点板，再按照相关制造规范切割成花瓣形节点板，再对其进行弯折，形成了 7°起拱的弧面节点板（图 3-3）。为了确保节点板不会在构件之前损坏，通过计算确定铝合金节点板尺寸宽 440mm，厚 12mm。节点板与 H 形杆件连接使用直径 10mm、材料为不锈钢 304HC 的 Huck 螺栓连接，根据《环槽铆钉连接副 技术条件》GB/T 36993—2018，确定了节点板与每根 H 形杆件的上、下翼缘分别连接 8 个螺栓，共计 64 个螺栓。螺栓孔直径为 11mm（图 3-3a）。

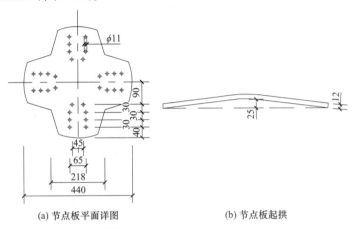

(a) 节点板平面详图　　　　　　　(b) 节点板起拱

图 3-3　节点板详图

（2）加载装置

本节点外端采用铰接与支承立柱连接。在杆件端部的翼缘、腹板分别采用螺栓与连接板相连（图 3-4a、b、d、e）。立柱通过锚栓与试验室地板连接（图 3-4c）。经过计算，钢结构装置中的钢板材料为 Q345B，销轴直径为 50mm、材质为 45 号钢，连接板螺栓采用 M12、8.8 级高强度螺栓，钢结构支承装置在试验加载过程中始终处于弹性阶段。

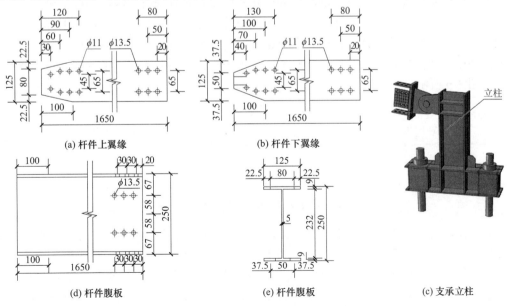

(a) 杆件上翼缘　　　　　　(b) 杆件下翼缘　　　　　　(c) 支承立柱

(d) 杆件腹板　　　　　　(e) 杆件腹板

图 3-4　连接端部处理及支承装置

节点试验采用伺服仪连接液压千斤顶对节点中心进行竖向加载，千斤顶通过节点板上的加载盘竖直向下加载，加载装置及试件的示意图如图 3-5（a）、（b）所示。加载盘上焊接 4 个加载块，直接顶在上节点板上表面，加载盘详图如图 3-5（c）所示。

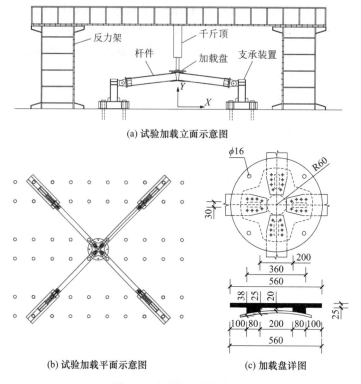

(a) 试验加载立面示意图

(b) 试验加载平面示意图　　(c) 加载盘详图

图 3-5　试验节点加载装置

（3）测点布置

本试验测量内容包括节点关键部位的位移和应变。布置动态拉线位移计 1 个，位于下节点板正下方，测量节点竖向加载位移；布置顶针式位移计共 8 个，4 根 H 形杆件中部下翼缘中间各 1 个竖向位移计，立柱外侧与销轴同高水平布置 4 个水平位移计。竖向位移计测量杆件中部竖向位移，计算杆件弯曲角度；水平位移计测量支座水平位移。位移计布置位置如图 3-6 所示。

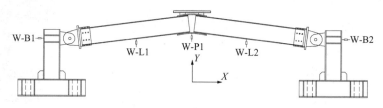

图 3-6　位移计布置详图

本试验应变片布置方案如下：分别在杆件的上下翼缘、腹板处和上、下节点板的中心区和自由区布置了电阻应变片，共计 40 个应变片和 10 个应变花。

H 形杆件应变片布置命名规律如下：L1-Fu-i 表示杆件 L1 上翼缘应变片 i；L1-Fd-i 表示杆件 L1 下翼缘应变片 i；L1-Wc-i 表示杆件 L1 腹板应变花 i。在每根杆件上翼缘和下翼缘的端部和中部布置 12 个应变片，目的是为了监测加载时是否出现面外偏心，并用来计算杆件的弯矩和轴力，在杆件节点区域腹板布置 1 个应变花和 2 个应变片是为了监测杆件腹板处的应力变化规律。

节点板应变片布置命名规律如下：Pu-sr0-i 表示上节点板中心区应变花 i；Pu-sr1-i 和 Pu-sr2-i 表示上节点板自由区应变花 i；Pd-sr0-i 表示下节点板中心区应变花 i；Pd-sr1-i 和 Pd-sr2-i 表示下节点板自由区应变花 i；在上节点板的上表面和下节点板的下表面的中心区和自由区布置了共计 6 个应变花，目的是测量节点板中心区和自由区的应力变化。

（4）加载方案

在加载过程中，荷载由小逐渐增大，直至构件破坏。具体加载制度包括预加载和正式加载两阶段。

1）预加载阶段用来检验各试验装置及量测仪表等是否正常工作，使各部分接触紧密，从而进入工作状态，按 5%～10% 的有限元模型计算极限承载力进行加载。预加载后卸载至位移和力均为 0。

2）正式加载采取连续加载的方式，加载初期以力控制，以 10kN 为一级，逐渐增大，直到节点整体出现塑性变形后，降低加载速率，改为由位移控制，位移增量为 10mm，直至节点最终破坏，停止加载。

3.1.1.2 试验现象

在加载初期，位移随荷载的增大而线性上升，未观察到明显现象。在加载到约 27.6kN 时，螺栓开始发生滑移，节点的荷载-位移曲线的斜率也随之降低。由于螺杆与螺栓孔之间存在装配间隙，因此节点板处、支座处在加载过程中会由于螺栓滑移发出声音。负荷达到 61.2kN 时，各个螺栓的滑移基本结束，螺杆都顶到了螺栓孔上，螺栓孔壁开始承压，节点的荷载-位移曲线的斜率逐渐升高，声音逐渐减小、消失，亦没有明显试验现象。

随着竖向荷载的不断加大，节点板竖向位移也逐渐加大。在加载到 174.4kN 时，节点的荷载-位移曲线达到了峰值，即最大承载力为 174.4kN。此时节点的竖向位移为 91.8mm，之后承载力开始逐渐下降。继续加载，在杆件 L3 的腹板和翼缘处观察到了肉眼可见的变形，腹板和翼缘发生了局部屈曲，且上节点板开始发生绕竖向轴的转动，最大变形位于上节点板与翼缘的交接处，如图 3-7（a）所示，其余杆件均发生了小幅度的腹板局部屈曲。

随着竖向位移的不断加大，继续向下缓慢加载，杆件 L3 的变形也不断增大，腹板突出的位移愈发明显，杆件绕其轴向的扭转角度也逐渐加大，其余杆件的变形也不断加大。同时沿着杆件 L2 轴向的视角观察，L2 发生了比较明显的绕弱轴弯曲和弯扭变形，如图 3-7（b）所示。

(a) 杆件 L3 腹板、翼缘屈曲　　　　(b) 杆件 L2 发生弯曲、弯扭变形

图 3-7　加载期间杆件变形情况

继续向下缓慢加载至 173.8mm，节点的起拱度几乎完全消失，各个杆件均发生了明显的大变形，翼缘翘曲得十分严重，节点板与翼缘相接处下方的腹板屈曲明显，无法继续承载，试验结束，如图 3-8（a）所示。

将千斤顶的力卸载后，可以发现节点板绕竖向轴旋转了很大的角度，相对的杆件（L1 和 L3、L2 和 L4）已经不在同一条轴向上，杆件发生了很大的弯曲和弯扭变形，如图 3-8（b）所示。

(a) 杆件发生严重变形　　　　　　　　　(b) 拆开千斤顶后节点的状态

图 3-8　试验模型破坏模式

在竖向荷载作用下，杆件同时承受轴力和平面外弯矩。与实际球面网壳中环杆对节点的环向弹性约束类似，本试验中的立柱不是无穷刚的，在推力作用下产生侧移，使得相同荷载下节点的竖向位移增大，降低了板式节点的起拱度，H 形杆件呈现出梁受弯的趋势，弯矩起控制作用。H 形杆件在主要承受弯矩的情况下，上翼缘受压，下翼缘受拉。

在竖向荷载作用下，杆件腹板由于承受上下翼缘的挤压而导致局部屈曲，后又发生了较大的弯扭变形，因此节点最终的破坏模式为节点域内的杆件腹板的局部屈曲和杆件的弯扭破坏。

3.1.1.3　试验结果分析

（1）荷载-位移滞回曲线

根据前文所述的位移计布置位置，提取了下节点板下方的竖向位移和千斤顶上的力传感器输出的反力，得到了如图 3-9 所示的荷载-位移曲线。按照荷载-位移曲线斜率的明显不同可分为 4 个阶段：螺栓嵌固阶段、螺栓滑移阶段、孔壁承压阶段和失效阶段。

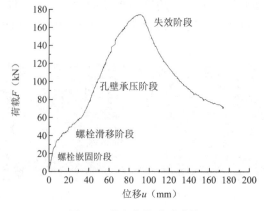

图 3-9　节点荷载-位移曲线

竖向荷载刚开始加载时，曲线处于螺栓嵌固阶段。由于螺栓预紧力的存在，节点板、杆件和螺栓并未发生相对滑动，荷载-位移曲线基本呈一条直线，此阶段的切线刚度为4914.4N/mm。直到加载到27.6kN左右时，曲线斜率明显降低，螺栓面克服了其能承受的最大静摩擦力，开始发生滑移，进入了螺栓滑移阶段，此阶段的切线刚度为1142.9N/mm。加载到61.2kN时，螺杆顶到了螺栓孔壁上，进入了孔壁承压阶段，荷载-位移曲线的斜率逐渐增高，切线刚度为2653.6N/mm。随着竖向位移的增大，杆件翼缘的螺栓孔处最先进入塑性，螺孔被拉长，此时荷载为145.4kN，荷载-位移曲线的斜率开始降低，之后逐渐达到了极限承载力174.4kN，此时节点的竖向位移为91.8mm，腹板逐渐被压屈曲，侧向突出，承载力开始逐渐降低，进入失效阶段。继续加载，腹板侧向屈曲程度加重，同时杆件发生了较大的弯扭变形，承载力持续降低，直至最终起拱度消失，试验停止。

（2）应力应变变化规律

根据前文所述的应变片布置位置，提取了杆件 L1 和 L3 跨中的上下翼缘的应变值，换算成应力后，计算得到荷载和杆件跨中上翼缘的轴向应力与弯曲应力的关系如图 3-10 所示。

$$\sigma_N = \frac{\sigma_t + \sigma_b}{2} \tag{3-1}$$

$$\sigma_M = \frac{\sigma_t - \sigma_b}{2} \tag{3-2}$$

式中，σ_N、σ_M 分别为轴向应力与弯曲应力；σ_t、σ_b 分别为上、下翼缘应力。轴向应力以受压为正，弯曲应力以上翼缘受压为正。

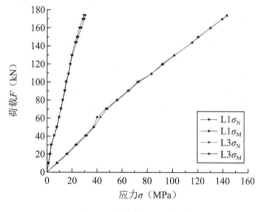

图 3-10　荷载-应力曲线

由图 3-10 可知，加载过程中，杆件同时承受轴力和弯矩，由于支座产生了水平弹性侧移，降低了起拱度，使得本应产生较大的轴向应力最终小于弯曲应力，约为弯曲应力的 1/5。H 形杆件呈现出梁受弯的趋势，弯矩起控制作用。随着竖向荷载的增大，轴向应力和弯曲应力基本呈线性关系。杆件 L1 和 L3 上翼缘的轴向应力和弯曲应力对比几乎完全相同。在竖向荷载达到 174.4kN 时，两根杆件的轴向应力最大为 29.6MPa，弯曲应力最大为144.4MPa。后续参数分析中将对这一情况予以改进。

提取了 4 根杆件靠近节点板处翼缘和杆件中部翼缘测点的应变值，以受拉为正，绘制成了荷载-应变曲线图，如图 3-11 所示。

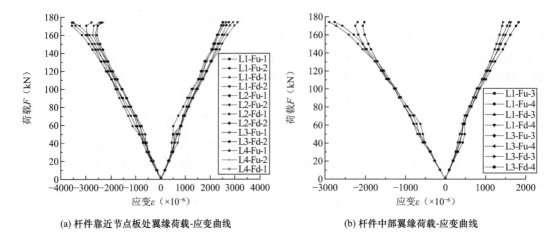

(a) 杆件靠近节点板处翼缘荷载-应变曲线　　　　　(b) 杆件中部翼缘荷载-应变曲线

图 3-11　荷载-应变曲线

图 3-11（a）所示为杆件靠近节点板处上、下翼缘沿轴向的荷载-应变曲线，H 形杆件在主要承受弯矩的情况下，上翼缘受压，下翼缘受拉。在加载至极限荷载（174.4kN）之前，所有杆件的上翼缘边缘均受压，下翼缘边缘均受拉，上、下翼缘的荷载-应变曲线基本重合成一条直线，斜率几乎没有变化，表现出较好的线性性质。加载至最大荷载时，所有杆件上翼缘的平均应变为 $-3116\mu\varepsilon$，即受压应力为 219.4MPa，尚处于弹性阶段；所有杆件下翼缘的平均应变为 $2794\mu\varepsilon$，即平均受拉应力为 196.7MPa，亦处于弹性阶段。

图 3-11（b）所示为部分杆件中部上、下翼缘边缘的荷载-应变曲线，H 形杆件在主要承受弯矩的作用下，上翼缘受压，下翼缘受拉。在加载到极限荷载之前，所有杆件中部翼缘的应变随着荷载的不断加大而线性增大，上翼缘的平均应变为 $-2449\mu\varepsilon$，对应的受压应力为 172.4MPa；下翼缘最大应变为 $1622\mu\varepsilon$，对应的受拉应力为 114.2MPa。上下翼缘的荷载-应变曲线由于轴力的存在而表现出不完全对称的趋势。

根据前文所述的应变花布置图，提取了各个杆件靠近节点板处腹板的应变值，通过下列公式计算得到了靠近节点板处腹板中部的 Mises 应力，绘制成了荷载-应力曲线图。

$$\sigma_1 = \frac{E}{1-\nu}A + \tau_{\max} \tag{3-3}$$

$$\sigma_2 = \frac{E}{1-\nu}A - \tau_{\max} \tag{3-4}$$

$$A = \frac{\varepsilon_{0°} + \varepsilon_{90°}}{2} \tag{3-5}$$

$$B = \frac{\varepsilon_{0°} - \varepsilon_{90°}}{2} \tag{3-6}$$

$$C = \frac{2\varepsilon_{45°} - \varepsilon_{0°} - \varepsilon_{90°}}{2} \tag{3-7}$$

$$\sigma_s = \frac{1}{\sqrt{2}}\sqrt{(\sigma_1 - \sigma_2)^2 + \sigma_1^2 + \sigma_2^2} \tag{3-8}$$

式中，σ_1、σ_2 为测点的主应力；E 为材料的弹性模量，取 70400MPa；ν 为材料的泊松比，取 0.3；$\varepsilon_{0°}$、$\varepsilon_{45°}$ 和 $\varepsilon_{90°}$ 分别为应变花的 3 个应变分量；σ_s 为测点的 Mises 应力。

将式(3-5)、式(3-6)和式(3-7)代入式(3-3)、式(3-4)，可计算得到主应力σ_1、σ_2，再代入式(3-8)，可计算得到测点的 Mises 应力，绘制成如图 3-12 所示的荷载-应力曲线图。

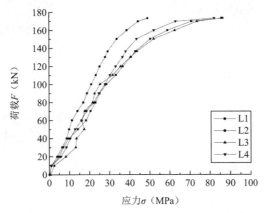

图 3-12　靠近节点板处腹板中部荷载-应力曲线

在加载初期，随着荷载的不断增大，腹板中部的 Mises 应力基本呈线性增加，直到加载 145.4kN 左右时，螺孔附近开始进入了塑性，曲线的斜率才有所下降，Mises 应力随竖向荷载的增大而迅速增加。直到加载至极限荷载 174.4kN 时，最大 Mises 应力为 106.72MPa，位于杆件 L4 腹板中部，远未达到材料的名义屈服强度 264MPa，说明各个杆件的腹板局部屈曲均属于弹性屈曲。

3.1.2　节点精细化数值模拟

3.1.2.1　有限元分析模型

为了得到铝合金板式节点的受力性能以及不同参数对板式节点的影响，应验证有限元模拟方法的正确性，对铝合金板式节点静力性能试验进行数值模拟重现。

（1）几何模型建立

采用大型通用有限元软件 ABAQUS 对本章试验进行数值模拟与分析。按照图纸和构件实际尺寸对 H 形构件、节点板和螺栓进行了精细化的建模。节点板采用完整的花瓣形模型，所有部件均采用实体单元 C3D8R，即三维八节点六面体线性缩减积分实体单元。这种一阶单元在单元的中心只有 1 个积分点，由于存在沙漏数值问题（Hourglass）而显得过于柔软。采用线性缩减积分单元模拟承受弯曲荷载的结构，沿厚度方向上划分 3 个单元，这样可使对位移的求解计算结果较精确。网格存在扭曲变形时，分析精度不会受到明显的影响；在弯曲荷载下不易发生剪切自锁。因此同时兼顾了计算精度和计算效率。

H 形杆件的翼缘、腹板均沿厚度方向划分了 3 层网格，如图 3-13（a）所示。为了增加计算效率，对 H 形杆件中部应力分布均匀、变形较小的位置画的网格较为稀疏，不影响最终计算结果。由于螺栓孔处存在应力集中，故对其进行了网格加密，网格大小为 3mm。上下节点板也同样对螺栓孔处进行网格加密，网格大小为 3mm，如图 3-13（b）所示。螺栓的建模采用了简化的实体螺栓，即螺帽、螺杆和螺母均为光滑的圆柱体，网格大小为 3mm，如图 3-13（c）所示。整个装配体的单元总数为 102249 个，网格划分见图 3-13（d）。

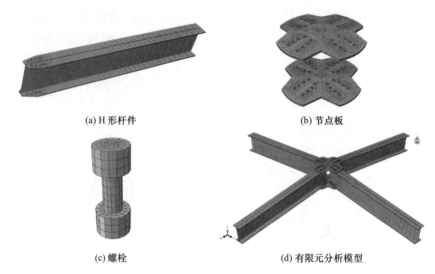

(a) H 形杆件　　　　　　　　　　　　　(b) 节点板

(c) 螺栓　　　　　　　　　　　　　(d) 有限元分析模型

图 3-13　单元网格划分

（2）本构关系

本试验中节点所用的杆件、节点板通过铝锭加热后挤压成型，并拼装成一个完整的铝合金板式节点。为了获得 6061-T6 铝合金材料的本构关系，对相应试件做了材料性能试验。对同生产批次的 6061-T6 铝合金材料试样进行材性试验，试样的尺寸和规格均根据《金属材料 拉伸试验 第 1 部分：室温试验方法》GB/T 228.1—2021 的规定进行加工。

由材料性能的单调拉伸试验得到了铝合金 6061-T6 材料的名义应力-应变曲线，也叫工程应力-应变曲线，而在 ABAQUS 中采用真实应力和真实应变。通过计算将单调拉伸试验得到的名义应力、名义应变转化成真实应力、真实应变，并输入到 ABAQUS 中。各个部件的密度、弹性模量、泊松比、名义屈服强度、抗拉强度和抗剪强度等参数见表 3-1。

铝合金试件的材料力学性能　　　　　　　　　　　表 3-1

部件	材料	密度ρ（kg/m³）	弹性模量E（MPa）	泊松比ν	名义屈服强度$f_{0.2}$（MPa）	抗拉强度f_u（MPa）	抗剪强度f_v（MPa）
H 形杆件上、下节点板	6061-T6	2700	70400	0.33	264	304	180
节点板螺栓	304HC	7850	189000	0.3	460	720	504

（3）接触问题处理

由于本试验中存在大量的接触问题，比如上、下节点板与 H 形杆件、螺栓与 H 形杆件，因此共创建 3 个分析步。在有限元分析软件中，通过施加螺栓荷载模拟螺栓预紧力。第 1 个分析步用于施加一个较小的螺栓力，使得螺栓与节点板、杆件紧密贴合，创建稳定的接触条件，删除接触面的过盈，便于提高有限元计算的收敛性。在第 2 个分析步中，更改施加螺栓力的大小至高强度螺栓的实际预紧力。第 3 个分析步中，固定螺栓的长度，并施加竖向荷载。

在 ABAQUS 的接触分析中的接触对由主面（Master surface）和从面（Slave surface）构成。其中上、下节点板与 H 形杆件的接触对中，上、下节点板为主面，H 形杆件的翼缘为从面；板面与螺帽的接触对中，板面为主面，螺帽为从面；螺杆与孔壁的接触对中，螺杆为主面，孔壁为从面。在模拟过程中，接触方向总是主面的法线方向，从面上的节点不会穿越到主面，但主面上的节点可以穿越从面。主面上的刚度一般比从面大，网格也较粗。部分接触对的定义如图 3-14 所示。

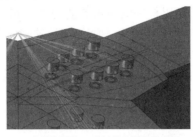

(a) 上节点板和 H 形杆件上翼缘的接触   (b) 螺杆与 H 形杆件孔壁的接触

图 3-14 接触对的定义

对上述接触对赋予相应的接触属性，其中接触对的法向行为均为"硬"接触，即两个表面之间的间隙为 0 时，认为两个表面发生了接触，并在相应的节点上施加接触约束，接触面之间就会产生接触压力。当接触压力变为 0 或负值时，两个接触面分离开来，同时解除相应节点上的接触约束。切向行为均为罚函数摩擦，罚函数摩擦允许接触面有"弹性滑移"，适用于大多数的接触问题。由于实际摩擦系数与实际预紧力均难以测得，但其乘积为一固定值，故按规范中要求假定螺栓预紧力后多次修改摩擦系数值，使计算得到的荷载-位移曲线与试验曲线较为贴近，最终摩擦系数确定为 0.3。

（4）荷载与边界条件

对所有螺栓在第 1 个分析步里施加 10N 的预紧力，建立可靠的接触条件。第 2 个分析步改变预紧力的大小，该荷载与螺栓型号有关，根据《环槽铆钉连接副 技术条件》GB/T 36993—2018 中要求取预紧力为 18000N。第 3 个分析步使螺栓固定在当前长度。并用参考点 RP-1 对加载块所在的上节点板上表面进行运动耦合，采用易收敛的位移加载方式，对该参考点施加 Y 向位移−200mm。螺栓预紧力和竖向荷载的施加见图 3-15。

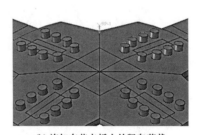

(a) 螺栓预紧力   (b) 施加在节点板上的竖向荷载

图 3-15 施加荷载

由于建立了完整的节点模型，因此边界条件只需加在 4 根杆件的远端，在每个销轴所在位置建立 4 个参考点，分别与 4 根杆件的端头截面进行运动耦合，并施加相应的平动、转动约束，由于支座产生了弹性水平位移，因此考虑放开沿每根杆件轴向的平动自由度，同时在沿该自由度方向施加一个弹簧，弹簧刚度取支座柱顶实际的水平刚度。放开每根杆件绕强轴的转动自由度，以达到铰接的目的。其中 L1、L3 杆放开 X 向平动自由度和绕 Z 轴转动自由度，L2、L4 杆放开 Z 向平动自由度和绕 X 轴转动自由度。

（5）初始缺陷

考虑到模型的制造误差以及节点试件运输途中的磕碰带来的几何初始偏差，因此考虑对其施加相应的几何初始缺陷，初始缺陷的形态以杆件的腹板屈曲为主。编辑 ABAQUS 关键词，将几何初始缺陷的形态施加到后续的静力分析之中。施加初始缺陷的大小经过多次试算后，取荷载-位移曲线与试验曲线最接近的一条，大小为 3mm，约为杆件长度的 1.8‰，即结构的初始缺陷最大值为 3mm。施加不同初始缺陷的大小（1~4mm）绘制成的荷载-位移曲线如图 3-16 所示。

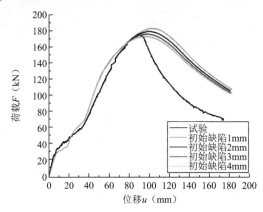

图 3-16　不同初始缺陷大小时的荷载-位移曲线

3.1.2.2　有限元模型的验证及结果分析

（1）荷载-位移曲线

提取加载点的竖向位移（U2）以及竖向反力（RF2），绘制成荷载-位移曲线，并且与试验数据进行对比，如图 3-17 所示。

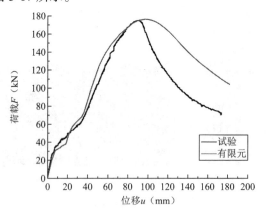

图 3-17　荷载-位移曲线对比

由图中可以看出，有限元模拟的荷载-位移曲线与试验的荷载-位移曲线都存在 4 个明显的阶段，即螺栓嵌固阶段、螺栓滑移阶段、孔壁承压阶段和失效阶段。刚开始加载时，螺栓依靠施加的预紧力而与节点板面、翼缘面紧密贴合，曲线具有明显的线性特征，其中有限元模拟节点的刚度为 4118.6N/mm，试验的刚度为 4914.4N/mm，相差约 16.2%。随着竖向荷载的不断加大，下节点板的螺栓率先达到了其能克服的最大静摩擦力，开始发生滑移，荷载-位移曲线的斜率明显降低，之后下节点板上的螺栓顶到了孔壁上，斜率升高。之后上节点板的螺栓达到了最大静摩擦力，开始发生滑移，斜率降低，与孔壁贴紧后斜率再次升高，因此在螺栓滑移阶段的有限元模拟曲线中，存在三条近乎直线的阶段，但该阶段的起点和终点，与试验曲线相差无几。

随着所有螺栓均顶到了孔壁上，进入了孔壁承压阶段，此阶段最初呈线性特征，刚度为 2653.6N/mm，曲线斜率略高于试验曲线，随着杆件上翼缘螺栓孔逐渐进入塑性，曲线斜率也随之降低，直到达到极限承载力 176.22kN，此时节点板的竖向位移为 97.2mm，承载力与试验曲线仅相差 1.03%，可认为有限元模拟的荷载-位移曲线与试验曲线拟合较好。

（2）应变变化规律

提取部分测点的应变值，与竖向反力（RF2）绘制成荷载-应变曲线如图 3-18 所示。分别提取了有限元模拟中的杆件上翼缘靠近节点板边缘 L1-Fu-1、杆件下翼缘靠近节点板边缘 L1-Fd-2、杆件中部上翼缘边缘 L1-Fu-4 和杆件中部下翼缘边缘 L1-Fd-3 处的应变值，与试验实测的应变值进行对比，可以看出二者斜率和最大应变均相差无几，变化趋势亦大致相同，尤其是在曲线达到极限荷载之前的吻合效果较好，验证了本章建立板式节点有限元模型方法的正确性。

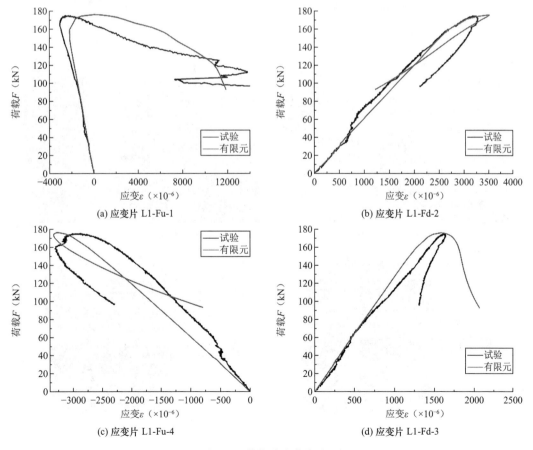

(a) 应变片 L1-Fu-1   (b) 应变片 L1-Fd-2

(c) 应变片 L1-Fu-4   (d) 应变片 L1-Fd-3

图 3-18　荷载-应变曲线对比

（3）破坏模式

根据有限元计算得到的荷载-位移曲线的特征，分别提取了节点竖向位移为 55mm、97mm 和 174mm（分别对应孔壁承压阶段曲线斜率开始降低时的位移、达到极限承载力时的位移和停止试验时的位移）的杆件、节点板和螺栓群的 Mises 应力（S, Mises）以及等效塑性应变（PEEQ）云图，以及试验中节点最终破坏形态与有限元结果对比。

如图 3-19 所示，在节点竖向位移为 55mm 时，螺栓均已顶在孔壁上，且杆件和节点板的孔壁处刚开始进入塑性，因此荷载-位移曲线的斜率开始降低。杆件最大应力处位于螺栓孔壁受螺栓挤压处，达到了 276.7MPa，其中上翼缘第四排螺栓孔的应力较大，此处的等效塑性应变也较大，达到了 3.89%。节点板的应力也主要集中于孔壁处，等效塑性应变达到了 2.12%。

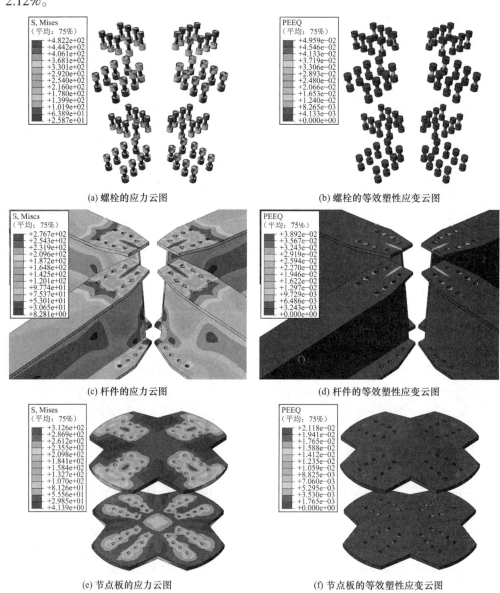

(a) 螺栓的应力云图　　　　　　　　　　　(b) 螺栓的等效塑性应变云图

(c) 杆件的应力云图　　　　　　　　　　　(d) 杆件的等效塑性应变云图

(e) 节点板的应力云图　　　　　　　　　　(f) 节点板的等效塑性应变云图

图 3-19　位移为 55mm 时部件的应力以及等效塑性应变云图

如图 3-20 所示，随着竖向荷载不断加大，杆件和节点板的孔壁处的应力和塑性应变逐渐增大，达到了最大应力 320MPa，此时也是达到了最大荷载 176.22kN，腹板出现侧向屈曲的、同时四根杆件开始发生绕轴向的扭转、上节点板发生绕竖向轴转动的趋势，同时，荷载-位移曲线上的承载力开始降低，进入了失效阶段。

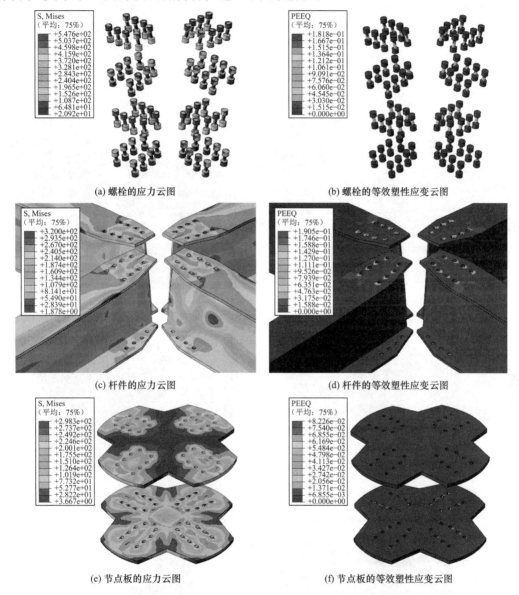

(a) 螺栓的应力云图   (b) 螺栓的等效塑性应变云图

(c) 杆件的应力云图   (d) 杆件的等效塑性应变云图

(e) 节点板的应力云图   (f) 节点板的等效塑性应变云图

图 3-20 位移为 97mm 时部件的应力以及等效塑性应变云图

如图 3-21 所示，继续向下加载，上节点板相对于下节点板绕竖向轴转动的幅度越来越大，导致腹板局部屈曲程度加重，杆件上翼缘发生较大的扭转变形；上节点板覆盖处的翼缘和腹板变形较大，覆盖之外的杆件上翼缘的变形剧烈，应变也较大。但铝合金材料的延性较好，因此并未发生断裂。最终的破坏模式为节点域内的杆件腹板的局部屈曲和杆件的弯扭破坏，有限元模拟和试验最终破坏形态对比较为相似，验证了本章建立板式节点有限元模型方法的正确性（图 3-22）。

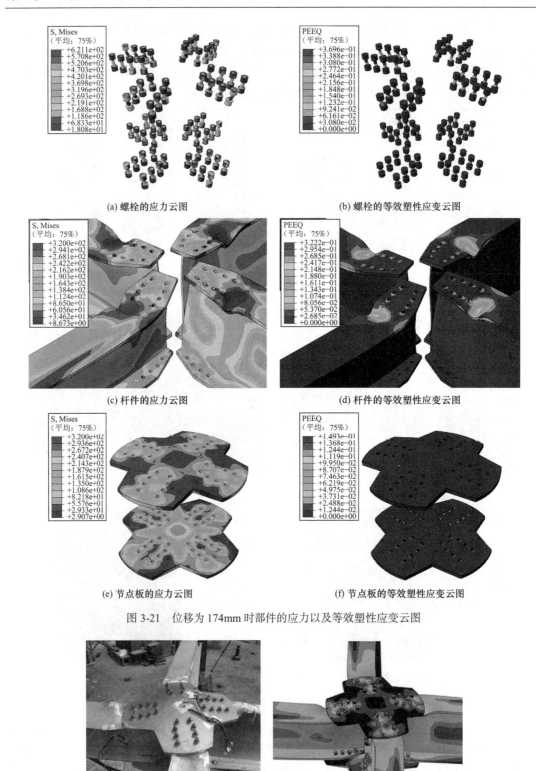

(a) 螺栓的应力云图　　　　　　　　　　(b) 螺栓的等效塑性应变云图

(c) 杆件的应力云图　　　　　　　　　　(d) 杆件的等效塑性应变云图

(e) 节点板的应力云图　　　　　　　　　(f) 节点板的等效塑性应变云图

图 3-21　位移为 174mm 时部件的应力以及等效塑性应变云图

(a) 试验最终破坏形态　　　　　　　　　(b) 有限元最终破坏形态

图 3-22　试验与有限元破坏模式的对比

3.1.3 节点静力性能的参数化分析

为了深入了解起拱后的铝合金板式节点的静力承载能力和破坏模式，分析不同参数对其受力性能的影响，分别对不同的起拱角度、腹板高度、节点板厚度和螺栓预紧力下的铝合金板式节点模型进行了有限元参数分析。不同节点有限元模型的相关参数如表3-2所示。

有限元节点模型参数　　　　　　　　　　　　表3-2

节点编号	变化参数	起拱角度（°）	杆件截面（mm）	节点板厚度（mm）	螺栓预紧力（kN）
JD1	起拱角度	0	H250×125×5×9	12	18
JD2		3	H250×125×5×9	12	18
JD3		5	H250×125×5×9	12	18
JD4		7	H250×125×5×9	12	18
JD5	腹板高度	7	H150×125×5×9	12	18
JD6		7	H200×125×5×9	12	18
JD7		7	H300×125×5×9	12	18
JD8	节点板厚度	7	H250×125×5×9	6	18
JD9		7	H250×125×5×9	9	18
JD10		7	H250×125×5×9	15	18
JD11	螺栓预紧力	7	H250×125×5×9	12	12
JD12		7	H250×125×5×9	12	24
JD13		7	H250×125×5×9	12	30

在计算分析弯矩转角曲线前，首先对起拱后板式节点的弯矩和转角进行了公式推导。如图 3-23 所示为弯矩转角计算简图。其中 P 为节点处的竖向荷载，M 为杆件靠近节点处的弯矩，L 为支座之间距离，L_1 为节点板最靠近中心的螺栓孔间距离；α 为变形后杆件轴线与水平面夹角，β 为未变形时杆件轴线与水平面夹角，θ_1 为杆件转角；h 为节点板到水平位置的竖向距离，Δ 为节点的竖向变形。

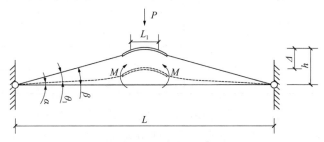

图 3-23　弯矩转角计算简图

假定支座为两端固定铰，外荷载产生的弯矩均匀分配至每根杆件，那么杆件靠近节点处的弯矩 M 为：

$$M = \frac{P(L - L_1)}{4} = \frac{P}{8}(L - L_1) \qquad (3\text{-}9)$$

杆件的相对转角θ为：

$$\theta = 2\theta_1 = 2(\beta - \alpha) = 2\left[\arctan\frac{2h}{L} - \arctan\frac{2(h - \Delta)}{L}\right] \qquad (3\text{-}10)$$

3.1.3.1　起拱角度对静力性能的影响

通过式(3-9)、式(3-10)可计算得到不同起拱角度节点模型的弯矩-转角曲线。图 3-24 所示为起拱后的 3°、5°和 7°节点和平板式节点的弯矩-转角曲线。对比不同起拱角度节点的弯矩-转角曲线可以发现，在整个加载过程中都经历了 4 个阶段，即螺栓嵌固阶段、螺栓滑移阶段、孔壁承压阶段和失效阶段。起拱节点虽然极限承载力高于板式节点大，但在孔壁承压阶段的变形量显著小于板式节点，这意味着采用平板式节点假定分析静力性能是不合理的。

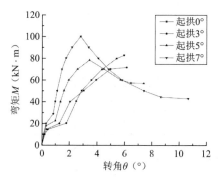

图 3-24　不同起拱角度节点的弯矩-转角曲线

0°、3°、5°和 7°起拱的节点模型在前 3 个阶段的刚度见表 3-3。随着节点起拱角度的增大，节点的弯矩-转角曲线在各个阶段的刚度均显著增加，对比起拱后的 3°、5°和 7°节点和平板式节点的刚度，起拱后螺栓嵌固阶段的刚度分别增加了 28.0%、81.3%和 162.2%，起拱后孔壁承压阶段的刚度分别增加了 3.1%、86.8%和 170.3%。

不同起拱角度的节点刚度　　　　　　　　　　　　　　　　　表 3-3

起拱角度（°）	螺栓嵌固阶段（kN·m/°）	螺栓滑移阶段（kN·m/°）	孔壁承压阶段（kN·m/°）
0	30.81	7.53	22.27
3	37.14	8.69	23.69
5	52.02	9.88	47.55
7	74.77	14.66	69.08

0°、3°、5°和 7°起拱的节点承载力分别为 82.80kN·m、71.80kN·m、78.43kN·m 和 100.82kN·m。0°的平板式节点由于发生了杆件净截面破坏，与其他 3 个节点破坏方式不同，在破坏时杆件翼缘螺栓孔处截面受拉，因此其承载力略大于起拱的 3°、5°节点。

结果表明，其中起拱后的节点模型的承载力随着起拱角度的增大而显著增加，发生破坏时的转角随着起拱角度的增加而减小。在破坏模式上，平板式节点易发生杆件净截面破坏,而其他拱形节点则易发生杆件局部屈曲破坏。由此可见,起拱角度对铝合金板式节点的刚度和承载力均有较大影响。实际工程中网壳是带有一定曲率的,这就意味着节点不可能是平板。因此在试验、设计和分析时由起拱角度带来对承载力和刚度的影响不可忽略。

3.1.3.2 腹板高度对静力性能的影响

通过式(3-9)、式(3-10)可计算得到不同腹板高度节点模型的弯矩-转角曲线。图 3-25 所示为不同腹板高度板式节点的弯矩-转角曲线,在整个加载过程中都经历了 4 个阶段。在螺栓嵌固和孔壁承压阶段,腹板高度增加引起节点刚度、承载力的提升。

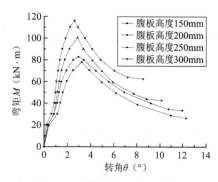

图 3-25 不同腹板高度的弯矩-转角曲线

各个节点模型前 3 个阶段的刚度见表 3-4。随着杆件腹板高度的增加,板式节点在螺栓嵌固阶段和孔壁承压阶段的刚度均有显著增加,而腹板高度对螺栓滑移阶段的刚度影响较小。腹板高度为 150mm、200mm、250mm 和 300mm 的节点承载力分别为 77.63kN · m、82.91kN · m、100.82kN · m 和 116.63kN · m。随着腹板高度的增加,节点的承载力明显增加,发生破坏时的转角随着腹板高度的增加而略有减小。

不同腹板高度在前 3 个阶段的刚度 表 3-4

腹板高度（mm）	螺栓嵌固阶段（kN · m/°）	螺栓滑移阶段（kN · m/°）	孔壁承压阶段（kN · m/°）
150	50.44	13.42	41.21
200	65.33	19.06	55.53
250	74.77	14.66	69.08
300	105.75	15.94	85.11

3.1.3.3 节点板厚度对静力性能的影响

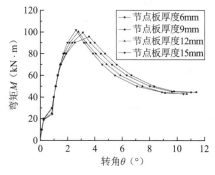

图 3-26 不同节点板厚度的弯矩-转角曲线

通过式(3-9)、式(3-10)可计算得到如图 3-26 所示的不同节点板厚度节点模型的弯矩-转角曲线。不同节点板厚度板式节点在整个加载过程中都经历了 4 个阶段。从整个受力过程来看,节点板厚度的变化对节点静力性能影响较小,仅在螺栓滑移阶段以及即将到达极限承载力时发挥一定的作用。在螺栓滑移阶段,节点刚度是随着节点板厚度增加的趋势,但刚度明显提升发生在节点板厚度 9mm 增加到 12mm 时。在即将达到极限承载力之前,变形量随着厚度增加而减小,极限承载力随着厚度增加而增加。

各个节点模型前 3 个阶段的刚度见表 3-5。随着节点板厚度的增加,板式节点在螺栓滑移阶段的刚度显著增加，而节点板厚度对于螺栓嵌固阶段和初始孔壁承压阶段的刚度影响较小。节点板厚度为 6mm、9mm、12mm 和 15mm 的节点承载力分别为 $96.11kN \cdot m$、$99.45kN \cdot m$、$100.82kN \cdot m$ 和 $101.28kN \cdot m$。随着节点板厚度的增加，节点板相对翼缘的刚度随之增大，节点的承载力略有增加，发生破坏时的转角随着节点板厚度的增加而减小。其中节点板厚度为 6mm 的模型由于破坏时发生了上节点板屈曲，因此在杆件螺栓孔进入塑性后，曲线的斜率明显降低得比另外三条曲线快。

不同节点板厚度在前 3 个阶段的刚度　　　　表 3-5

节点板厚度（mm）	螺栓嵌固阶段（kN·m/°）	螺栓滑移阶段（kN·m/°）	孔壁承压阶段（kN·m/°）
6	81.02	9.59	72.12
9	80.88	11.26	70.60
12	74.77	14.66	69.08
15	80.28	19.71	67.95

3.1.3.4 螺栓预紧力对静力性能的影响

通过式(3-9)、式(3-10)可计算得到如图 3-27 所示的不同螺栓预紧力节点模型的弯矩-转角曲线。

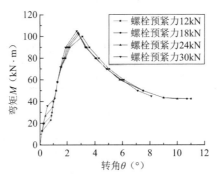

图 3-27　不同螺栓预紧力的弯矩-转角曲线

由图 3-27 中可以看出曲线在前 3 个阶段的斜率均无较大差别，说明螺栓预紧力的大小对节点刚度影响十分有限，但对螺栓滑移阶段的承载力有一定影响。将不同螺栓预紧力下的弯矩-转角曲线的螺栓滑移阶段刚开始和结束时的弯矩和整个节点的承载力列于表 3-6中。

不同螺栓预紧力在不同时刻的弯矩　　　　表 3-6

螺栓预紧力（kN）	刚开始滑移时的弯矩（kN·m）	滑移结束时的弯矩（kN·m）	承载力（kN·m）
12	14.11	22.90	99.78
18	20.01	27.95	100.82
24	31.75	34.52	102.73
30	36.34	42.75	103.86

可以明显看出在螺栓滑移阶段，螺栓预紧力越大，则螺栓需要克服的摩擦力就越大，

螺栓越不容易发生滑移，刚开始滑移和滑移结束时的弯矩随着螺栓预紧力的增大而显著增加。由此可见，当螺栓预紧力与摩擦系数的乘积足够大时，螺栓发生滑移的摩擦力足够大，板式节点的螺栓连接方式由承压型转变成摩擦型，弯矩-转角曲线中螺栓滑移阶段和孔壁承压阶段也就不复存在。

节点的极限承载力随着螺栓预紧力大小的增加而小幅增加，对比螺栓预紧力为 30kN 和 12kN 时，节点的极限承载力仅增加了 3.9%，说明螺栓预紧力大小对节点的极限承载力影响程度较小。

3.1.3.5 典型破坏模式分析

通过有限元参数分析得到了不同的起拱角度、腹板高度、节点板厚度和螺栓预紧力的铝合金板式节点的极限承载力和破坏模式，如表 3-7 所示。可以归纳出铝合金板式节点主要有以下三种破坏模式：杆件净截面破坏、腹板局部屈曲和节点板屈曲。选取表 3-7 中的 JD1、JD4 和 JD8 这三个典型的节点分别来分析三种不同的破坏模式。

不同参数下节点的承载力和破坏模式　　　　　　　　　　表 3-7

节点编号	承载力（kN·m）	破坏模式	节点编号	承载力（kN·m）	破坏模式
JD1	87.12	杆件净截面破坏	JD8	96.11	节点板屈曲
JD2	75.77	腹板局部屈曲	JD9	99.45	腹板局部屈曲
JD3	78.43	腹板局部屈曲	JD10	101.28	腹板局部屈曲
JD4	100.82	腹板局部屈曲	JD11	99.78	腹板局部屈曲
JD5	77.63	腹板局部屈曲	JD12	102.73	腹板局部屈曲
JD6	82.91	腹板局部屈曲	JD13	103.86	腹板局部屈曲
JD7	116.63	腹板局部屈曲			

（1）节点模型 JD1（平板式节点）

提取节点模型 JD1 的杆件跨中的上下翼缘应力，通过式(3-1)、式(3-2)进行计算得到节点转角和杆件上翼缘的轴向应力与弯曲应力和转角的关系如图 3-28 所示。其中 σ_N 与 σ_M 分别为轴向应力与弯曲应力。轴向应力以受拉为正，弯曲应力以上翼缘受压为正。

在加载初期弯曲应力远大于轴向应力，杆件以受弯为主，上翼缘受压，下翼缘受拉。随着转角的不断增大，弯曲应力和轴向应力均有所增加。轴向应力为正，即轴力为拉力。随着外荷载的增大，螺栓发生滑移，顶到了孔壁上。刚进入孔壁承压阶段时，整个杆

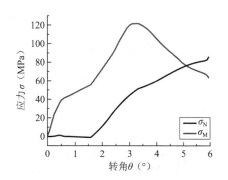

图 3-28　模型 JD1 的杆件跨中的轴向应力和弯曲应力

件上下翼缘均处于弹性阶段，如图 3-29（a）、（b）所示。上翼缘受到螺栓带来的压力，下翼缘受到螺栓带来的拉力，塑性在螺栓孔附近聚集，且下翼缘的塑性发展明显快于上翼缘，当节点转动角度为 5.95°时达到了最大承载力，下翼缘第四排螺栓孔附近达到了铝合金材料

的极限抗拉强度，螺栓孔处被拉裂，如图 3-29（e）、（f）所示，该种破坏模式属于净截面破坏。

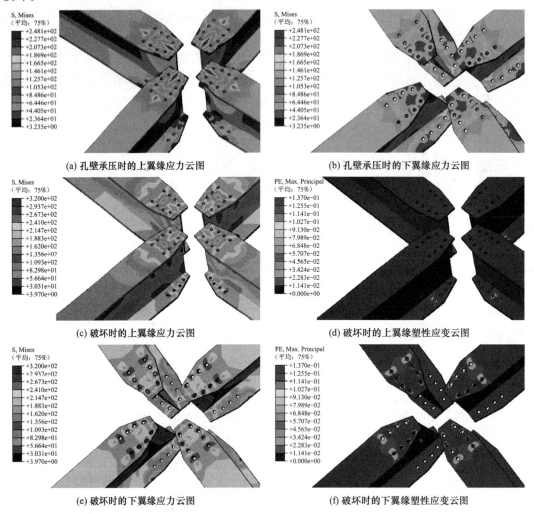

(a) 孔壁承压时的上翼缘应力云图　　　　　(b) 孔壁承压时的下翼缘应力云图

(c) 破坏时的上翼缘应力云图　　　　　(d) 破坏时的上翼缘塑性应变云图

(e) 破坏时的下翼缘应力云图　　　　　(f) 破坏时的下翼缘塑性应变云图

图 3-29　模型 JD1 的破坏过程云图

（2）节点模型 JD4（起拱 7°节点）

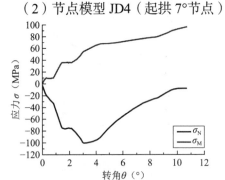

图 3-30　模型 JD4 的杆件转角跨中的轴向应力
和弯曲应力

提取节点模型 JD4 的杆件跨中上翼缘的轴向应力与弯曲应力和转角的关系如图 3-30 所示。其中杆件的轴向应力为负，表明杆件轴力为压力，弯曲应力为正，表明弯矩会使上翼缘受压、下翼缘受拉。但轴向应力约是弯曲应力的 2 倍，因此杆件上、下翼缘均受压，且上翼缘受压应力大于下翼缘。与图 3-28 的平板式节点 JD1 的杆件内力进行对比，轴力与弯矩的比值明显增大，尤其是在发生破坏之前。这与实际网壳中杆件的内力情况较为接近。

图 3-30 所示为节点模型 JD4 的破坏过程。在刚开始孔壁承压时，杆件各处均处于弹性

阶段。随着竖向位移的增加，外力使得螺栓不断挤压杆件翼缘的孔壁，导致大面积的塑性累积，螺栓孔处的塑性发展也最快。当腹板要出现局部屈曲的趋势时，腹板依旧处于弹性范围内，如图 3-31（b）、（c）所示。表明此刻腹板发生了弹性的局部失稳，此时也达到了极限承载力。继续加载，承载力下降，腹板的侧向屈曲愈发明显，杆件也呈现出弯扭的趋势。最终的破坏模式为腹板的局部屈曲，也是起拱板式节点最常见的破坏模式之一。

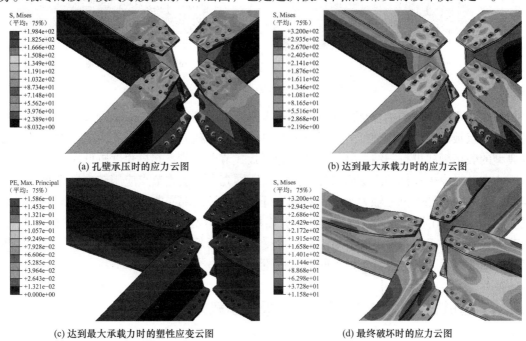

(a) 孔壁承压时的应力云图   (b) 达到最大承载力时的应力云图

(c) 达到最大承载力时的塑性应变云图   (d) 最终破坏时的应力云图

图 3-31 模型 JD4 的破坏过程云图

（3）模型 JD8（节点板为薄板的起拱 7°节点）

图 3-32 所示为模型 JD8 的破坏时刻的 Mises 应力和塑性应变云图。由于节点板厚度6mm，翼缘厚度 9mm，节点板相对于杆件翼缘较薄，而节点板直径较大，因此节点板抵抗面内压力的刚度相对较小。当施加外力时，节点板产生的内力通过螺栓传递到杆件翼缘上，导致杆件翼缘螺栓孔处存在塑性应变，但是由于节点板较小的面内刚度导致不能将所有荷载全部传递到杆件上，节点板自身的面内压力较大，与翼缘的协同变形能力较差，且节点板上又不存在额外的面外约束。因此，当继续加载时，节点板呈现出波浪形的受压屈曲破坏。模型 JD8 的上节点板螺栓孔处应力与杆件的螺栓孔处相比较大，达到了材料的极限应力，且塑性累积明显，有存在进一步发生节点板拉剪破坏的可能和趋势。

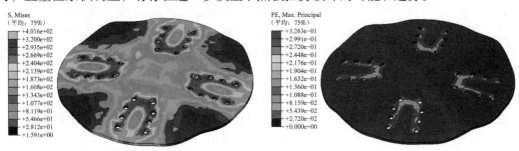

(a) 上节点板的应力云图   (b) 上节点板的塑性应变云图

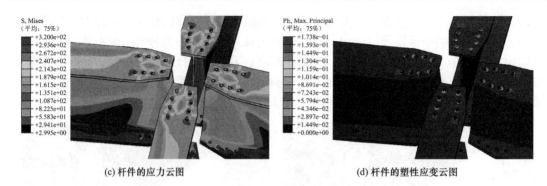

(c) 杆件的应力云图　　　　　　　　　　(d) 杆件的塑性应变云图

图 3-32　模型 JD8 的破坏时刻的云图

通过对不同参数的铝合金板式节点进行有限元参数分析，得到了不同起拱角度、腹板高度、节点板厚度和螺栓预紧力情况下的节点模型的承载力和刚度，并对模型中出现的 3 种典型的破坏模式进行归纳总结。当节点为平板式节点或节点起拱角度较低时，杆件以受弯矩为主，易发生杆件的净截面破坏，然而实际网壳中平板式节点应用较少；当起节点拱角度较大时，杆件以承受轴力为主，易发生杆件的腹板局部屈曲，这也是实际网壳中容易发生的，可考虑在腹板上设置抗剪键以提升腹板的局部稳定性，或采用空心棱柱板式节点；当节点板厚度小于翼缘厚度时，节点板面内受压刚度不足，承受较大面内压力，易发生节点板的屈曲破坏，在进行节点设计时应尽量避免。

3.1.4　起拱后铝合金板式节点弹性极限承载力理论研究

根据《铝合金空间网格结构技术规程》T/CECS 634—2019 所述，采用郭小农等人提出的板式节点弯曲刚度四折线模型的研究成果作为铝合金板式节点抗弯刚度以及承载力的依据。然而该四折线模型以平板式节点的受力性能为研究对象，节点以受弯为主，轴力影响较小，与起拱后板式节点的受力性能存在差异，起拱后板式节点以受轴力为主、受弯为辅。因此本节考虑起拱角度对节点承载力的影响，提出起拱后板式节点弹性极限承载力的计算公式，以供工程设计时参考。

3.1.4.1　理论推导

以 3.1.3 节中 7° 起拱的节点 JD4 为例（图 3-33），弯矩从 M_s 至 M_c 段为四折线模型中的孔壁承压阶段，取该阶段中曲线斜率开始发生明显降低的点为 M_p。根据前文所述，弯矩为 M_p 时杆件上翼缘最外侧螺孔受到螺杆挤压，刚开始进入塑性，此前无论螺栓是否发生滑移，整个结构均处于弹性状态；当弯矩大于 M_p 时，杆件翼缘螺孔的塑性不断积累，会产生诸如 3.1.3 节中所述节点不同的破坏方式，同时达到节点的极限承载力，因此取弯矩 M_p 为起拱后板式节点的弹性极限承载力。

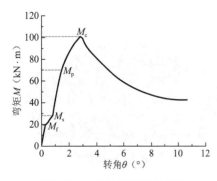

图 3-33　JD4 的弯矩-转角曲线

起拱后板式节点同时承受弯矩 M 和轴力 N，计算公式如下：

$$M = \frac{P}{8}(L - L_1) \tag{3-11}$$

$$N = \frac{P}{4\sin\theta} \tag{3-12}$$

式中，P为节点处的竖向荷载；L为支座之间距离；L_1为节点板最外侧的螺栓孔间距离；θ为节点起拱角度。

图 3-34 所示为杆件最外侧螺栓孔所在截面的应力分布。杆件截面所受的正应力σ由弯曲应力σ_M和轴向应力σ_N组成，可由二者叠加得出。则上翼缘处的弯曲应力和轴向应力分别为：

$$\sigma_M = \frac{M}{W} \tag{3-13}$$

$$\sigma_N = \frac{N}{A} \tag{3-14}$$

$$\sigma = \sigma_M + \sigma_N \tag{3-15}$$

式中，W为杆件的截面模量；A为杆件的截面面积。

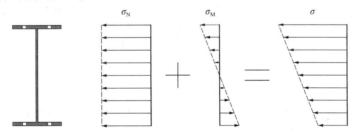

图 3-34 最外侧螺栓孔处截面应力分布

考虑弯矩为M_p时，杆件上翼缘最外侧螺栓孔处刚好进入塑性，则有

$$\sigma = \alpha f_{0.2} \tag{3-16}$$

式中，$f_{0.2}$为 6061-T6 铝合金材料的名义屈服强度，取 240MPa；α为调整系数，该系数考虑了螺孔受挤压力时的不均匀程度。

联立式(3-11)、式(3-12)～式(3-16)，可得到螺孔刚进入塑性时节点处的竖向荷载P为：

$$P = \frac{\alpha f_{0.2}}{\dfrac{L - L_1}{8W} + \dfrac{1}{4A\sin\theta}} \tag{3-17}$$

则弹性极限承载力M_p为：

$$M_p = \frac{\alpha f_{0.2}}{\dfrac{1}{W} + \dfrac{2}{A(L - L_1)\sin\theta}} \tag{3-18}$$

3.1.4.2 系数拟合

为了得到式(3-18)中调整系数α的值，将 3.1.3 节参数分析中的起拱节点模型 JD2～JD13 的弹性极限承载力M_p和由此反算出的α值列于表 3-8。

弹性极限承载力 M_p 与调整系数 α

表 3-8

节点编号	变化参数	M_p（kN·m）	α
JD2	起拱角度	39.03	2.29
JD3		53.35	2.46
JD4		70.17	2.87
JD5	腹板高度	56.38	3.78
JD6		61.42	3.11
JD7		79.04	2.72
JD8	节点板厚度	63.83	2.61
JD9		66.36	2.72
JD10		73.46	3.00
JD11	螺栓预紧力	68.53	2.80
JD12		73.34	3.00
JD13		76.79	3.14

各个节点的调整系数 α 值较为接近，平均值为 2.875，方差为 0.13，数据离散性较小，因此取 α 为 2.875。则本节建议的起拱后板式节点的弹性极限承载力 M_p 的计算公式如下：

$$M_p = \frac{2.875 f_{0.2}}{\frac{1}{W} + \frac{2}{A(L - L_1)\sin\theta}} \tag{3-19}$$

利用式(3-19)可计算得到起拱后铝合金板式节点的弹性极限承载力，以供工程设计时参考。

3.2　考虑起拱的铝合金板式节点抗震性能

3.2.1　节点抗震性能试验

3.2.1.1　试验设计

铝合金板式节点抗震性能试验采用和 3.1.1 节所述的静力性能试验相同的几何模型和支承装置，包括上下节点板、H 形杆件、节点板螺栓等构件，以及连接板、立柱和销轴等支承装置，并且位移计、应变片等测点的布置与静力性能试验亦相同，此处不再赘述。节点的试验现场照片如图 3-35 所示。

（1）加载装置

竖向往复加载采用伺服仪连接拉压型千斤顶，并将千斤顶与加载盘相连，控制加载盘上下往复加载（图 3-36a）。加载盘上、下各一个，每个加载盘上焊接了 4 个加载块，加载块与上、下节点板直接顶上，通过四根螺杆施加一定的预紧力将上下的加载盘与节点板紧密连接在了一起（图 3-36b）。

图 3-35　板式节点抗震性能试验

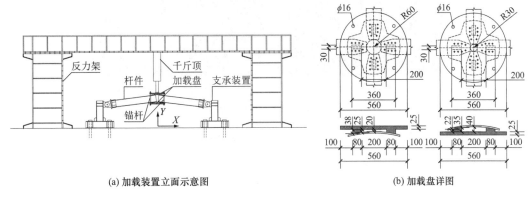

(a) 加载装置立面示意图　　　　　　　　(b) 加载盘详图

图 3-36　试验节点加载装置

（2）加载制度

对上、下节点板施加竖向往复位移，先通过向下预加载至荷载-位移曲线斜率明显降低，即螺栓开始发生滑移时的位移，确定此时位移为 5mm，以此作为每级加载的幅值δ_y。正式加载时，每级分别加载至δ_y、$2\delta_y$、$3\delta_y\cdots$，每次循环需先向下加载至预设的位移值，然后千斤顶反向加载，回到原点并继续向上加载至预设的位移值，再回到原点，此为 1 次循环，需往复 3 次循环，再增大位移幅值，直至最终破坏。详细加载制度见图 3-37。

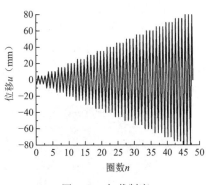

图 3-37　加载制度

3.2.1.2　试验现象

在竖向往复荷载作用下，杆件同时承受轴力和弯矩。与平板节点相似，H 形杆件仍呈现出梁受弯的趋势，弯矩起控制作用。由于采用和 3.1.1 节相同的支承装置，立柱不是无穷刚度的，在推力作用下产生侧移，降低了板式节点的起拱度，使得相同荷载下节点的竖向位移增大。但由于起拱节点的不对称性，在起拱方向加载时刚度与反向加载时刚度不一致，在两个方向上的承载能力明显不同。反向加载承载力明显高于位移施加与起拱方向相同时。这些特征与平板式节点有明显不同。

在竖向往复荷载作用下，节点的拱角发生变化，杆件腹板由于承受上下翼缘的挤压而导致局部屈曲。加载开始时，由于螺杆与螺栓孔之间存在装配间隙，因此节点板处、支座处在加载过程中会发出由于螺栓滑移发出的"嘭嘭"声。加载初期，荷载随位移的增大基本呈线性上升，杆件无明显变形。在向上加载到 50mm（第 1 次）时，杆件 L2 发生了明显的局部屈曲，且杆件 L2 的下翼缘螺栓处有向上拔出的趋势，如图 3-38（a）所示。随着加载的位移幅值不断增大，螺栓滑移产生的声响随之增多，声音也逐渐加大。其余杆件也分别在向上加载 60mm、70mm 时发生了腹板局部屈曲，且腹板向外屈曲的位移也逐渐增大，如图 3-38（b）所示。

(a) 杆件 L2 腹板局部屈曲　　　　　(b) 4 根杆件都发生腹板局部屈曲

图 3-38　杆件发生局部屈曲

继续增大位移幅值，在向上加载时，杆件上翼缘最后一排螺栓孔被拉坏，为净截面破坏。在继续加载至 100mm 的过程中，向上加载即将到 75mm（第 1 次）时，由于杆件上翼缘受拉，在螺栓孔的削弱截面处存在应力集中，杆件 L4 上翼缘沿着第四排螺栓孔向腹板处垂直撕裂，且伴随着巨大响声，断面与杆件截面呈 45°夹角，如图 3-39（a）所示。在向上加载到 75mm（第 2 次）时，杆件 L1 上翼缘与腹板连接处断开，此时杆件 L4 的上翼缘与腹板连接处也发生了断裂，如图 3-39（b）、（c）所示。在向下加载到 75mm（第 3 次）时，杆件 L4 上翼缘与腹板连接处裂缝与最初腹板上的裂缝相交，且呈 90°，如图 3-39（d）所示。在向下加载到 80mm（第 1 次）时，杆件 L1 上翼缘第四排螺栓孔处向腹板处撕裂，螺栓孔覆盖区域的上翼缘与 L1 其余部分完全断开，如图 3-39（e）、（f）所示。继续加载到 100mm 时，结构整体状态未发生显著变化。

  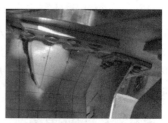

(a) 杆件 L4 螺栓孔向腹板处断裂　　(b) 杆件 L1 上翼缘、腹板连接处断裂　　(c) 杆件 L4 上翼缘、腹板连接处断裂

(d) 杆件 L4 完全断开　　　　(e) 杆件 L1 完全断开　　　　(f) 杆件 L1 完全断开（另一面）

图 3-39　杆件断裂

节点最终的破坏模式为节点域内的杆件腹板的局部屈曲和杆件的净截面破坏。在继续加载至 120mm 的过程中，在向下加载到 108mm 左右时，L1 下翼缘突然被拉断（图 3-40a），节点起拱度消失（图 3-40b），破坏严重，试验结束。

(a) 杆件 L1 下翼缘断裂   (b) 节点拱度消失

图 3-40 试验模型破坏

3.2.1.3 试验结果分析

（1）荷载-位移滞回曲线

节点在往复荷载作用下的荷载-位移滞回曲线是其延性、耗能能力、强度和刚度等力学性能的综合反映。因此对滞回曲线的分析是对铝合金板式节点抗震性能研究的关键。节点试件的荷载-位移滞回曲线如图 3-41 所示。其中预加载（5mm）的部分和发生第 1 次断裂之后的数据不参与分析。千斤顶的力以向下加载时为正，位移以向下为正。

由图 3-41 可以看出，随着竖向往复荷载的加大，由于节点板上的螺栓与板挤压面的摩擦力超过了其能

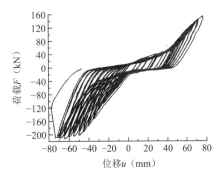

图 3-41 荷载-位移滞回曲线

抵抗的最大静摩擦力，且螺杆与螺栓孔之间存在装配间隙，螺栓开始发生滑移。此时曲线斜率降低，出现了拐点，残余变形逐渐增加。继续加大往复荷载，螺杆顶住了螺栓孔壁，孔壁开始承压，曲线出现第二个拐点，呈现出刚度上升的趋势。每级荷载均向下、向上加载 3 次，在发生第一次杆件断裂之前，同级加载的 3 个滞回环曲线基本重合，刚度退化和承载力退化并不明显。

支座的抗拉性能优于其抗弯性能，且起拱板式节点本身上、下加载时的刚度也有所不同，因此才造成了滞回曲线中向上加载时的承载力和刚度大于向下加载时的承载力和刚度，滞回曲线才表现出不对称的特征。

节点在往复荷载作用下的耗能能力不佳。滞回曲线整体呈现出反 S 形，滞回环不太饱满，且捏缩效应明显。这是因为铝合金板式节点受螺栓滑移影响较大，螺栓孔的残余变形大，变形不能及时恢复，螺杆有明显的刚体位移，反向加载前先要顶死螺杆与螺孔间的缝隙。

（2）骨架曲线

骨架曲线是每次循环加载达到的水平力最大峰值的轨迹，反映了节点的抗震性能（强度、刚度、延性、耗能及抗倒塌能力等），也是确定恢复力模型中特征点的重要依据。骨架曲线一般取荷载-位移曲线中的各级加载第一次循环峰值点所连成的包络线。由图 3-42 可

知，骨架曲线基本呈反 S 形，且向上、向下加载的承载力具有明显差异，大致可分成 3 个阶段：螺栓嵌固阶段、螺栓滑移阶段和孔壁承压阶段。

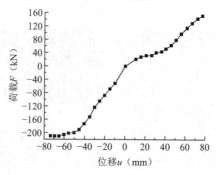

图 3-42　骨架曲线

节点的骨架曲线在螺栓嵌固阶段呈现出线性关系，处于线弹性工作阶段。随着竖向往复荷载的增加，骨架曲线出现明显的拐点，螺栓克服了其最大静摩擦力，开始发生滑移，骨架曲线呈现出斜率降低的趋势，且存在残余变形。继续增大往复荷载，当螺杆顶到螺栓孔的内壁上时，H 形杆件和节点板的孔壁开始承压，斜率明显上升，出现了第二个拐点（35mm）。抗拉强度完全取决于材料强度，但压缩峰值小于拉伸峰值。在材料强度达到峰值之前，由于构件的不稳定，试件在压缩作用下失效。

由于螺杆的挤压，螺栓孔内壁发生了明显的应力集中，且聚集了较大的塑性应变，孔径被拉长，残余变形加大。向上加载至 50mm 时部分杆件腹板开始发生屈曲，曲线斜率大幅下降。向上加载到 70mm 时，向上加载的极限承载力为 210.14kN。当向上加载到 75mm 时，发生第一次断裂，断裂时刻的承载力为 209.6kN。之后再向上加载，节点几乎完全丧失了刚度和承载力。

（3）延性与耗能能力

由《建筑抗震试验规程》JGJ/T 101—2015，采用延性系数 μ 作为试件的延性性能指标，延性系数由试件的极限位移 Δ_u 和屈服位移 Δ_y 之比来确定：

$$\mu = \frac{\Delta_u}{\Delta_y} \tag{3-20}$$

延性系数 μ 越大，则试件的延性性能越好，反之，试件的延性性能越差。式中极限位移取试件在发生第一次断裂时所对应的位移，屈服位移取向上加载螺栓孔进入塑性时的位移。由荷载-位移滞回曲线确定了铝合金板式节点的屈服荷载 P_y、极限荷载 P_u、屈服位移 Δ_y 和极限位移 Δ_u，计算得出了其延性系数 μ 见表 3-9。

延性系数				表 3-9
P_y	P_u	Δ_y（mm）	Δ_u（mm）	μ
191.03	209.6	45.36	73.49	1.62

屈服位移 Δ_y 较大，而极限位移 Δ_u 较小。由式(3-20)计算得到节点试件的延性系数 μ 为 1.62。主要是由于加载过程中虽然有螺栓滑移，但整体结构基本处于弹性，当螺栓顶到孔壁后使得孔壁周围材料进入塑性，骨架曲线才有明显的斜率降低的趋势。

试件的能量耗散能力，是地震作用下由于结构构件的变形而消耗能量的能力，以荷载-位移滞回曲线所包络的面积来衡量，通常用能量耗散系数E来评价，按下式计算：

$$E = \frac{S_{(ABC+CDA)}}{S_{(OBE+ODF)}} \tag{3-21}$$

式中，$S_{(ABC+CDA)}$为图3-43荷载-位移滞回曲线所包围的面积；$S_{(OBE+ODF)}$为图3-43中三角形OBE与三角形ODF的面积之和。

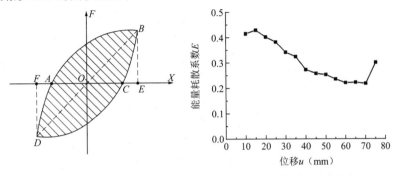

图3-43 能量耗散系数的计算　　图3-44 能量耗散系数

由式(3-21)计算得到的能量耗散系数E与位移之间的关系见图3-44。整体来说，曲线中能量耗散系数最大为0.43，节点试件的耗能能力不佳。随着循环位移的增加，能量耗散系数整体呈缓慢下降的趋势，表明由于螺栓滑移导致的滞回环捏缩效应愈发明显，滞回环的面积减小，E也随之减小。杆件发生断裂之后，出现明显的刚度和承载力的退化，在骨架曲线上表现为下降段，增大了相应滞回环的面积，即能量耗散系数小幅提升。

（4）刚度退化

节点的刚度退化指随着往复荷载的不断加大，刚度随往复加载幅值的增加而降低的特性，一般用割线刚度K来表示。割线刚度K按下式计算：

$$K_i = \frac{\sum\limits_{j=1}^{k} F_{i,j}}{\sum\limits_{j=1}^{k} X_{i,j}} \tag{3-22}$$

式中，K_i为第i级加载时的割线刚度；$F_{i,j}$为第i级加载第j次循环峰值点的荷载值；$X_{i,j}$为第i级加载第j次循环峰值点的位移值；k为第i级加载的循环总次数。

由图3-45可以看出，节点试件刚度最初为3584.1N/mm，之后随着往复荷载的加大而逐渐减小，位移幅值在25～45mm之间时，节点的刚度基本没有变化。当位移幅值大于45mm时，螺孔周围材料进入了塑性，节点的刚度也因此逐渐降低，直至杆件翼缘发生第一次断裂。节点的承载力和刚度急剧降低，最终刚度仅为1286.1N/mm，约为最初时刚度的1/3，几乎完全丧失了抵抗变形的能力。

（5）应力应变变化规律

提取了杆件L1和L3跨中的上下翼缘的应变值，换算成应力后，通过式(3-1)、式(3-2)

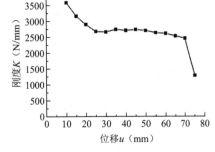

图3-45 刚度退化曲线

进行计算得到位移和杆件跨中上翼缘的轴向应力与弯曲应力的关系，数据只对比到翼缘螺孔发生第一次断裂之前。其中位移以向下加载为正，轴向应力以受拉为正，弯曲应力以上翼缘受压为正。

图 3-46 所示为杆件 L1 和 L3 跨中上翼缘的轴向应力与弯曲应力随往复加载位移幅值

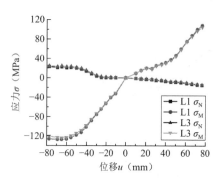

图 3-46　弯曲应力与轴向应力对比

的变化规律，可以明显看出杆件 L1 和 L3 跨中上翼缘的轴向应力和弯曲应力对比几乎完全相同，应力变化规律十分相似。在向下加载时（图中第 1、4 象限），杆件受到轴向压力，上翼缘受压、下翼缘受拉，弯曲应力远大于轴向应力，杆件以受弯为主，杆件上翼缘的弯曲应力约为轴向应力的 7.5 倍。在向上加载时（图中第 2、3 象限），弯曲应力亦远大于轴向应力，且由于节点自身加载刚度和支座刚度的不对称性，导致了向上加载的轴向应力和弯曲应力均略大于向下加载，杆件上翼缘的弯曲应力约为轴向应力的 5.2 倍。

根据前文所述的应变片布置图，提取了杆件靠近节点板处翼缘和杆件中部翼缘的应变值，以受拉为正，位移以向下加载为正，绘制成了杆件翼缘应变随位移变化的曲线。

图 3-47（a）所示为杆件靠近节点板处上、下翼缘沿轴向的应变随位移变化的曲线，H 形杆件在主要承受弯矩的情况下，向下加载时，上翼缘受压，下翼缘受拉；向上加载时，上翼缘受拉，下翼缘受压。杆件上翼缘的应变随着位移幅值的增大基本呈一条直线，在向下加载时所有测点的上翼缘边缘均在弹性范围内，最大的应变为 $-3156\mu\varepsilon$，对应的受压应力为 222.18MPa。在向上加载至 75mm 时，所有测点的上翼缘边缘均大于 $3745\mu\varepsilon$，进入了塑性阶段，即在发生第一次翼缘断裂时，杆件靠近节点板处的上翼缘均已进入了大面积的塑性。杆件下翼缘边缘的应变随位移增大基本呈线性增加，且在发生第一次翼缘断裂之前一直处于弹性阶段。

图 3-47（b）所示为杆件中部上、下翼缘沿轴向的应变随位移变化的曲线。杆件上、下翼缘边缘的应变变化规律与图 3-47（a）中曲线极为相似，只是相同位移下的应变略小。向下加载时，上翼缘受压，下翼缘受拉；向上加载时，上翼缘受拉，下翼缘受压。杆件上、下翼缘的应变随着位移幅值的增大基本呈一条直线，且所有测点的应变均处于弹性范围内。

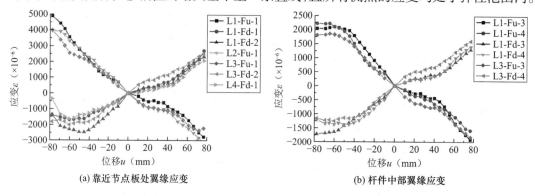

(a) 靠近节点板处翼缘应变　　　　　　　　　　(b) 杆件中部翼缘应变

图 3-47　杆件翼缘应变随位移变化的曲线

通过式(3-3)～式(3-8)，可计算得到测点的 Mises 应力，绘制成如图 3-48 所示的杆件靠近节点板处腹板中部的 Mises 应力随位移变化的曲线。随着往复位移幅值的不断增大，4 根杆件的腹板中部的 Mises 应力显著增加，在相同位移幅值的情况下，由于节点自身加载刚度和支座刚度的不对称性，向上加载比向下加载会使腹板中部产生更大的 Mises 应力。根据前文所述试验现象，所有杆件在加载至 50～70mm 之间均发生了腹板局部屈曲，此时杆件腹板中部的最大 Mises 应力为 187.23MPa，所有测点均处于弹性阶段，说明各个杆件的腹板局部屈曲均属于弹性屈曲。

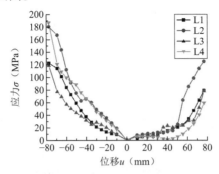

图 3-48　靠近节点板处腹板中部的 Mises 应力随位移变化的曲线

3.2.2　节点精细化数值模拟

3.2.2.1　有限元分析模型

采用大型通用有限元软件 ABAQUS 对铝合金板式节点抗震性能试验进行模拟与分析。与前文中所述的静力性能试验有限元模型使用相同的材料属性、分析方法、相互作用和螺栓预紧力，只是采用 1/4 对称的几何建模，保证计算精度的前提下减少了计算时间。

（1）几何模型建立

上、下节点板采用了 1/4 对称的几何建模，对 1/4 对称边界处施加相应的边界条件，只计算 1 根杆件、2 个 1/4 节点板和 16 个螺栓，可将计算时间减少到约为完整模型的 1/4，且具有较高的精度。

所有部件均采用实体单元 C3D8R，即三维八节点六面体线性缩减积分实体单元。H 形杆件的翼缘、腹板均沿厚度方向划分了 3 层网格，如图 3-49（a）所示。为了增加计算效率，对 H 形杆件中部应力分布均匀、变形较小的位置画的网格较为稀疏，不影响最终计算结果。由于螺栓孔处存在应力集中，故对其进行了网格加密，网格大小为 3mm。上、下节点板沿厚度方向划分 5 层网格，也同样对螺栓孔处进行网格加密，网格大小为 3mm，如图 3-49（b）所示。螺栓的建模采用简化了螺纹的实体螺栓，即螺帽、螺杆和螺母均为光滑的圆柱体，网格大小为 3mm，如图 3-49（c）所示。整个装配体的单元总数为 35103 个，网格划分见图 3-49（d）。

(a) H 形杆件　　　　　　　　　　(b) 节点板

(c) 螺栓　　　　　　　　(d) 整个装配体

图 3-49　部件网格划分

（2）本构关系

本节在对铝合金构件进行有限元数值模型建模时，采用铝合金材性试验基于 CH 模型标定的关键材料参数完成本构关系的定义，详见表 3-10。对于螺栓的模拟，采用弹塑性双折线模型。

铝合金材料的关键材料参数　　　　　表 3-10

材料牌号	σ_0	Q_∞	b	C_1	γ_1	C_2	γ_2	C_3	γ_3	C_4	γ_4
H6061-T6	205	28.7	4.8	8297	278	3501	146	3988	171.6	5194	190

（3）荷载与边界条件

对所有螺栓在第 1 个分析步里施加 10N 的预紧力，建立可靠的接触条件，第 2 个分析步改变预紧力的大小为 18000N，第 3 个分析步使螺栓固定在当前长度。并用 RP-1 和 RP-2 两个参考点分别对上节点板的上表面和下节点板的下表面进行运动耦合。在向下加载时给 RP-1 一个向下的位移幅值，向上加载时关闭前一步分析的位移幅值，并对 RP-2 施加一个向上的位移幅值，以此类推，不断增大位移幅值，直至最终破坏。实际加载的位移幅值的大小与 3.2.1 节中所述试验加载制度相同，但每级荷载只加载一圈，如图 3-50 所示。螺栓荷载和竖向往复荷载的施加见图 3-50。

由于上、下节点板几何建模时采用了 1/4 对称的模型，因此需约束住上、下节点板的 1/4 对称的边界处，并使 U1 = U3 = UR2 = 0，即约束住 X 向平动、Z 向平动和 Y 向转动，尽量模拟出和真实试验中相似的边界条件。上、下节点板施加的边界条件如图 3-51 所示。H 形杆件的边界条件加在杆件的远端，在销轴所在位置建立参考点 RP-3，杆件的端头截面进行运动耦合，并施加相应的平动、转动约束，平动自由度的设置与 3.1.2 节所述相同。放开绕杆件强轴（即 X 轴）的转动自由度，以达到铰接的目的。

(a) 螺栓荷载　(b) 施加在参考点上的竖向往复荷载

图 3-50　施加荷载　　　　图 3-51　节点板的边界条件

3.2.2.2 有限元模型验证及结果分析

各项对比后模拟滞回曲线与试验滞回曲线确实存在差异。在数值加载-位移中,通过参考点即加载点得到位移,并与上扣板上表面加载块进行运动学耦合。这是直接测量的结果,不涉及试验测量装置的误差。而试验滞回曲线中的位移是由下部扣板正下方布置的动态支索位移计得到的。随着变形的发展,扣板绕纵轴旋转,使位移计的导线拉长。此外,由于四种支撑装置提供的刚性有限,支撑装置在试验过程中发生倾斜。这些都是试验曲线位移变化大的原因。

但总体来说,有限元模拟曲线与试验曲线拟合良好,断裂位置与试验吻合。1/4 对称有限元模型能准确模拟节点在循环荷载下的力学行为。构件 L4 上翼缘螺栓孔处的截面被撕裂。提取向上加载至 75mm 时的等效塑性应变(PEEQ),如图 3-52(a)所示。发现塑性区域主要发生在第 4 排锚杆上翼缘孔洞处。这一结果归因于垂直往复加载导致螺栓反复挤压孔壁。随着塑性区域的增大,构件达到极限抗拉强度,发生断裂。

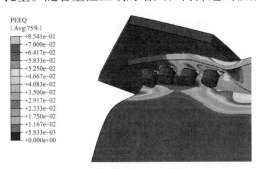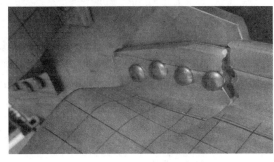

(a) 向上加载至 75mm 时的等效塑性应变　　(b) 向上加载至 75mm 时的试验现象

图 3-52　有限元模拟和试验的比较

(1)荷载-位移滞回曲线

如图 3-53 所示,试验的荷载-位移滞回曲线由于存在螺栓滑移,呈现出反 S 形,滞回环不够饱满,且捏缩效应明显。有限元模拟的滞回曲线与试验曲线形状大体相似。在有限元模拟的滞回曲线中,考虑螺栓的预紧力和螺栓与板面之间的摩擦,因此当螺栓受到的剪力大于螺栓能承受的最大静摩擦力时,螺栓与板面就产生了相对位移,此时提供刚度的主要是螺栓群带来的滑动摩擦力,其刚度远小于螺栓嵌固和孔壁承压时,表现为曲线中部斜率较为平缓。当节点竖向位移达到 30mm 时,螺杆顶到了螺孔上,螺栓滑移结束,开始由孔壁承受螺栓带来的轴向力,孔壁逐渐进入屈服,随后腹板出现平面外屈曲。因为本构模型中并没有输入有关损伤的参数,因此不会发生断裂,曲线也没有明显的下降段,只是在最后几圈加载中,曲线的斜率逐渐降低。

(2)骨架曲线

如图 3-54 所示,有限元模拟得到的骨架曲线按斜率的不同可以明显分成 3 个阶段,分别是螺栓嵌固阶段(第 1 圈)、螺栓滑移阶段(第 2~6 圈)和孔壁承压阶段(第 6~15 圈)。其中向上加载、向下加载螺栓嵌固阶段的刚度分别为 3763.1N/mm 和 3959.1N/mm,螺栓滑移阶段的刚度分别为 1212.9N/mm 和 902.1N/mm,孔壁承压阶段前期的刚度分别为

4379.8N/mm 和 4106.6N/mm。向上加载、向下加载的极限承载力分别为 200.59kN 和 172.01kN，与试验实测的极限承载力分别相差 4.3%和 11.9%。

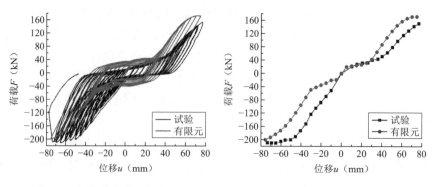

图 3-53　荷载-位移滞回曲线对比　　　　图 3-54　骨架曲线对比

（3）应变变化规律

根据试验中采集到的各点应变数据，提取了几个关键位置的应变值，因为有限元模拟中采用了 1/4 对称建模的方式，因此将有限元模拟数据与一根具有代表性的杆件 L1 上应变片的实测数据进行对比。其位置分别为杆件 L1 靠近节点板的上翼缘边缘 L1-Fu-1；杆件 L1 靠近节点板的下翼缘边缘 L1-Fd-2；杆件 L1 中部上翼缘边缘 L1-Fu-3 和杆件 L1 中部下翼缘边缘 L1-Fd-3。试验实测得到的应变-位移曲线与有限元模拟的曲线拟合良好，如图 3-55 所示。

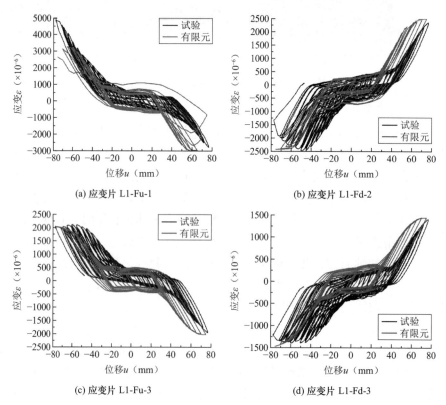

(a) 应变片 L1-Fu-1　　　　　　　　(b) 应变片 L1-Fd-2

(c) 应变片 L1-Fu-3　　　　　　　　(d) 应变片 L1-Fd-3

图 3-55　应变数据对比

3.2.3 节点抗震性能参数化分析

3.2.3.1 参数分析模型

为了解不同起拱角度的铝合金板式节点滞回特性，建立了0°、5°和7°节点的有限元模型。基于有限元建模方法，除不同拱角外，其余参数均与数值模拟采用模型一致，如图3-56所示。

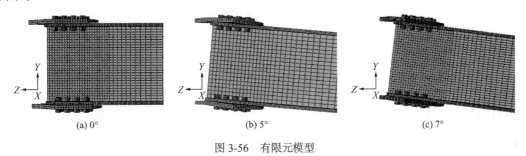

(a) 0°   (b) 5°   (c) 7°

图3-56 有限元模型

3.2.3.2 滞回曲线与骨架曲线

0°、5°和7°节点有限元模型的滞回曲线和骨架曲线如图3-57所示。在初始加载阶段，3条曲线重合，表现为线弹性工作。随着荷载位移幅度的增大，3种型号均出现螺栓滑移阶段，但7°节点的阶段最短。7°节点最早进入螺栓墙的承压阶段。骨架曲线斜率明显增大，出现第二个拐点。当系统加载向上至75mm时，0°节点的极限承载力为134.35kN，5°节点的极限承载力为161.49kN，而7°节点的极限承载力为200.59kN。随着拱角的增大，极限承载力也随之增大。

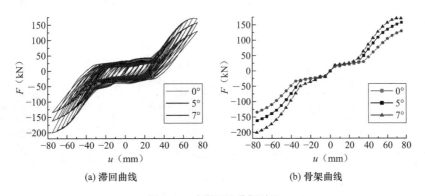

(a) 滞回曲线   (b) 骨架曲线

图3-57 有限元法分析对比

3.2.3.3 耗能能力

消能因子E与位移u的关系如图3-58所示。可以观察到3条曲线的变化趋势是相似的。加载初期，随着荷载位移的增加，耗能系数迅速增大，随后增加的速度减慢。0°节点的曲线在25mm位移左右开始出现下降趋势，5°节点在20mm位移时，7°在15mm位移时能量耗散因子在整个加载阶段最大。在三个不同拱角的节点中，平板式节点的耗能能力最高。

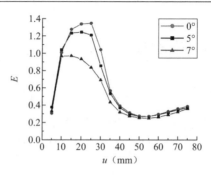

图 3-58　能量耗散曲线

3.2.3.4　延性系数

节点的延性系数是其在地震作用下可靠度的重要指标。为进一步了解起拱角度对节点延性系数的影响，对其进行参数分析。在其他参数相同的情况下，随着拱角的增大，节点的延性降低（表 3-11）。

节点延性系数　　表 3-11

起拱节点	δ_u（mm）	δ_y（mm）	μ
0°	60.02	100.83	1.68
5°	50.29	80.97	1.61
7°	45.55	70.97	1.56

3.2.3.5　破坏模式

在试验中第一次向上加载到 75mm 时，杆件 L4 上翼缘沿着第四排螺栓孔向腹板处垂直撕裂，因此截取向上加载至 75mm 时的应力云图、等效塑性应变云图和侧向位移云图，如图 3-59 所示。

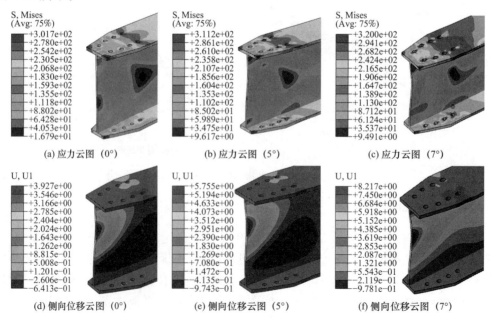

(a) 应力云图（0°）　　　　(b) 应力云图（5°）　　　　(c) 应力云图（7°）

(d) 侧向位移云图（0°）　　(e) 侧向位移云图（5°）　　(f) 侧向位移云图（7°）

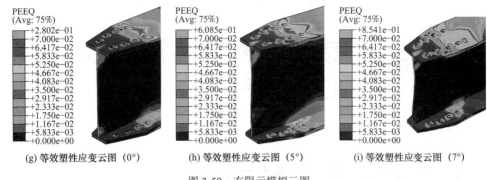

(g) 等效塑性应变云图（0°）　　　(h) 等效塑性应变云图（5°）　　　(i) 等效塑性应变云图（7°）

图 3-59　有限元模拟云图

向上加载至 75mm 时，三个 H 形杆件翼缘处已进入大面积塑性，0°节点的杆件螺栓孔应力已经达到 302MPa，5°节点的杆件螺栓孔应力已达到 311MPa，7°节点的杆件螺栓孔应力已达到 320MPa（图 3-59a、b、c）。从图 3-59(d)～(i)可以看出，上翼缘第四排螺栓孔处存在大面积应力集中，腹板由于局部屈曲产生了较大的侧向变形，0°节点为 3.9mm，5°节点为 5.8mm，7°节点为 8.2mm。由于垂直往复加载，螺栓在螺栓孔内反复挤压孔壁，塑性积累达到构件的极限抗拉强度，最终发生断裂。即三个节点的最终破坏模式分别为节点区域内构件腹板局部屈曲和杆件净截面破坏。有限元模拟和试验最终破坏形态对比较为相似，验证了本节建立板式节点有限元模型方法以及所得结论的正确性。

第4章 铝合金网壳结构静力稳定性能研究

4.1 铝合金单层球面网壳静力性能研究

4.1.1 铝合金单层球面网壳静力性能试验

4.1.1.1 试验设计

（1）模型尺寸

试验原型结构是跨度 40m、矢跨比 1/7 的 3 环 K6 型单层铝合金球面网壳，铝合金型号为 6063-T6 型，杆件截面规格均为 H380×380×20×30，杆件采用板式节点连接，最外圈为固定铰支座。根据试验的场地条件及加载设备，确定试验模型缩尺比为 1:10，其几何相似常数S_l = 1/10。试验模型和原型结构采用同种铝合金型号（6063-T6 型），其弹性模量相似常数S_E = 1，泊松比相似常数S_v = 1。模型结构与原型结构均受到等效后的节点集中力作用，两者的应力状态相同，其应力相似常数S_σ = 1。模型结构与原型结构的最外圈均为固定铰支座，两者的边界条件相同。试验模型的相似常数见表 4-1，缩尺后的模型为跨度 4m、矢跨比 1/7 的 3 环 K6 型单层铝合金球面网壳，杆件截面规格为 H38×38×2×3，最外圈为固定铰支座。原型结构和试验模型的几何参数见表4-2。试验模型共计 72 根杆件、19 个节点、18 个支座，网壳模型见图 4-1。

结构试验模型相似常数 表 4-1

类型	物理量	量纲	相似常数	试验模型
材料性能	弹性模量	FL^{-2}	S_E	1
	泊松比	—	S_v	1
	质量密度	FL^{-3}	S_ρ	10
几何特征	线尺寸	L	S_l	1/10
	线位移	L	S_Δ	1/10
	角位移	—	S_ω	1
	截面积	L^2	S_A	$(1/10)^2$
荷载	集中荷载	F	S_F	$(1/10)^2$

原型结构和试验模型的几何参数　　　　　　　　　　表 4-2

对象	原型结构	试验模型
网格形式	K6 型	
矢高（m）	5.7	0.57
跨度（m）	40	4
矢跨比	1/7	
环数	3	
杆件截面规格	H380×380×20×30	H38×38×2×3
杆件长细比（强轴）λ_x	70	
杆件长细比（弱轴）λ_y	72	

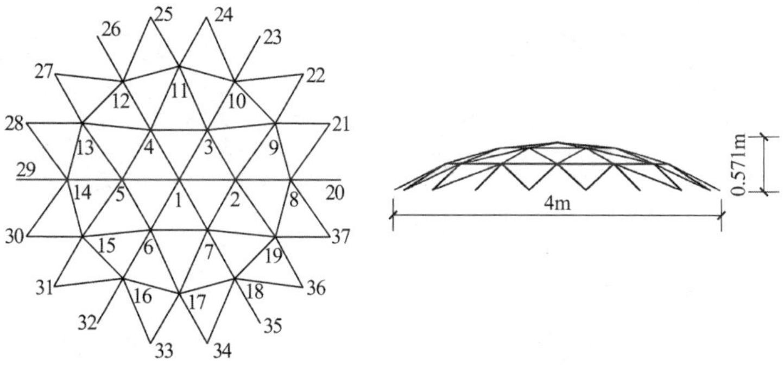

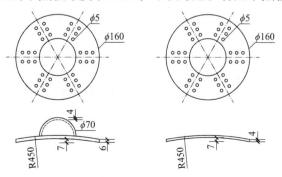

（a）俯视图　　　　　　　（b）主视图

图 4-1　单层铝合金球面网壳试验模型

（2）板式节点设计

网壳模型采用板式节点进行连接，网壳有 19 个节点，每个节点处有上、下两块圆弧形节点板，共计 38 块。为满足"强节点、弱构件"的设计要求且便于加工制作，节点板材料选用 Q345 钢。节点板的曲率半径 $R=450$mm，起拱 7mm。加载点处的节点板厚度取 6mm，上节点板中央焊接 $\phi70\times4$ 的空心球冠，实现类似万向铰的作用，以保证外荷载作用点始终过节点形心；非加载处的节点板厚度取 4mm，不设球冠。各处节点板设计见图 4-2。

图 4-2　加载点处节点板（左图）和非加载点处节点板（右图）

（3）刚环梁支座设计

为保证网壳模型在加载过程中始终保持水平放置且支座固定不动，本节设计了刚度很大的钢环梁作为网壳模型的支座，钢环梁采用 Q235B 高频直缝焊接方钢管，截面规格为□160×8。为便于加工和运输，均分为 12 段分别加工，每段长度 1080mm，分段加工完成后再运输至试验现场焊接成环。焊为一体后的钢环梁平放于地面，下铺钢垫板，垫板厚 8mm，分 A（860×450）、B（700×520）两个规格。钢环梁和钢垫板相贴处焊接，每个钢垫板开 2 个孔和地锚进行锚固，垫板可以起到垫平和固定环梁的作用，如图 4-3 所示。上部铝合金网壳试验模型放置在钢环梁顶面，网壳顶点竖向投影和钢环梁圆心重合，网壳和环梁整体呈轴对称状态，如图 4-4 所示。在网壳支座处，钢环梁上表面焊接 8mm 厚的钢垫板，钢垫板上焊接 10mm 厚的支座单耳板。网壳最外圈杆件用不锈钢铆钉和杆端连接件铆固，支座单耳板和杆端连接件用 4.8 级 M10 螺栓进行栓接，形成固定铰支座。钢环梁和网壳的支座连接构造见图 4-5。

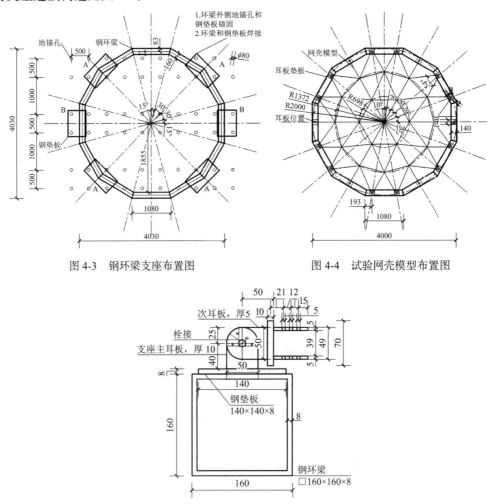

图 4-3　钢环梁支座布置图　　　　　　图 4-4　试验网壳模型布置图

图 4-5　钢环梁支座连接详图

（4）材性试验

根据《金属材料 拉伸试验 第 1 部分：室温试验方法》GB/T 228.1—2021，从杆件的翼缘和腹板切取 10 个材性试件做单调拉伸试验,通过试验得到此批 6063-T6 铝合金型材的力学性能指标见表 4-3,采用 Ramberg-Osgood 模型和 SteinHardt 建议进行拟合,得到拟合曲线见图 4-6。

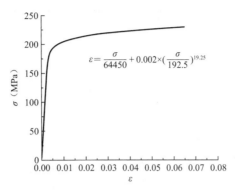

$$\varepsilon = \frac{\sigma}{64450} + 0.002 \times \left(\frac{\sigma}{192.5}\right)^{19.25}$$

图 4-6 6063-T6 型铝合金材料拟合后的本构关系

6063-T6 型铝合金材性　　　　　　　　　　　　　　　表 4-3

E（MPa）	$f_{0.2}$（MPa）	f_u（MPa）
64450	192.5	218

（5）模型安装和误差测量

H 形铝合金杆件和圆弧形节点板的预制工作全部在构件厂完成,而后在试验室现场组装。试验模型按照自顶向下的顺序依次进行组装,首先于地面拼装完成顶点第 1 环的一个三角形,随后逆时针逐个组装二元体,完成第 1 环;第 2 环和第 3 环组装顺序同理,组装过程见图 4-7。每组装完一环后测量网壳的节点坐标,以随时调整安装误差。本节采用激光全站仪对试验网壳模型的节点安装偏差进行了测量。节点的理论坐标和实测坐标如表 4-4 所示,从中可以计算得到每个节点的初始几何缺陷。后续对试验网壳模型进行精细化有限元分析时,可以按照全站仪实测的节点坐标进行建模,以考虑初始几何缺陷的影响。

(a) 顶部三角形　　　　　　　　　　　(b) 第 1 环

(c) 第 2 环　　　　　　　　　　　　　(d) 第 3 环

图 4-7 试验模型网壳组装过程

试验模型初始几何缺陷实测表　　　　表 4-4

节点编号	理论值（mm）			实测值（mm）			节点安装偏差 D（mm）	D/L
	x	y	z	x'	y'	z'		
1	0.0	0.0	571.4	0.0	0.0	571.4	0.0	0
2	698.3	0.0	506.1	729.8	0.0	496.2	33.0	1/121
3	349.2	604.8	506.1	376.4	601.5	500.0	28.1	1/142
4	−349.2	604.8	506.1	−331.1	625.6	500.2	28.2	1/142
5	−698.3	0.0	506.1	−686.2	3.4	497.1	15.5	1/258
6	−349.2	−604.8	506.1	−327.5	−593.9	507.6	24.2	1/165
7	349.2	−604.8	506.1	375.2	−609.1	502.1	26.8	1/150
8	1372.7	0.0	313.5	1406.8	−4.5	310.5	34.5	1/116
9	1188.8	686.3	313.5	1232.4	698.7	307.8	45.7	1/88
10	686.3	1188.8	313.5	714.5	1206.0	306.5	33.8	1/118
11	0.0	1372.7	313.5	35.5	1375.7	314.7	35.6	1/112
12	−686.3	1188.8	313.5	−668.7	1204.0	305.5	24.7	1/162
13	−1188.8	686.3	313.5	−1178.6	704.0	305.5	21.9	1/183
14	−1372.7	0.0	313.5	−1367.7	11.9	300.5	18.4	1/218
15	−1188.8	−686.3	313.5	−1173.2	−674.2	308.3	20.4	1/196
16	−686.3	−1188.8	313.5	−687.6	−1181.9	308.5	8.7	1/461
17	0.0	−1372.7	313.5	10.0	−1378.0	311.2	11.6	1/345
18	686.3	−1188.8	313.5	689.5	−1183.6	315.5	6.3	1/634
19	1188.8	−686.3	313.5	1196.1	−693.1	319.4	11.6	1/346
20	2000.0	0.0	0.0	1968.2	−8.3	4.7	33.2	1/121
21	1879.4	684.0	0.0	1892.9	701.5	5.2	22.7	1/176
22	1532.1	1285.6	0.0	1550.7	1270.2	4.6	24.6	1/163
23	1000.0	1732.1	0.0	1001.5	1693.9	5.0	38.5	1/104
24	347.3	1969.6	0.0	393.9	1990.4	−22.2	55.7	1/72
25	−347.3	1969.6	0.0	−353.1	1986.6	−20.8	27.5	1/145
26	−1000.0	1732.1	0.0	−987.3	1688.3	−21.3	50.3	1/80
27	−1532.1	1285.6	0.0	−1524.0	1301.1	8.0	19.3	1/208
28	−1879.4	684.0	0.0	−1829.6	737.6	−23.8	76.9	1/52
29	−2000.0	0.0	0.0	−1940.8	9.1	−30.8	67.4	1/59
30	−1879.4	−684.0	0.0	−1880.7	−667.1	−30.2	34.7	1/115
31	−1532.1	−1285.6	0.0	−1532.9	−1259.2	−35.7	44.4	1/90
32	−1000.0	−1732.1	0.0	−936.6	−1688.5	−6.0	77.1	1/52
33	−347.3	−1969.6	0.0	−333.4	−1937.7	−5.6	35.3	1/113

续表

节点编号	理论值（mm）			实测值（mm）			节点安装偏差 D（mm）	D/L
	x	y	z	x'	y'	z'		
34	347.3	−1969.6	0.0	372.8	−1964.5	0.8	26.0	1/154
35	1000.0	−1732.1	0.0	1010.3	−1689.8	4.2	43.7	1/92
36	1532.1	−1285.6	0.0	1523.0	−1259.5	6.0	28.3	1/142
37	1879.4	−684.0	0.0	1877.8	−694.6	0.9	10.7	1/373

注：L为试验网壳模型的跨度。

（6）应变和位移的测量

1）应变监测

采用应变片和应变花测量试验模型杆件和节点板上的应变。应变片采用电阻式应变片，应变花采用免焊接应变花，监测仪器采用 DH3816 型静态应变数据采集箱。根据前述计算结果，选择内力较大的第 1 圈环杆和部分径杆作为应变测量杆件，杆件、节点板的编号及测点布置见图 4-8。

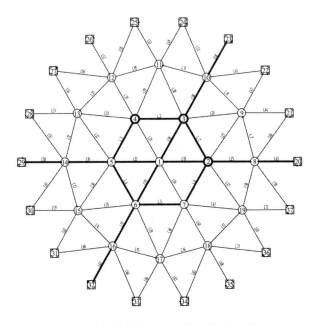

图 4-8　杆件/节点板的编号及测点布置图

杆件的应变片布置及编号见图 4-9。上、下翼缘分别有 4 个应变片，其中两端中部各 1 个，中部的翼缘两侧各 1 个；左、右腹板各 1 个，位于杆件中间。通过杆件应变可以计算杆件所受的轴力和弯矩。规定：在俯视状态下，杆件左端的节点编号为 Ni，右端节点编号为 Nj，且 Ni < Nj。

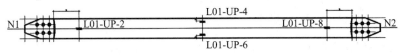

图 4-9　杆件应变片编号图（俯视）

杆件应变片编号规则如下：

$$Lmm\text{-}XX\text{-}n$$

其中：

L——为 Line 的首字母，表示杆件，占 1 个字符；

mm——为杆件编号，占 2 个字符；

XX——表示翼缘或腹板的位置，如：UP-上翼缘、DO-下翼缘、WL-左腹板、WR-右腹板，占 2 个字符；

n——表示应变片位置编号，占 1 个字符（腹板处 n=2）。

节点板受力较复杂，采用 45°三向应变花测量各方向的应变。节点板的应变花编号规则及布置图见图 4-10，应变花布置在和测量杆件相连的上、下节点板自由区。节点板应变花编号规则如下：

$$Lmm\text{-}Lnn\text{-}X\text{-}p$$

其中：

L——为 Line 的首字母，表示杆件，占 1 个字符；

mm——应变花一侧的杆件编号，占 2 个字符；

nn——应变花另一侧的杆件编号，占 2 个字符；

X——表示应变花位于上或下节点板，如：U-上节点板、D-下节点板，占 1 个字符；

p——应变花方向编号，如：r-环向、d-径向、s-斜向，占 1 个字符。

通过应变花数据可以计算节点板的 von Mises 应力σ_{M_s}，公式如下：

$$\frac{\sigma_1}{\sigma_2} = \frac{E(\varepsilon_\tau + \varepsilon_d)}{2(1-\upsilon)} \pm \frac{\sqrt{2}E}{2(1+\upsilon)} \times \sqrt{(\varepsilon_r - \varepsilon_s)^2 + (\varepsilon_s - \varepsilon_d)^2} \tag{4-1}$$

$$\sigma_{M_s} = \sqrt{\sigma_1^2 + \sigma_2^2 - \sigma_1\sigma_2} \tag{4-2}$$

式中，σ_1和σ_2为主应力；E为弹性模量；υ为泊松比；ε_r、ε_d和ε_s分别为环向、径向和斜向应变。

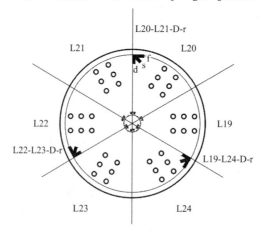

图 4-10 节点板应变花布置图

2）位移监测

通过节点位移和荷载的关系，可以了解网壳的静力性能。选取位移较大的第 1 环内的 N1～N7 七个加载点，和第 2 环上的 N8、N9、N10、N14、N16 五个节点，测量了其竖向位移。对节点 N1 测量了X和Y向的水平位移，对节点 N2 测量了Y向的水平位移。

（7）加载装置及加载方案

设计了如图 4-11 所示的千斤顶-"米字形"分配梁-立管加载系统。千斤顶作用在刚度很大的"米字形"分配梁上，分配梁端部通过螺杆固定立管，立管作用于节点板上焊接的球冠，以实现对第 1 环上的 6 点进行同步加载。该加载方案有以下优点：能对试验网壳模型进行多点同步加载，较单点加载而言更有利于体现网壳的整体受力性能；千斤顶可以灵活变换加载模式为力加载或位移加载，能够在网壳屈曲后继续加载，得到网壳的屈曲后平衡路径；相较于叠放或悬挂重物，千斤顶可以控制加载速率并持荷，维持网壳在加载各阶段的变形状态而不瞬间倒塌，有利于准确记录网壳的极限承载力，便于仔细观察试验现象和最终的破坏模式；立管作用于节点板上的球冠，和节点板并无其他连接，可以减轻加载端对加载节点的约束作用，使得加载节点能够自由变形。

分配梁采用 6 根 H 型钢焊接而成，按如图 4-11 所示六边形对称摆放，梁截面规格为 H150 × 150 × 7 × 10，分配梁自重约 152kg。经验算，分配梁在加载全过程中始终处于线弹性阶段，几乎不产生变形，可以视为完全刚性。分配梁加载端通过螺杆设竖向立管，立管采用 Q235B 高频直缝圆钢管，截面规格ϕ60 × 3.5，长度 250mm。圆管截面积$A = 537\text{mm}^2$，抗压强度$f_c = 235\text{MPa}$，截面抗压承载力$N = Af_c = 126\text{kN} > $设计荷载 40kN，满足要求。节点板中心处的球冠凸面和立管下端凹面的曲率相同，加载时两面贴合，起到类似万向铰的作用，可使加载集中力始终通过节点形心。

试验采用逐级加载方式对分配梁中心进行加载，分配梁和立管将荷载传递至第 1 环上的 6 个节点。正式加载前，预加载 10kN 进行调试，检查各系统的工作情况，并调节应变平衡，确保加载装置和数据采集系统能够正常工作。正式加载首先采用"力控制"的方法对结构进行加载，每级荷载增量为 5kN，加载速率 2.5kN/min，持荷 3min。在加载过程中实时监测结构的应力和位移变化，当所有数据采集系统的示数稳定后进行数据采集。

在网壳接近承载能力极限状态，采用力荷载无法继续增大时，判断此时结构即将屈曲，改用位移加载方式，继续加载至网壳破坏。位移加载的一个加载步施加位移 5mm，加载速率 2.5mm/min，持荷 3min。

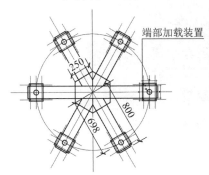
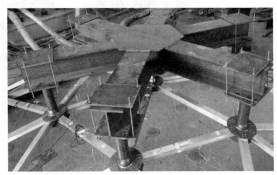

图 4-11　加载装置图

4.1.1.2　试验现象及结果分析

（1）试验现象和荷载-位移曲线

节点 N2～N7 的荷载-位移曲线如图 4-12 所示。荷载为液压千斤顶力传感器测得的总荷载，位移为位移计测得的对应节点的垂直位移。曲线分为三个阶段：弹性阶段、弹塑性阶段和破坏阶段。预压时偶尔会有清脆的金属声，这是由支架的销钉滑动引起的。卸荷后，网壳存在残余变形。然后正式加载到 10kN，曲线的斜率比预加载阶段的斜率大，这是因为部分铆钉已进入孔壁承压阶段。当荷载在 10～65kN 范围内时，曲线近似为线性。随着荷载的增加，受荷载节点的位移呈线性增加。此时，网壳的弹性阶段已经结束。随着进一步加载，曲线斜率逐渐减小，表明壳体刚度不断减小，进入弹塑性阶段，这是由于铆钉孔处应力集中造成的。直到荷载达到 95kN 时，网壳变形不明显，曲线斜率近似为 0，表明网壳开始进入破坏阶段。节点位移急剧增大，荷载减小，表明网壳破坏。卸荷后，网壳具有较大的残余变形。

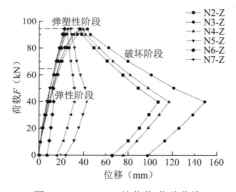

图 4-12　N2～N7 的荷载-位移曲线

节点 N2、N3 和 N4 的垂直位移大于节点 N5、N6 和 N7 的垂直位移，说明网壳向节点 N2～N4 倾斜。有以下几种原因：（1）由于节点安装偏差，节点 N2～N4 的实际位置比第 1 环上的其他节点低，因此，节点在加载过程中的变形是不同步的。（2）加载后，N3 节点附近构件变形明显，塑性发展较大，刚度减弱。破坏阶段，构件 L20 和 L26 最外侧下翼缘铆钉孔发生断裂，如图 4-13 所示。

(a) L20 下翼缘铆钉孔处发生断裂　　(b) L26 下翼缘铆钉孔处发生断裂

图 4-13　试验现象

当节点 N8、N9、N10、N14、N16 未卸载时，其垂直位移一般不超过 8mm，说明第 2 环不是主要受力区域，不再展开描述。

节点 N1 和 N2 的水平X方向和Y方向位移如图 4-14（a）所示，曲线 N2-X表示节点 N2 在X方向的荷载-水平位移曲线。在受力阶段，水平位移较小；而在位移加载阶段，节点 N2 的水平位移迅速增大。这表明网壳在第 2 环处开始出现较大变形，如图 4-14（b）所示。

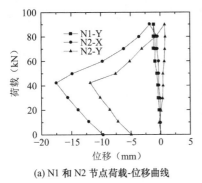
(a) N1 和 N2 节点荷载-位移曲线

(b) 网壳出现较大变形

图 4-14　荷载位移曲线和试验现象

（2）构件应力应变

根据铝合金材料性能试验结果，当应变达到 2.987×10^{-3} 时，应力达到 192.5MPa，为材料的名义屈服强度。因此，定义构件应变超过 2.987×10^{-3} 时，构件进入塑性。构件 L01～L06 的荷载-应变曲线如图 4-15 所示。加载前期，L01～L06 构件的大部分应变不超过 2.500×10^{-3}，表明该构件处于弹性阶段。当进入位移加载阶段时，构件 L01（L01-up-4，L01-do-4）中部翼缘的应变由负变为正，表明该侧翼缘开始受拉，应变迅速增加到 1.200×10^{-2}，远远超过 2.987×10^{-3}。翼缘另一侧（L01-UP-6，L01-DO-6）的应变始终为负，并增加到-1.800×10^{-2}。构件 L02（L02-up-6，L02-do-6）中翼缘处的应变由负变为正，并迅速增大至 6.000×10^{-3}，超过 2.987×10^{-3}。表明这一侧的翼缘变成了被拉紧，而另一侧的翼缘总是被压缩。应力未超过屈服强度的构件（L03～L06）仍处于弹性阶段。

轴向应变由构件翼缘上的单向应变片测量，取平均值计算轴向应力，从而得到轴向力。构件 L01～L06 的荷载-轴力曲线如图 4-16 所示。加载前期，L01～L06 构件主要承担轴向压力。构件 L01 和 L02 的轴向力也比其他环构件大。随着荷载的增加，与节点 N2 连接板接触的构件（L19 和 L25）上翼缘发生屈曲，如图 4-17（a）和（b）所示，因此构件的轴向力不再线性增加。在位移加载阶段，构件的轴向力开始减小，构件进一步受到节点板的挤压。部分构件（L25、L28、L31 等）上翼缘发生屈曲，导致节点 N2、N3、N4 连接板轻微转动。最后，环构件在承受较大轴向力的同时发生弯曲。构件 L01 沿弱轴向网壳内部屈曲（自上而下观察），构件 L02 沿弱轴向网壳外部屈曲，如图 4-17（c）和（d）所示。

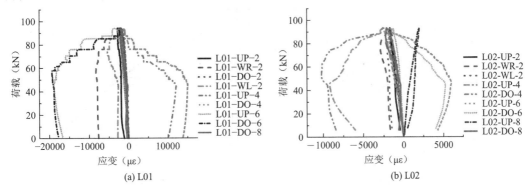
(a) L01　　　　　　　　　　　　　　　(b) L02

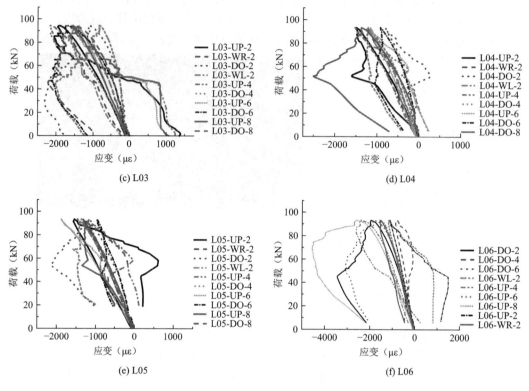

图 4-15　构件 L01～L06 的荷载-应变曲线

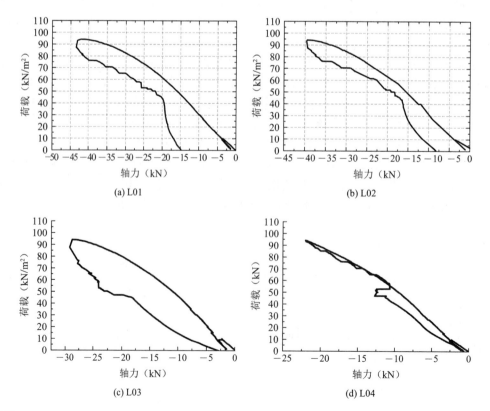

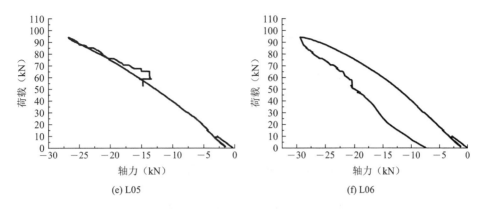

(e) L05　　　　　　　　　　(f) L06

图 4-16　荷载-杆件轴向力曲线

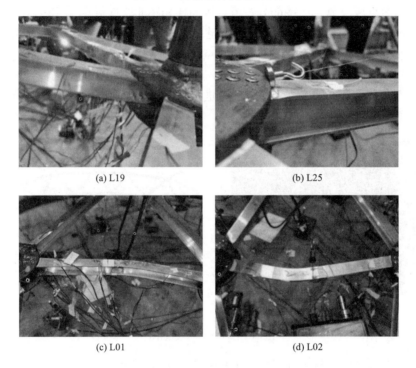

(a) L19　　　　　　　　　　(b) L25

(c) L01　　　　　　　　　　(d) L02

图 4-17　各构件试验现象

4.1.2　铝合金单层网壳数值模拟

4.1.2.1　有限元模型

模型采用跨度为 4m，矢跨比 1/7，3 环的 K6 型单层球面网壳，杆件截面为 H38×38×2×3，铝合金材料为 6063-T6 型铝合金，本构模型为第 2 章中铝合金材性试验得到，采用 Ramberg-Osgood 模型和 SteinHardt 建议拟合，如图 4-18 所示。通过千斤顶-分配梁加载系统对网壳顶部一环 6 点同步加载，外圈支座为固定铰支座，如图 4-19（a）所示。在通用有限元软件 ANSYS 中建立与试验网壳一致的计算模型，节点按实测坐标值定位以此考虑网壳整体缺陷。杆件采用非线性梁单元 BEAM188 模拟。

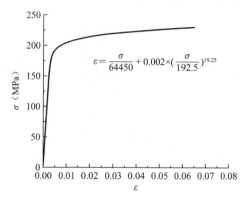

$$\varepsilon = \frac{\sigma}{64450} + 0.002 \times \left(\frac{\sigma}{192.5}\right)^{19.25}$$

图 4-18　6063-T6 型铝合金材料本构关系

节点分为节点域及节点连接部分，节点域同样采用非线性梁单元 BEAM188 模拟，且由于节点域抗弯刚度较大，将该部分弹性模量设置为杆件的 10 倍，考虑到节点域内杆件的切削，节点域内梁截面采用等效梁截面；节点与杆件连接部分建立 2 个长度为 0 的非线性弹簧单元 COMBIN39 模拟节点的连接刚度，这 2 个弹簧单元分别约束杆件轴向自由度和绕杆件强轴方向自由度，即考虑了节点的弯曲刚度和轴向刚度。最终，网壳有限元模型如图 4-19（b）所示。

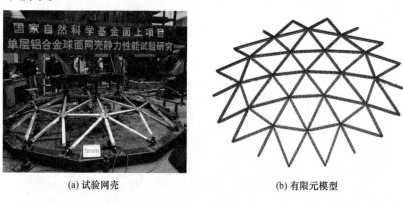

(a) 试验网壳　　　　　　　　　　　　　　　(b) 有限元模型

图 4-19　网壳模型示意图

根据节点实测坐标进行网壳建模，节点处按照上述方法进行简化建模，杆件截面规格为 H38×38×2×3，为防止节点域内杆件碰撞，进行杆件翼缘切削，所以节点域内杆件截面规格变为 H24×24×2×3。节点域大小根据节点板直径来确定，所以杆件划分段数为 10 段。因网壳第一环加载点在安装时有节点偏差，导致分配梁加载传至每个加载点的力不同。随着不断加载，每个加载点所受的力更为不均匀，所以网壳的加载方式为按照各加载点测量出的竖向位移进行加载。提取所有支座处的节点竖向反力，竖向反力总和作为网壳整体所受荷载。

4.1.2.2　有限元模型验证

（1）结构位移及发展规律

分别提取不同模型 2 号节点处荷载-位移曲线：不考虑刚域，各杆件之间刚接；考虑节点处建立刚域；在刚域处只考虑节点的弯曲刚度；在刚域处只考虑节点的轴向刚度；在刚域处同时考虑节点的轴向刚度与弯曲刚度；网壳试验提取的荷载-位移曲线。如图 4-20 所示。从图中荷载-位移曲线的对比可以看出：

只考虑刚域会使网壳刚度大大增加，网壳的极限承载力提高。因为杆件的计算长度变短，使杆件的长细比变小，构件的轴心受压系数变大，使结构的刚度变大。

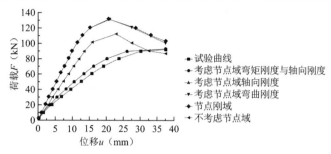

图 4-20　荷载-位移曲线

考虑节点区域刚域加节点的弯曲刚度，对比发现与只考虑节点刚域情况到达极限承载力前两者荷载-位移曲线基本重合。证明节点的弯曲刚度对网壳到达极限承载力之前的荷载-位移曲线基本无影响，但是对于失效后的荷载-位移曲线有一定影响。

考虑节点刚域，并同时考虑节点轴向刚度与弯曲刚度。发现网壳的荷载-位移曲线下降明显，节点区域轴向刚度对网壳荷载-位移曲线影响较大，使网壳的刚度明显降低。

考虑节点刚域，只考虑节点区域轴向刚度，发现网壳荷载-位移曲线与同时考虑节点的弯曲刚度与轴向刚度基本一致。再次证明节点区域的轴向刚度是影响网壳荷载-位移曲线的关键因素。

不考虑节点刚域，所有梁单元全部刚接于一点。网壳刚度介于只考虑节点刚域与考虑节点刚域并考虑节点的轴向刚度之间。

对比试验荷载-位移曲线与考虑节点刚域的弯曲刚度与轴向刚度荷载-位移曲线。发现模拟网壳刚度还是大于试验网壳刚度。

对比分析试验曲线与考虑节点刚域弯曲刚度与轴向刚度曲线，观察曲线的极限承载力，试验曲线的极限承载力为 94.15kN，模拟曲线的极限承载力为 93.82kN，两者相差 0.3%。观察曲线在到达极限荷载时的位移，试验曲线的极限位移为 36.59mm，模拟曲线的极限位移为 33.93mm，两者相差 7.2%。

一个节点荷载-位移曲线拟合并不能完全反映整体网壳受力性能。分别提取 3、5、6、7 号节点模拟荷载-位移曲线与试验荷载-位移曲线做对比，如图 4-21 所示。

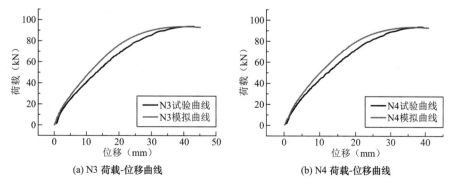

(a) N3 荷载-位移曲线　　　　　　　　(b) N4 荷载-位移曲线

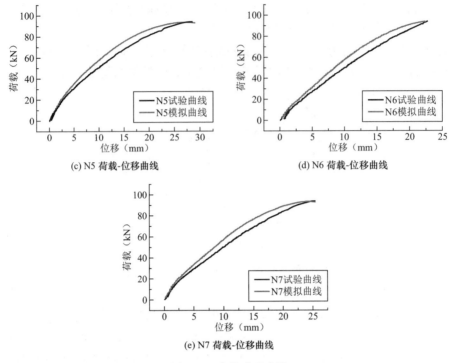

(c) N5 荷载-位移曲线　　　　　　　　　(d) N6 荷载-位移曲线

(e) N7 荷载-位移曲线

图 4-21　荷载-位移曲线

　　分析试验曲线与模拟曲线产生误差的原因。在 0～10kN 两条曲线拟合较好，孔壁承压阶段模拟曲线斜率略高于试验曲线，分析原因为实际网壳杆件打孔过程中，并不能保证所有铆钉孔保持一致，都为 5mm，由于人工原因有些铆钉孔会大于 5mm，导致与实际建模所有杆件铆钉孔都为 5mm 不同，使试验过程中出现误差。

　　（2）杆件应变及规律

　　分别提取第一圈环杆中部测点的应变值，与千斤顶施加的荷载绘制成荷载-应变曲线。因网壳是梁单元建模，只能提取全截面的轴向平均应变，所以先对试验的应变数据进行处理。将杆件中部上、下翼缘共 4 个应变片取平均值，作为杆件全截面的轴向应变。提取 ANSYS 中第一圈环杆荷载-应变曲线与试验荷载-应变曲线做对比，如图 4-22 所示。

　　从荷载-应变曲线中可以看出模拟曲线斜率稍高于试验曲线，分析原因为简化模型的传力方式为节点域杆件传至节点域外杆件，并没有考虑杆件实际通过铆钉传递轴力，所以当施加荷载时节点域外杆件的轴向应变与试验的杆件轴向应变有所差异。

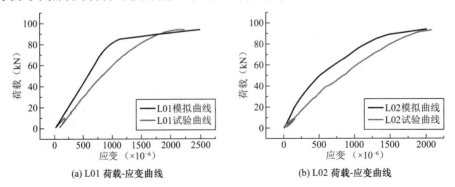

(a) L01 荷载-应变曲线　　　　　　　　　(b) L02 荷载-应变曲线

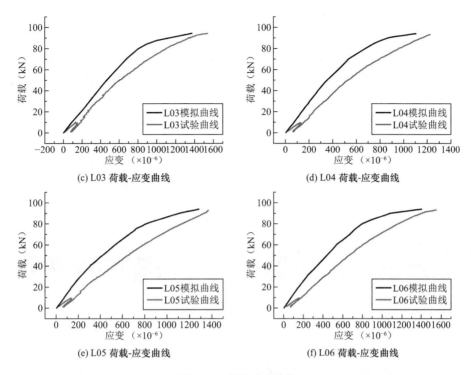

(c) L03 荷载-应变曲线   (d) L04 荷载-应变曲线

(e) L05 荷载-应变曲线   (f) L06 荷载-应变曲线

图 4-22 荷载-应变曲线

（3）构件单调拉伸试验对比

有限元模拟分析结果将从以下两个方面与试验结果对比：荷载-位移曲线对比、试验现象对比。提取加载点的支座反力 RF3 和位移 U3，并绘制成荷载-位移曲线图，将试验所得 3 组数据也绘制成荷载-位移曲线图，并将 4 条荷载-位移曲线做对比，如图 4-23 所示。

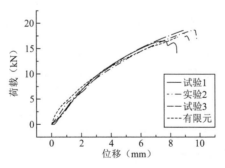

图 4-23 荷载-位移曲线对比

从图 4-23 中可以看出曲线没有明显的屈服平台，原因为不锈钢铆钉外壳材料为奥氏体 304，奥氏体 304 的应力-应变曲线没有明显的屈服平台。因铆钉的预紧力相对于螺栓预紧力较小，且在拉铆时铆钉会膨胀，铆钉与杆件孔之间缝隙很小，所以螺栓嵌固阶段与滑移阶段变为一段，之后立即进入孔壁承压阶段。从图 4-23 中可以看出，杆件所受最大荷载为 16.5～18.8kN，因一排铆钉数量为 4 个，所以单个铆钉所受最大剪力为 4～4.5kN。试验测得单个铆钉的抗剪强度大于等于恒丰铆钉公司所给的抗剪强度 4kN。模拟曲线极限荷载为 17.2kN，模拟曲线极限荷载与试验曲线极限荷载基本一致。试验曲线到达极限荷载时位移分别为 8.1mm、8.8mm、9.6mm。模拟曲线最大位移为 8.4mm。如图 4-23 可见，模拟曲线与试验曲线基本吻合。证明所采用的用螺栓代替铆钉的模拟方法是正确的，对于铆钉力学参数、壁厚、预紧力设计的大小基本正确。

提取第1个荷载步结束和第2个荷载步结束时的结果，即预紧力加载完成时刻和杆件所受最大拉力时刻的结果。分别提取铆钉和杆件的Mises应力以及等效塑性应变（PEEQ）云图。最终将试验铆钉的破坏形态与有限元分析结果进行对比。

（4）加载前试验试件与有限元对比

在未进行拉铆时连接件与杆件之间有0.1mm的缝隙，在进行拉铆时，杆件表面与连接件表面接触，有限元结果亦是如此。铆钉为空心铆钉，因预紧力的加载产生膨胀，与铆钉孔壁贴合，与试验现象一致，如图4-24所示。

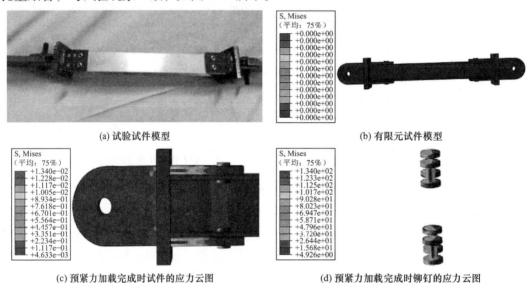

(a) 试验试件模型　　　　　　　　　　　　(b) 有限元试件模型

(c) 预紧力加载完成时试件的应力云图　　　　(d) 预紧力加载完成时铆钉的应力云图

图4-24　预紧力加载完成时试验现象与有限元模拟结果对比

（5）加载结束试件与有限元对比

如图4-25所示，当铆钉破坏后可以看到连接件与杆件之间出现空隙，分析其原因为在杆件承受轴向拉力时，铆钉预紧力不大，铆钉受剪切作用，铆钉内芯沿着铆钉外壳发生了法向位移，最终导致铆钉被拉长，在持续剪切作用下，连接件与杆件之间出现空隙。连接件所受应力较小，且没有明显变形，所以主要考察杆件与铆钉的变形。

当拆卸铆钉后观察杆件发现铆钉孔沿杆件轴向发生了位移，铆钉孔被拉长。但是对比上翼缘两侧铆钉孔发现一侧变形大于另一侧，分析其原因是铆钉断裂时发生的斜向剪切作用。此时与铆钉接触一侧的铆钉孔已经进入屈服，应力达到219MPa。杆件中部未进入屈服，应力为54～73MPa。观察等效塑性应变云图也可看出，只有与铆钉接触的一侧铆钉孔进入塑性。

从试件中卸下未断裂的铆钉进行观察，发现铆钉沿切向发生大变形。模拟结果发现铆钉中部全部进入屈服，应力达到500MPa。从模拟及试验结果看，最终铆钉发生的是斜向的剪切破坏，因试验人为误差原因，并不是所有铆钉均匀受力，所以最终铆钉断裂时只有单个铆钉断裂。

通过试验现象及荷载-位移曲线与模拟结果对比相差无几，所以可认为对于各构件的参数输入是正确的，用螺栓代替铆钉的模拟方法是正确的，螺栓构造是正确的，可为后续网壳模型试验节点的分析提供参考。

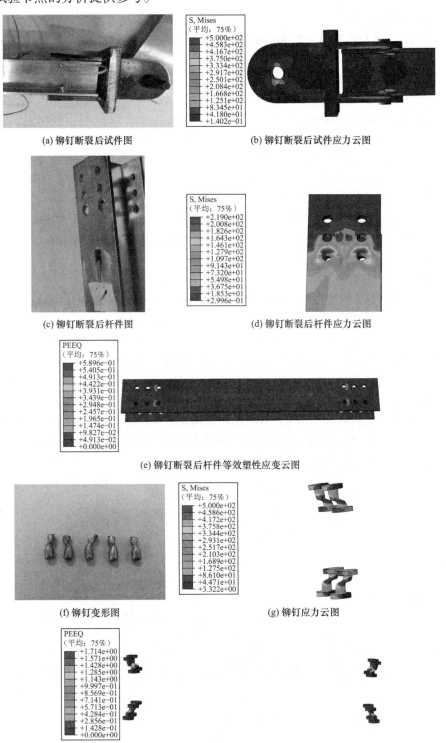

(a) 铆钉断裂后试件图　　　　(b) 铆钉断裂后试件应力云图

(c) 铆钉断裂后杆件图　　　　(d) 铆钉断裂后杆件应力云图

(e) 铆钉断裂后杆件等效塑性应变云图

(f) 铆钉变形图　　　　(g) 铆钉应力云图

(h) 铆钉等效塑性应变云图

图 4-25　加载完成时试验现象与有限元模拟结果对比

4.1.2.3　铝合金单层网壳静力参数化分析

（1）参数分析模型

在 ANSYS 中针对单层铝合金球面网壳进行了大规模稳定性参数分析。算例具体参数如下：

1）网壳类型：K6 型单层球面网壳、K6-联方型单层球面网壳、三向网格型单层球面网壳；

2）跨度：30m、50m、80m；

3）矢跨比：K6 型网壳、K6-联方型网壳：1/3、1/5、1/7；三向网格型网壳：1/5、1/7；

4）几何初始缺陷：1/600、1/450、1/300、1/200；

5）杆件初弯曲：1/1000、1/800、1/500、1/300；

6）节点刚度：刚接节点、半刚接节点；

7）支座约束：网壳周边设固定铰支座；

8）荷载及组合：屋面恒荷载和活荷载均取 0.5kN/m^2；

工况一为恒荷载 + 满跨活荷载，工况二为恒荷载 + 半跨活荷载；

9）荷载分布形式：节点集中荷载，杆件均布荷载；

10）屋面作用：考虑屋面作用，不考虑屋面作用。

（2）矢跨比的影响

图 4-26、图 4-27 和表 4-5 给出了矢跨比对单层铝合金球面网壳稳定性的影响，其中 $P/P_{1/3}$为不同矢跨比网壳承载力与 1/3 矢跨比（三向网格型网壳为 1/5 矢跨比）网壳承载力之比。据图 4-26 和表 4-5 可知，随矢跨比降低，网壳承载力降低。对比不同类型网壳，三向网格型和 K6 型网壳随矢跨比降低其稳定承载力降低幅值更大，且随跨度增加，矢跨比对承载力影响增大。由图 4-27 可知，矢跨比对 K6-联方型网壳的破坏模式影响较小，而对于三向网格型和 K6 型网壳，随矢跨比降低，部分网壳破坏模式从脆性破坏转为延性破坏。综上所述，相比于三向网格型和 K6 型网壳，矢跨比对 K6-联方型网壳稳定性能影响较小。这是由于 K6-联方型网壳算例以底部杆件屈曲失效为主，该类破坏模式主要受结构底部刚度控制，因而受矢跨比影响较小。

(a) K6-联方型　　(b) 三向网格型　　(c) K6 型

图 4-26　矢跨比对承载力影响

(a) K6-联方型　　(b) 三向网格型　　(c) K6 型

图 4-27　矢跨比对破坏模式影响

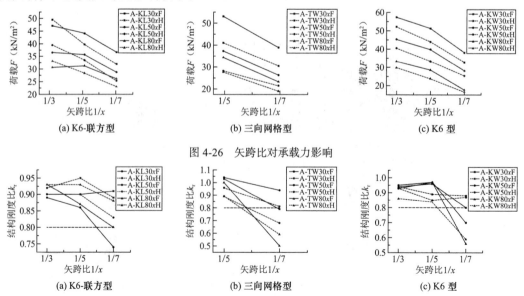

矢跨比影响下各算例稳定承载力 表4-5

网壳类型	矢跨比	30m				50m				80m			
		满跨		半跨		满跨		半跨		满跨		半跨	
		P (kN/m²)	$P/P_{1/3}$ (%)	P (kN/m²)	$P/P_{1/3}$ (%)	P (kN/m²)	$P/P_{1/3}$ (%)	P (kN/m²)	$P/P_{1/3}$ (%)	P (kN/m²)	$P/P_{1/3}$ (%)	P (kN/m²)	$P/P_{1/3}$ (%)
K6-联方型	1/3	47.0	—	49.4	—	36.4	—	39.4	—	30.6	—	33.0	—
	1/5	44.0	93.62	39.7	80.36	35.6	97.80	33.4	84.77	31.2	101.96	28.3	85.76
	1/7	36.6	77.87	31.9	64.57	28.7	78.85	25.3	64.21	26.1	85.29	23.0	69.70
三向网格型	1/5	53.0	—	41.0	—	37.3	—	28.2	—	34.3	—	27.7	—
	1/7	38.9	73.40	30.5	74.39	26.3	70.51	21.5	76.24	23.3	67.93	19.0	68.59
K6型	1/3	57.4	—	52.2	—	45.4	—	40.5	—	33.3	—	29.8	—
	1/5	51.3	89.43	44.0	84.33	39.8	87.75	33.4	82.41	28.6	85.90	23.8	79.87
	1/7	38.1	66.38	32.9	63.03	28.2	62.11	25.4	62.72	17.7	53.15	16.6	55.70

（3）活荷载分布形式的影响

表4-6给出了活荷载分布形式对单层铝合金球面网壳稳定性的影响，其中P_h/P_f为半跨活荷载分布下结构承载力与满跨活荷载分布下结构承载力之比。根据表4-6可看出不同类型网壳对半跨活荷载分布的敏感性不同，影响规律不同。比较半跨活荷载分布对不同类型网壳承载力的削弱程度可明显看出三向网格型网壳对半跨活荷载分布最为敏感，各算例削弱幅值均大于18%。

半跨活荷载分布工况下结构刚度比值普遍大于满跨活荷载分布工况，部分网壳在半跨活荷载分布下破坏模式由满跨活荷载分布时的延性破坏变为脆性破坏，说明半跨活荷载分布削弱了结构的延性。综上，设计中应重视半跨活荷载分布对结构稳定性的不利影响。

活荷载分布形式影响下各算例稳定承载力与破坏模式 表4-6

网壳类型	跨度（m）	矢跨比	算例编号	P（kN/m²）	P_h/P_f（%）	k_r	破坏模式
K6-联方型	30	1/3	A-KL303F	47.0	105.11	0.90	脆性
			A-KL303H	49.4		0.92	脆性
		1/5	A-KL305F	44.0	90.23	0.90	脆性
			A-KL305H	39.7		0.95	脆性
		1/7	A-KL307F	36.6	87.16	0.91	脆性
			A-KL307H	31.9		0.89	脆性
	50	1/3	A-KL503F	36.4	108.24	0.89	脆性
			A-KL503H	39.4		0.90	脆性
		1/5	A-KL505F	35.6	93.82	0.86	脆性
			A-KL505H	33.4		0.90	脆性
		1/7	A-KL507F	28.7	88.15	0.74	延性
			A-KL507H	25.3		0.83	脆性

网壳类型	跨度（m）	矢跨比	算例编号	P（kN/m²）	P_h/P_f（%）	k_r	破坏模式
K6-联方型	80	1/3	A-KL803F	30.6	107.84	0.93	脆性
			A-KL803H	33.0		0.93	脆性
		1/5	A-KL805F	31.2	90.71	0.87	脆性
			A-KL805H	28.3		0.93	脆性
		1/7	A-KL807F	26.1	88.12	0.80	延性
			A-KL807H	23.0		0.88	脆性
三向网格型	30	1/5	A-TW305F	53.0	77.36	1.03	脆性
			A-TW305H	41.0		0.96	脆性
		1/7	A-TW307F	38.9	78.41	0.79	延性
			A-TW307H	30.5		0.81	脆性
	50	1/5	A-TW505F	37.3	75.60	1.04	脆性
			A-TW505H	28.2		0.89	脆性
		1/7	A-TW507F	26.3	81.75	0.94	脆性
			A-TW507H	21.5		0.68	延性
	80	1/5	A-TW805F	34.3	80.76	1.00	脆性
			A-TW805H	27.7		0.89	脆性
		1/7	A-TW807F	23.3	81.55	0.50	延性
			A-TW807H	19.0		0.59	延性
K6 型	30	1/3	A-KW303F	57.4	90.94	0.94	脆性
			A-KW303H	52.2		0.94	脆性
		1/5	A-KW305F	51.3	85.76	0.96	脆性
			A-KW305H	44.0		0.89	脆性
		1/7	A-KW307F	38.1	86.31	0.80	延性
			A-KW307H	32.9		0.88	脆性
	50	1/3	A-KW503F	45.4	89.27	0.95	脆性
			A-KW503H	40.5		0.93	脆性
		1/5	A-KW505F	39.8	83.84	0.97	脆性
			A-KW505H	33.4		0.85	脆性
		1/7	A-KW507F	28.2	90.13	0.70	延性
			A-KW507H	25.4		0.87	脆性
	80	1/3	A-KW803F	33.3	89.57	0.93	脆性
			A-KW803H	29.8		0.86	脆性
		1/5	A-KW805F	28.6	83.28	0.97	脆性
			A-KW805H	23.8		0.84	脆性
		1/7	A-KW807F	17.7	93.40	0.56	延性
			A-KW807H	16.6		0.59	延性

（4）荷载分布形式的影响

1）荷载分布形式

在已有研究中，单层铝合金网壳的荷载施加通常采用导荷方法将屋面均布荷载等效为集中荷载并施加到节点上，各节点的导荷区域如图 4-28（a）所示。在有限元分析过程中，通常采用软件自动导荷方法得到各节点等效荷载。自动导荷法的基本步骤是首先通过各节点在网壳表面建立导荷面并在导荷面上施加面荷载，其次对网壳各节点施加约束，之后进行静力计算，最后提取各节点支座反力。此时各节点支座反力即为该点的等效荷载。然而在实际工程中，金属屋面板或玻璃往往直接嵌入杆件（图 4-28），即屋面荷载直接作用于杆件上，相比于节点集中荷载分布，杆件均布荷载分布形式下结构杆件承受弯矩更大，$P\text{-}\delta$ 效应可能更加明显。因此有必要考虑此类荷载分布形式对网壳稳定性能的影响。

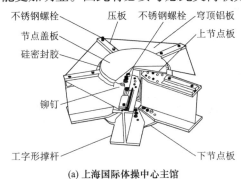

(a) 上海国际体操中心主馆　　　　　　　　　(b) 上海辰山植物园

图 4-28　屋面荷载作用于杆件的工程

三角形屋面对杆件的导荷方法是取杆件相邻两侧屋面的重心到杆两端围成的面积作为导荷区域进行导荷。本节采用的均布荷载施加方式是将各杆件导荷区域的总荷载作为均布荷载施加到杆件的 9 个节点上（图 4-29b）。

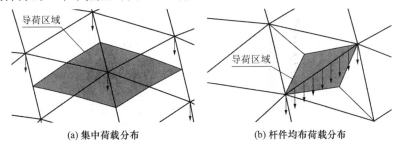

(a) 集中荷载分布　　　　　　　　　(b) 杆件均布荷载分布

图 4-29　荷载分布形式

2）参数计算结果

表 4-7 给出了杆件均布荷载对结构稳定承载力及破坏模式的影响，其中 P_u/P 为均布荷载下结构承载力与集中荷载下承载力之比。由表 4-7 可知跨度为 30m 的各类网壳对杆件均布荷载分布较为敏感，结构承载力相比集中荷载分布降低最多可达 14.9%。相比之下均布荷载分布对跨度为 80m 的网壳影响很小，所有算例中承载力降幅最大仅为 5.3%。进一步对比不同破坏模式网壳对均布荷载的敏感性可知，发生延性破坏的网壳承载力受杆件均布荷载作用影响很小，承载力最大降幅仅 1.5%。以上计算结果说明发生底部杆件屈曲失效和局部杆件屈曲失效的网壳对杆件均布荷载分布较为敏感，尤以跨度较小、矢跨比较大的网

壳为甚。此类网壳破坏模式均由杆件弯扭破坏引发，荷载沿杆件均布施加增大了杆中的弯曲应力并导致杆中挠度增加，进而使杆件的P-δ效应更加明显，致使杆件更早地发生弯扭破坏，使结构承载力与集中荷载作用下有较大降幅。而对于跨度较大、矢跨比较小的网壳，由于结构竖向刚度较小，结构承载力相对较低，杆件的P-δ效应相对不明显，因此均布荷载分布对此类网壳稳定承载力影响较小。对于发生延性破坏的网壳，由于其失效模式大多为整体屈曲，杆件稳定性能对结构影响很小，因此均布荷载分布形式对此类网壳承载性能几乎没有影响。对比两类荷载分布形式下结构的破坏模式可知，杆件均布荷载分布对网壳破坏模式影响很小，仅算例 A-TW307F 由延性破坏变为脆性破坏。

杆件均布荷载对结构承载力和破坏模式的影响　　　　　　　表 4-7

K6-联方型				三向网格型				K6 型			
算例编号	P_{u}/P（%）	k_{r}	破坏模式	算例编号	P_{u}/P（%）	k_{r}	破坏模式	算例编号	P_{u}/P（%）	k_{r}	破坏模式
A-KL303F	86.9	0.95	脆性	—	—	—	—	A-KW303F	93.5	1.00	脆性
A-KL303H	85.1	0.96	脆性	—	—	—	—	A-KW303H	91.6	0.91	脆性
A-KL305F	94.8	0.95	脆性	A-TW305F	86.5	1.02	脆性	A-KW305F	90.8	0.99	脆性
A-KL305H	93.4	0.95	脆性	A-TW305H	89.7	0.96	脆性	A-KW305H	93.0	0.90	脆性
A-KL307F	91.0	0.95	脆性	A-TW307F	91.4	0.84	脆性*	A-KW307F	98.5	0.77	延性
A-KL307H	92.1	0.91	脆性	A-TW307H	92.7	0.86	脆性	A-KW307H	94.4	0.90	脆性
A-KL503F	97.7	0.94	脆性	—	—	—	—	A-KW503F	96.8	0.96	脆性
A-KL503H	90.1	0.95	脆性	—	—	—	—	A-KW503H	94.2	0.94	脆性
A-KL505F	99.8	0.86	脆性	A-TW505F	92.6	1.03	脆性	A-KW505F	98.5	0.98	脆性
A-KL505H	93.7	0.93	脆性	A-TW505H	96.5	0.89	脆性	A-KW505H	96.1	0.91	脆性
A-KL507F	99.6	0.77	延性	A-TW507F	96.8	0.96	脆性	A-KW507F	98.9	0.70	延性
A-KL507H	96.0	0.88	脆性	A-TW507H	98.1	0.69	延性	A-KW507H	97.4	0.90	脆性
A-KL803F	98.5	0.93	脆性	—	—	—	—	A-KW803F	98.9	0.93	脆性
A-KL803H	99.3	0.93	脆性	—	—	—	—	A-KW803H	95.5	0.91	脆性
A-KL805F	100.3	0.88	脆性	A-TW805F	96.4	1.02	脆性	A-KW805F	100.0	0.97	脆性
A-KL805H	105.6	0.92	脆性	A-TW805H	98.9	0.89	脆性	A-KW805H	101.3	0.88	脆性
A-KL807F	100.6	0.79	延性	A-TW807F	94.7	0.63	延性	A-KW807F	98.6	0.57	延性
A-KL807H	96.6	0.91	脆性	A-TW807H	99.1	0.57	延性	A-KW807H	99.1	0.61	延性

*表示杆件均布荷载作用下网壳破坏模式与集中荷载作用下不同。

（5）屋面作用的影响

1）屋面作用模拟方法

与钢网架不同，铝合金网壳结构屋面板一般嵌入 H 形杆件上翼缘挤压形成的卡槽中，因此屋面板对结构杆件存在一定的约束作用。本节以屋面做法为 1.5mm 厚铝合金屋面板为例，研究屋面作用对铝合金单层网壳稳定性的影响规律。

本节通过在参数模型中建立屋面板并在屋面板上施加面荷载以模拟屋面板作用。由于屋面板仅对 H 形杆件上翼缘起到约束作用，因此在参数模型中各杆件端点和中间节点处建立高为 1/2 截面高度且与腹板平行的无质量刚性短柱，并将屋面板置于各短柱端部（图 4-30）。经过试算此方法可准确模拟屋面作用位置。考虑屋面作用的有限元分析模型如图 4-31 所示。

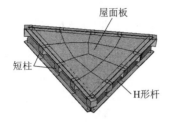 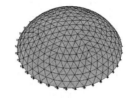

图 4-30　屋面板模拟方法　　图 4-31　考虑屋面作用计算模型

2）参数分析结果

表 4-8 给出了考虑屋面作用对结构稳定承载力及破坏模式的影响，其中P_f/P为考虑屋面作用时结构承载力与不考虑屋面作用结构在集中荷载下承载力之比。结构在考虑屋面作用影响后承载力较不考虑屋面作用影响时提高 5.79%～41.54%。对比不同类型网壳计算结果可知，考虑屋面作用后 K6 型单层网壳承载力提升幅值明显高于 K6-联方型和三向网格型网壳，这是由于 K6 型网壳在 1/4 跨中处主肋及附近杆件受轴力较大，易发生受压失稳，进而导致结构发生局部杆件屈曲失效，而屋面板对杆件具有一定的约束作用，因此会显著提升结构承载力。随网壳跨度增加，考虑屋面作用对结构承载力影响逐渐降低，正是由于刚度较大网壳中杆件受更大轴力，更易发生杆件屈曲，因此屋面作用对结构承载力提升较大。对比考虑屋面作用与不考虑屋面作用网壳算例的荷载-位移曲线（图 4-32）可知，对于承载力受屋面作用影响较大的网壳，考虑屋面作用后结构弹性阶段竖向刚度显著提升。需要注意的是，考虑屋面作用后结构刚度比k_r普遍提高，即结构延性普遍降低，部分不考虑屋面作用时发生延性破坏的网壳在考虑屋面作用后变为发生脆性破坏。这说明考虑屋面作用后结构的刚度与承载力的提升是以降低结构延性为代价的。

屋面板作用对结构承载力和破坏模式的影响　　　　　　表 4-8

K6-联方型				三向网格型				K6 型			
算例编号	P_f/P（%）	k_r	破坏模式	算例编号	P_f/P（%）	k_r	破坏模式	算例编号	P_f/P（%）	k_r	破坏模式
A-KL303F	113.28	1.21	脆性	—	—	—	—	A-KW303F	132.11	1.04	脆性
A-KL303H	116.66	1.16	脆性	—	—	—	—	A-KW303H	137.61	1.23	脆性
A-KL305F	113.50	1.14	脆性	A-TW305F	109.66	1.15	脆性	A-KW305F	124.94	1.09	脆性
A-KL305H	136.59	1.03	脆性	A-TW305H	129.71	1.11	脆性	A-KW305H	140.37	0.98	脆性
A-KL307F	109.73	1.09	脆性	A-TW307F	112.08	1.18	脆性	A-KW307F	132.02	1.07	脆性*
A-KL307H	131.79	1.06	脆性	A-TW307H	129.18	0.95	脆性	A-KW307H	141.54	0.89	脆性
A-KL503F	118.76	1.07	脆性	—	—	—	—	A-KW503F	127.38	1.07	脆性
A-KL503H	119.27	1.05	脆性	—	—	—	—	A-KW503H	134.30	0.97	脆性
A-KL505F	113.48	1.16	脆性	A-TW505F	111.34	1.15	脆性	A-KW505F	120.33	1.03	脆性

续表

K6-联方型				三向网格型				K6 型			
算例编号	P_t/P（%）	k_r	破坏模式	算例编号	P_t/P（%）	k_r	破坏模式	算例编号	P_t/P（%）	k_r	破坏模式
A-KL505H	128.46	1.00	脆性	A-TW505H	123.94	0.92	脆性	A-KW505H	129.52	0.99	脆性
A-KL507F	113.69	0.92	脆性*	A-TW507F	116.84	0.90	脆性	A-KW507F	123.54	0.76	延性
A-KL507H	124.91	0.87	脆性	A-TW507H	123.35	0.84	脆性*	A-KW507H	129.51	0.99	脆性
A-KL803F	109.97	1.15	脆性	—	—	—	—	A-KW803F	117.16	1.14	脆性
A-KL803H	110.24	1.09	脆性	—	—	—	—	A-KW803H	124.83	1.03	脆性
A-KL805F	107.60	1.03	脆性	A-TW805F	112.94	1.15	脆性	A-KW805F	118.61	0.99	脆性
A-KL805H	113.89	1.11	脆性	A-TW805H	115.34	1.00	脆性	A-KW805H	123.99	0.99	脆性
A-KL807F	105.79	0.89	脆性*	A-TW807F	108.50	0.71	延性	A-KW807F	123.14	0.63	延性
A-KL807H	114.39	1.00	脆性	A-TW807H	114.95	0.69	延性	A-KW807H	123.56	0.62	延性

*表示考虑屋面作用下网壳破坏模式与不考虑屋面作用时不同。

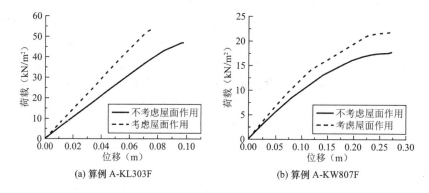

(a) 算例 A-KL303F　　　　　　(b) 算例 A-KW807F

图 4-32　典型算例荷载-位移曲线对比

（6）几何初始缺陷的影响

作为以面内力为主的形效结构，单层网壳对几何初始缺陷比较敏感。前文介绍了模拟几何初始缺陷的不同方法，虽然《空间网格结构技术规程》JGJ 7—2010 中所采用的结构最低阶屈曲模态作为几何初始缺陷分布的方法近年来广受学者诟病，然而其他模拟方法尚不成熟，没有得到学界的广泛应用，加之上海市工程建设规范《铝合金格构结构技术标准》DG/TJ 08—95—2020 中仍沿用了《空间网格结构技术规程》中的相关条款，因此本节亦采用结构最低阶屈曲模态模拟网壳几何初始缺陷，考虑 $L/600$、$L/450$、$L/300$ 和 $L/200$ 四个缺陷幅值 δ_{IM}，研究几何初始缺陷对单层铝合金球面网壳稳定承载力及破坏模式的影响。

图 4-33、图 4-34 分别给出了不同缺陷幅值下各算例的稳定承载力及结构刚度比 k_r。由图 4-33 可知，几何初始缺陷对大部分算例承载力削弱显著，部分网壳在缺陷幅值为 $L/300$ 时承载力削弱超过 50%，最大可达 69.57%，说明单层铝合金球面网壳对几何初始缺陷十分敏感。另外，大部分网壳当缺陷幅值大于 $L/300$ 后承载力削弱幅度明显减小，结合铝合金网壳采用螺栓连接的板式节点安装精度较高，因此规范中取 $L/300$ 缺陷幅值计算结构稳定承载力是合适的。

由图 4-34 可知，几何初始缺陷显著增加了结构的延性，大部分在无缺陷时发生脆性破坏的网壳在考虑几何初始缺陷后破坏模式变为延性破坏。这是由于几何初始缺陷改变了结构在荷载作用下的竖向刚度分布，结构缺陷处在加载过程中产生较大弯矩及变形，且易发生应力集中，最终使结构承载力降低的同时导致结构发生弯矩引起的"整体屈曲"，破坏前结构通常在缺陷处发生较大变形，延性较强。

需要说明的是，图 4-33 中部分 K6-联方型网壳算例在考虑$L/600$ 和$L/450$ 缺陷幅值时承载力不降反升亦是由于缺陷改变结构刚度分布进而改变结构内力分布所致，只不过对于这一参数网壳，当缺陷幅值较小时，带有几何初始缺陷的网壳的刚度分布使结构避免了"底部杆件屈曲失效"而发生"局部杆件屈曲失效"，因此极限承载力得到一定提高，但当缺陷幅值进一步加大后，结构刚度削弱严重，仍发生"底部杆件屈曲失效"。

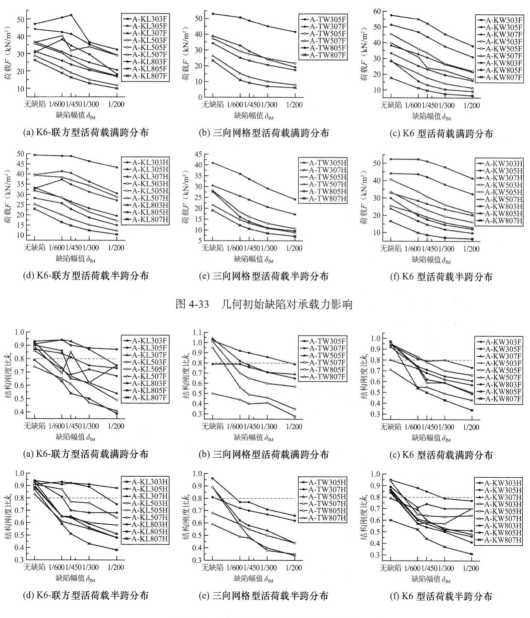

图 4-33　几何初始缺陷对承载力影响

图 4-34　几何初始缺陷对破坏模式影响

（7）杆件初弯曲和节点半刚性的影响

1）杆件初弯曲对无整体缺陷网壳承载力的影响

以 K6 型铝合金单层球面网壳为分析对象，采用板式节点及 H 形杆件，材料为 6061-T6 型铝合金。表 4-9 给出了铝合金材料性能参数，材料本构关系采用理想的弹塑性模型。本节参考工程中常用的结构尺寸，考虑 30m、50m 和 70m 三种跨度，1/3、1/4、1/5、1/6、1/7 五种不同的矢跨比，共建立 15 个铝合金网壳结构模型。为考虑杆件尺寸对稳定性能的影响，同一网壳尺寸模型分别选用 3 种杆件规格。模型尺寸及杆件截面规格见表 4-10。

铝合金材性参数   表 4-9

屈服强度（N/mm²）	240	泊松比	0.3
弹性模量（N/mm²）	7×10^4	密度（kg/m³）	2700

分析模型尺寸及杆件截面规格（mm）   表 4-10

跨度（m）		30	50	70
杆件截面	1	$150 \times 125 \times 5 \times 9$	$200 \times 150 \times 5 \times 9$	$250 \times 150 \times 5 \times 9$
	2	$150 \times 150 \times 5 \times 9$	$200 \times 200 \times 5 \times 9$	$250 \times 200 \times 5 \times 9$
	3	$200 \times 200 \times 5 \times 9$	$250 \times 200 \times 5 \times 9$	$300 \times 250 \times 5 \times 9$
矢跨比		1/3、1/4、1/5、1/6、1/7	1/3、1/4、1/5、1/6、1/7	1/3、1/4、1/5、1/6、1/7
环数		6	9	13

采用多段梁法建模模拟杆件初弯曲，如图 4-35 所示，在有限元建模阶段将杆件划分为多段并通过移动杆件中间节点将初弯曲建入模型中。采用多段梁法模拟杆件初弯曲可考虑杆件初弯曲方向、形状及幅值，因而可以模拟实际工程中随机的杆件初弯曲情况。对于单层球面网壳中的任意一根杆件 M_i，可定义其两端点与网壳球心 O 构成的平面为参考平面 R_{pi}，定义杆件初弯曲曲线与其理想轴线 I_{ai} 构成的另一平面为杆件初弯曲平面 M_{pi}。任意杆件的参考平面与杆件初弯曲平面的夹角定义为杆件初弯曲的方向角 A_i。杆件初弯曲形状可通过调整杆件各中间节点位置得到。而杆件初弯曲幅值 δ_i 可定义为杆件初弯曲曲线上中间节点到其位于理想轴线上的对应节点的最大距离（图 4-36）。

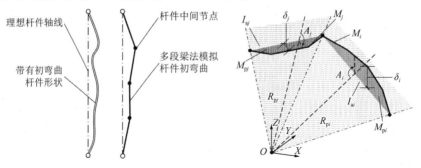

图 4-35　多段梁法模拟杆件初弯曲　　图 4-36　杆件初弯曲方向角和幅值

采用随机模态法模拟杆件初弯曲时，假定初弯曲形状为一个正弦半波曲线。本文考虑杆件初弯曲方向角在区间[0°, 360°)上均匀分布。杆件初弯曲幅值服从极值 I 型分布，杆件初弯曲幅值随机变量δ的概率分布函数$F(\delta)$为：

$$F(\delta) = 1 - \exp\{-\exp[-\nu(\delta - q)]\} \tag{4-3}$$

式中，q为分布的众值；ν为偏度的量测。

假设杆件初弯曲的最大幅值$\delta_{\max}$为$l/1000$（l为杆件长度），其超越概率为2.5%；$\delta = 0$的概率为1%，则由式(4-3)可得到q和ν分别为：

$$\nu = \frac{5.9}{l/1000} \tag{4-4}$$

$$q = 0.78 \times \frac{l}{1000} = \frac{l}{1280} \tag{4-5}$$

由此可知，出现最多的杆件初弯曲幅值为$l/1280$。

本研究设置了三组杆件初弯曲幅值$\delta_{\max}$（分别为$l/1000$、$l/500$和$l/300$），对以上各尺寸参数、杆件截面参数的K6型铝合金单层球面网壳进行计算，每种模型随机抽样20个。将计算结果进行整理，如图4-37所示，图中纵轴"比值"为计入杆件初弯曲影响的网壳承载力平均值与理想网壳承载力的比值。

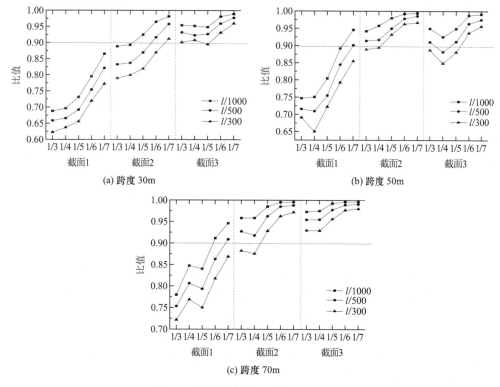

图 4-37 杆件初弯曲对网壳承载力的影响

对于跨度30m、杆件截面1的网壳，考虑杆件初弯曲的网壳承载力是理想网壳承载力的0.62～0.87，杆件截面2的网壳承载力是理想网壳承载力的0.77～0.97，杆件截面3的网壳承载力是理想网壳承载力的0.85～0.98。跨度50m和70m的网壳也有类似规律。在网壳跨度和环数相同的情况下，随着矢跨比的降低，杆件的长细比降低，杆件初弯曲对结构承载力的影响随之降低。但跨度为50m和70m的网壳分别在矢跨比1/4和矢跨比1/4、1/5的情况下较其他矢跨比对杆件初弯曲更为敏感。对比初弯曲幅值大小对网壳承载力的影响，从幅值$l/1000$到$l/300$网壳承载力约下降10%，杆件取大截面（截面3）时，网壳承载力受初弯曲幅值大小影响更小。

以施加杆件初弯曲$l/1000$而造成的承载力下降10%作为分界线在图2-5中做出标记，认为下降小于10%的网壳类型是对杆件初弯曲较为敏感的。由于H形杆件截面的特殊性，强、弱轴惯性矩相差较大，则表现出来面内、面外长细比大小及比值都不同，因而对杆件初弯曲的敏感性不同。这反映在同一跨度和矢跨比，不同截面下，杆件初弯曲对网壳承载力折减范围为5%～30%。以杆件弱轴长细比作为划分条件，计算的各截面长细比列于表4-11中，得到弱轴长细比（壳面内方向）在小于110时，杆件初弯曲幅值取$l/1000$网壳承载力较理想网壳承载力降低超过10%，则说明该类网壳对杆件初弯曲敏感。

网壳杆件弱轴长细比　　　　　　　　　　　　表 4-11

跨度	矢跨比	截面 1	截面 2	截面 3
30m	1/3	130	107	80
	1/4	120	98	74
	1/5	116	95	71
	1/6	114	93	70
	1/7	112	92	69
50m	1/3	126	92	94
	1/4	116	84	86
	1/5	111	81	83
	1/6	109	79	81
	1/7	107	78	80
70m	1/3	128	93	74
	1/4	118	85	68
	1/5	113	82	65
	1/6	110	80	64
	1/7	109	79	63

观察铝合金网壳的第一阶特征值屈曲模态不难发现，杆件中节点的弯曲方向不同，可能不处于同一平面内，而杆件的弯曲曲线形状也和假定的正弦半波曲线相去甚远（图4-38）。因此假定杆件的初弯曲形状不为正弦半波曲线，而是和结构的第1阶特征值屈曲模态中杆件的弯曲方向一致。取各杆件在第1阶特征值屈曲模态中位移最大的节点作为该杆件初弯曲最大的幅值位置，杆件上其余节点初弯曲幅值按照第1阶特征值屈曲模态按比例递减。设各杆件最大初弯曲幅值相等。

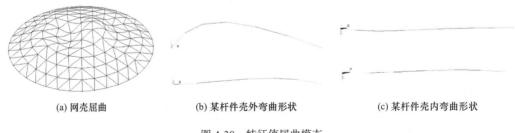

(a) 网壳屈曲　　　　(b) 某杆件壳外弯曲形状　　　　(c) 某杆件壳内弯曲形状

图 4-38　特征值屈曲模态

在结构屈曲模态中，杆件任意节点的位移均可拆分为网壳节点位移导致的杆件平移及杆件自身弯曲两部分。将杆端节点i和j、杆件中间节点m、k和n与屈曲模态中杆端节点i'和j'、杆件中间节点m'、k'和n'分别做差可得到杆端节点位移向量d_i和d_j以及杆件中间节点位移d_m、d_k和d_n。对屈曲模态中杆端节点i'和j'做线性差值可得到由网壳节点位移导致的杆件中间节点位置m'、k'和n'及其位移向量d'_m、d'_k和d'_n。将i杆件中间节点总位移d_m、d_k和d_n除去d'_m、d'_k和d'_n得到杆件弯曲的位移向量d''_m、d''_k和d''_n。取$|d''_m|$、$|d''_k|$和$|d''_n|$中最大值设为杆件初弯曲幅值，其余杆件上节点弯曲值按比例递减。每个节点的位移方向按照d'_m-d''_m进行转换，从而达到杆件初弯曲与屈曲模态中一致的弯曲方向，见图4-39。

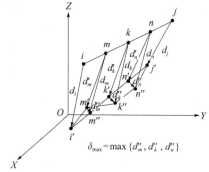

图4-39 改进的特征缺陷模态法

计算结果如图4-40所示，图中纵轴"比值"为计入杆件初弯曲影响的网壳承载力与理想网壳承载力的比，改进的特征缺陷模态法模拟的杆件初弯曲比较极端，是一种很不利的情况，相同条件下，始终小于随机缺陷计算结果，但由于该方法在网壳中要求每根杆件保证一定确切的角度和弯曲形状，因此出现的可能性很小。在小跨度（30m、50m）、小截面（截面1）、大矢跨比（1/3、1/4 等）的网壳中，该模拟方法较随机缺陷模态方法网壳承载力降低10%，这说明杆件初弯曲的形状和弯曲角度对网壳承载力影响较大。

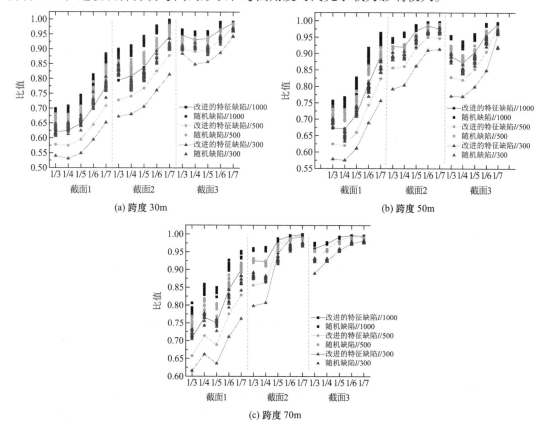

图4-40 杆件初弯曲对网壳承载力的影响

2）杆件初弯曲和整体缺陷对网壳承载力的影响

相关规程中规定网壳初始几何缺陷按照结构最低阶屈曲模态模拟，幅值取网壳跨度的1/300。因此，在本节中讨论杆件初弯曲和整体缺陷共同作用时，考虑整体缺陷的方法仍为规程所规定，计入杆件初弯曲的方法采用随机缺陷模态法。计算结果如图 4-41 所示，图中坐标纵轴为考虑缺陷的网壳承载力与理想网壳承载力的比值。30m 跨度的网壳中只考虑整体缺陷的网壳承载力较理想网壳承载力降低 15%～45%，50m 跨度的网壳承载力较理想网壳承载力降低 30%～55%，70m 跨度的网壳承载力较理想网壳承载力降低 33%～65%。可见跨度越大的网壳对整体缺陷越敏感。计入整体缺陷和杆件初弯曲的 30m 跨度网壳承载力较理想网壳承载力降低 20%～50%，50m 跨度网壳承载力较理想网壳承载力降低 35%～60%，70m 跨度的网壳承载力较理想网壳承载力降低 35%～65%。可见，整体缺陷的影响基本决定了网壳承载力大小，在此基础上考虑杆件初弯曲网壳承载力降低 5%。

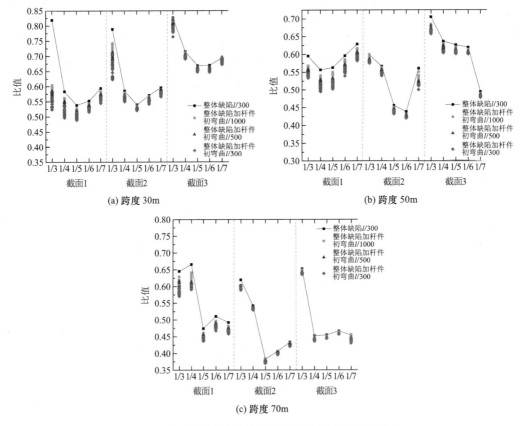

(a) 跨度 30m   (b) 跨度 50m

(c) 跨度 70m

图 4-41 考虑杆件初弯曲和整体缺陷对网壳承载力的影响

3）杆件初弯曲和节点半刚性对网壳承载力的影响

铝合金板式节点是一种半刚性节点，节点半刚性对网壳承载力的影响不容忽视，否则将为网壳结构带来安全隐患。对于节点刚度的取值问题，学者们已经进行了大量讨论。《铝合金空间网格结构技术规程》T/CECS 634—2019 规定：进行铝合金单层网壳结构的整体稳定分析时，宜计入连接节点刚度的影响，节点刚度可通过精细化数值分析得到，亦可以通过试验得到。《铝合金格构结构技术标准》DG/TJ 08—95—2020 也规定了铝合金板式节点的非线性刚度计算模型，其呈现典型的四折线特征，本节主要考虑节点的面外弯曲刚度（图 4-42），计算公式见式(4-6)~式(4-12)。

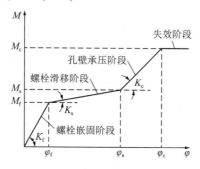

图 4-42　铝合金板式节点弯曲刚度四折线模型

$$K_f = \left(\frac{1.32}{Et_p h^2} + \frac{2850 t_f}{E\mu n^2 A_c} + \frac{R - R_c}{1.14 EI_x} \right)^{-1} \tag{4-6}$$

$$M_f = \frac{\mu n P h}{1 + 0.5\beta} \tag{4-7}$$

$$K_s = \left[\frac{1.32}{(Et_p h^2)} + \frac{(4 - \beta^2) d_h}{\mu n \beta P h^2} + \frac{R - R_c}{1.14 EI_x} \right]^{-1} \tag{4-8}$$

$$M_s = \frac{\mu n P h}{1 - 0.5\beta} \tag{4-9}$$

$$K_c = \left[\frac{1.32}{Et_p h^2} + \frac{19(t_f + t_p)}{\left(\dfrac{d}{t_f + t_p} + 1.22 \right) n h^2 t_f t_p E} + \frac{R - R_c}{1.14 EI_x} \right]^{-1} \tag{4-10}$$

$$M_u = \frac{Q_u h}{1 - 0.5\beta} \tag{4-11}$$

$$\varphi = \begin{cases} \dfrac{M_f}{K_f} & (0 < M \leqslant M_f) \\[2mm] \dfrac{M_f}{K_f} + \dfrac{M - M_f}{K_s} \ \text{或} \ \dfrac{M_f}{K_f} + \dfrac{4d_h}{h} & (M_f < M \leqslant M_s) \\[2mm] \dfrac{M_f}{K_f} + \dfrac{M_s - M_f}{K_s} + \dfrac{M - M_s}{K_c} & (M_s < M \leqslant M_u) \end{cases} \tag{4-12}$$

式中，E 为节点板弹性模量；t_p 为节点板厚度；h 为杆件截面高度；t_f 为杆件翼缘厚度；n 为螺栓个数；μ 为摩擦系数；A_c 为杆件和节点板的接触面积；d 为螺栓有效直径；R 为节点板半径；R_c 为节点板中心距杆件端部距离；I_x 为杆件截面惯性矩；β 为轴力和杆件截面高度乘积与弯矩之比；d_h 为螺栓与螺栓孔的间隙；P 为螺栓预紧力；Q_u 为节点板或杆件翼缘发生破坏时的剪力标准值。可以看出节点弯曲刚度与节点板尺寸、螺栓布置、杆件尺寸、材性有关。因此，根据表 4-12 中参数设计出不同节点，从而可按式(4-6)~式(4-12)计算得到节点的面外弯曲刚度。

				节点构造参数	表 4-12
E（MPa）	70000	d（mm）	8.6	n（mm）	8
t_p（mm）	12	R（mm）	200/250	R_c（mm）	50/60
d_h（mm）	1	P（kN）	18	μ	0.3

　　节点的模拟分为两部分：节点域和节点连接刚度。节点域部分采用非线性梁单元 BEAM188 模拟，由于抗弯刚度较大，不易变形，因此将其弹性模量设置为杆件的 10 倍；节点连接刚度用长度为 0 的非线性转动弹簧单元 COMBIN39 模拟。将计算的节点刚度带入网壳模型中，计算结果见图 4-43。图中坐标纵轴为考虑缺陷的网壳承载力与理想网壳承载力的比值。只考虑节点刚度网壳承载力较理想网壳承载力降低小于 40%，图 4-43 所示计算结果基本符合。考虑节点半刚性的网壳承载力较理想网壳的承载力下降小于 30%，在跨度较大、矢跨比较小的网壳中，节点半刚性的影响较大。

　　同样，计入杆件初弯曲的方法采用随机缺陷模态法。在考虑节点半刚性的网壳中计入杆件初弯曲的影响，可以看出，相同跨度、相同截面的网壳，大矢跨比（1/3、1/4、1/5）情况下，承载力受杆件初弯曲的影响较大，这与刚性连接的网壳规律保持一致。相同跨度、相同矢跨比下，截面越大的网壳受杆件初弯曲影响较小。在考虑节点半刚性的网壳中，当杆件初弯曲幅值取 $l/1000$ 时网壳承载力下降能达到 5%～20%，当初弯曲幅值取 $l/300$ 时网壳承载力下降达到 10%～25%。因此，杆件初弯曲幅值对计入节点半刚性的网壳承载力影响较小。

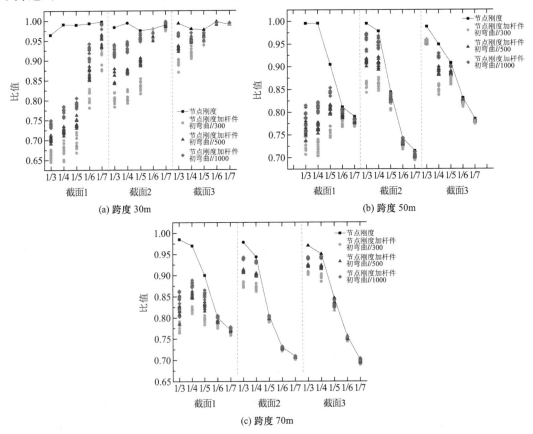

图 4-43　考虑节点刚度和杆件初弯曲对网壳承载力的影响

4.2 铝合金单层球面网壳稳定失效模式研究

4.2.1 稳定失效数值模拟

为了得到单层球面网壳典型的失效模式，分别在 ANSYS 和 LS-DYNA 中建立不同参数共计 192 个无缺陷刚性节点网壳数值算例。算例具体参数如下：

（1）网壳类型：K6 型单层球面网壳、K6-联方型单层球面网壳、三向网格型单层球面网壳；

（2）网壳材料：6061-T6 铝合金、Q235B 钢材；

（3）跨度：30m、50m、80m；

（4）矢跨比：K6 型网壳、K6-联方型网壳：1/3、1/5、1/7；三向网格型网壳：1/5、1/7；

（5）支座约束：网壳周边设固定铰支座；

（6）荷载及组合：屋面恒荷载和活荷载均取 0.5kN/m² 施加到网壳节点上；工况一为恒荷载 + 满跨活荷载，工况二为恒荷载 + 半跨活荷载。

由于铝合金 H 形截面杆件形状较为复杂，在 ANSYS 中采用 BEAM188 单元模拟杆件。该类型单元在杆件截面的翼缘和腹板处共有 32 个积分点，可以对结构进行精确求解，已有试验证明 BEAM188 可准确分析 H 形截面单层球面网壳的稳定性问题。在 LS-DYNA 中采用 BEAM161 单元模拟杆件。表 4-13 和表 4-14 给出了铝合金和钢材的材料性能参数，材料本构关系模型均采用理想弹塑性模型。

铝合金材性参数			表 4-13
屈服强度（N/mm²）	240	泊松比	0.3
弹性模量（N/mm²）	7×10^4	密度（kg/m³）	2700

钢材材性参数			表 4-14
屈服强度（N/mm²）	235	泊松比	0.3
弹性模量（N/mm²）	2.06×10^5	密度（kg/m³）	7850

网壳的参数设计中，参考实际工程中常用的杆件截面形式，铝合金网壳采用 H 形截面杆件，钢网壳采用圆管截面。网壳计算模型的网格划分、构件截面设计考虑《空间网格结构技术规程》JGJ 7—2010 中规定的杆件长细比、网壳挠度等限值，并根据网壳支座附近杆件内力较大的受力特点，将该区域若干环杆件截面增大加强。经过设计分析，网壳竖向刚度分布较为均匀，不同参数网壳在工况一荷载作用下杆件的最大应力比相近。各计算模型具体参数如表 4-15～表 4-17 所示。

为方便下文描述，对算例以 M-TYSPRL 形式进行命名，其中 M 为材料类别，一个字符，铝合金为 A，钢材为 S；TY 为网壳类型，两个字符，K6-联方型为 KL，三向网格型为 TW，K6 型为 KW；SP 为跨度（m），两位数字，如 50m 跨网壳为 50；R 为矢跨比的倒数，一位数字，如 1/3 矢跨比网壳为 3；L 为活荷载分布类型，一个字符，满跨分布为 F，半跨为 H。例如：A-KL805H 表示铝合金 K6-联方型网壳，跨度 80m，矢跨比 1/5，活荷载为半跨分布。

K6-联方型网壳网格及杆件截面参数 　　表 4-15

跨度（m）	环数			杆件截面	
	K6 环数	联方环数	加强区环数	一般杆件	加强区杆件
30	6	4	3	H250×125×5×9 φ114.3×3.2	H250×150×5×9 φ114.3×4
50	9	6	4	H300×150×8×10 φ168.3×4	H300×200×8×10 φ168.3×5
80	14	9	5	H450×250×8×10 φ219.1×6.3	H450×280×8×10 φ219.1×8

三向网格型网壳网格及杆件截面参数 　　表 4-16

跨度（m）	环数		杆件截面	
	总环数	加强区环数	一般杆件	加强区杆件
30	7	3	H250×125×5×9 φ114.3×5	H250×150×5×9 φ114.3×6.3
50	12	4	H250×150×5×9 φ168.3×3.2	H250×180×5×9 φ168.3×4
80	19	5	H350×200×8×10 φ200×5	H350×220×8×10 φ200×6

K6 型网壳网格及杆件截面参数 　　表 4-17

跨度（m）	环数		杆件截面	
	总环数	加强区环数	一般杆件	加强区杆件
30	10	3	H250×125×5×9 φ114.3×3.2	H250×150×5×9 φ114.3×4
50	15	4	H300×150×8×10 φ168.3×4	H300×200×8×10 φ168.3×5
80	23	5	H350×200×8×10 φ200×5	H350×220×8×10 φ200×6

4.2.2　稳定失效模式及机理

网壳结构的失效模式可由三部分构成，分别是结构破坏位置与破坏方式、破坏过程的刚度分布与内力状态变化以及结构延性。而其中结构刚度分布与内力状态可通过分析位移和应力云图得到，表征结构延性的主要是结构的荷载-位移曲线。

网壳的破坏位置与破坏方式可根据 LS-DYNA 计算结果直观判断，其余两部分在 ANSYS 和 LS-DYNA 的后处理模块中均可直接得到。考虑到隐式分析是目前计算结构稳定性的主要分析方法，采用 ANSYS 中计算得到的位移、应力云图及结构荷载-位移曲线对各算例刚度分布与内力状态，以及结构延性进行研究，再综合 LS-DYNA 中结构的失效过程与破坏位置和方式，总结归纳出单层球面网壳典型的失效模式及其破坏机理。图 4-44 给出了本节对网壳失效模式的分析方法和流程。

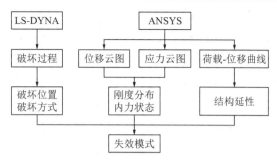

图 4-44　失效模式的分析方法和流程

通过参数分析，单层球面网壳的失效模式可归纳为"底部杆件屈曲失效""整体屈曲失效"以及"局部杆件屈曲失效"三种。下文将分别描述各典型失效模式的破坏过程与破坏机理。

4.2.2.1　底部杆件屈曲失效模式

"底部杆件屈曲失效（Bottom members buckling，BMB）"即结构底部杆件（多为斜杆）整体发生弯扭破坏而导致结构失效的模式。图 4-45 给出了该类失效模式下网壳结构的破坏过程。当结构处于弹性阶段时，位移最大区域位于网壳顶部，随着荷载不断增大，结构底部环杆突然发生弯扭失稳，进而导致结构整体破坏。图 4-45（c）、（d）清晰显示结构破坏时除底部斜杆发生断裂，结构其他部分变形很小。

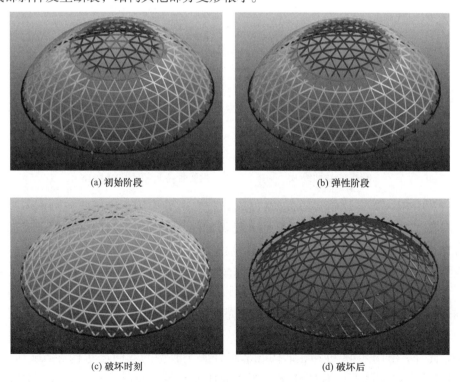

(a) 初始阶段　　　　　　　　　　　　　　(b) 弹性阶段

(c) 破坏时刻　　　　　　　　　　　　　　(d) 破坏后

图 4-45　底部杆件屈曲失效模式下结构破坏过程

图 4-46 为 ANSYS 计算得到的极限承载力时刻结构位移与塑性区域分布云图，图中

中间区域为位移最大区域，阴影区域为进入塑性杆件区域。由图可知底部杆件屈曲失效模式下结构在极限承载力时刻位移最大区域仍位于结构顶部，而进入塑性杆件则分布在网壳支座附近。因此此类失效模式网壳的整体刚度未得到充分发挥，破坏时除底部杆件外其他位置仅有极少数杆件进入塑性，甚至均在弹性阶段，因而其位移最大点的荷载-位移曲线接近直线（图 4-47）。图 4-48 给出了进入塑性单元中轴向应力（σ_N）、网壳平面外弯曲应力（σ_{M_s}）、网壳平面内弯曲应力（σ_{M_w}）随荷载的变化曲线，可以看到在结构临近极限承载力时网壳平面内弯曲应力突增，说明结构破坏突然，此类失效模式类似于脆性破坏。

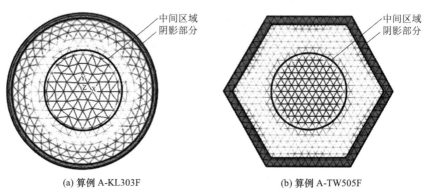

(a) 算例 A-KL303F　　　　　　　　　　　(b) 算例 A-TW505F

图 4-46　底部杆件屈曲失效模式位移与塑性区域分布云图

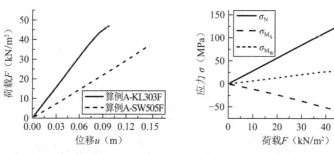

图 4-47　底部杆件屈曲失效模式　　　图 4-48　底部杆件屈曲失效模式杆件应力
　　　　荷载-位移曲线　　　　　　　　　　发展曲线（算例 A-KL303F）

　　进一步分析该类失效模式的失效机理，结构在荷载作用下底部竖向刚度不足是主要原因。需要注意的是，结构底部杆件截面已做加强，在结构设计荷载作用下底部区域杆件应力比小于未加强区最大值，这说明计算模型的设计是合理的。真正导致结构底部杆件发生弯扭失稳的原因是结构和杆件的二阶效应。随着荷载增大，网壳倒数第二环至第三环杆件中拉应力逐渐增加，节点逐渐向网壳平面外突出（图 4-49），图 4-50 中表明结构在临近极限承载力时倒数第二环节点沿壳面外的水平位移突增，此时倒数第二环杆件已全截面受拉屈服，对节点的约束作用显著降低，结构 P-Δ 效应对结构稳定性产生较大影响；此外，由图 4-48 可知，结构底部斜杆属于典型的双向压弯构件，随荷载增大，杆件的 P-δ 效应逐渐增大，对杆件发生弯扭破坏亦有较大贡献。在 P-Δ 效应和 P-δ 效应的共同作用下，结构在荷载作用下的刚度分布发生变化，并最终导致靠近支座杆件发生弯扭破坏。

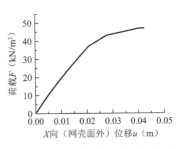

图 4-49　结构极限承载力时刻的 X 向（网壳面外）　图 4-50　结构倒数第二环节点的 X 向
　　　　　位移云图　　　　　　　　　　　　　　　（网壳面外）荷载-位移曲线

4.2.2.2　整体屈曲失效模式

"整体屈曲（Global buckling，GB）"即结构某一区域或若干区域出现较明显凹陷后结构丧失承载力进而失效的模式。由图 4-51 可看出加载的初始阶段结构顶部区域位移最大，但随着荷载增加，位移最大区域逐渐转移至结构 1/4～1/3 跨中处的若干区域，且随加载步增加位移逐渐增大。当位移增大到一定值后，结构不能继续承载，从凹陷处向外带动周围区域迅速塌陷，结构发生整体屈曲。

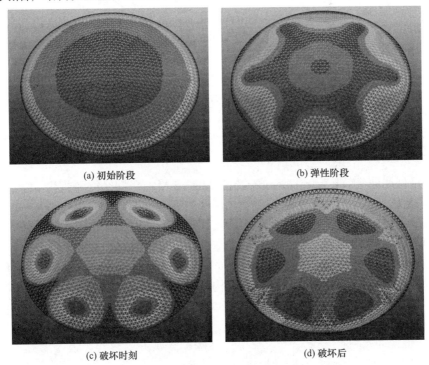

(a) 初始阶段　　　　　　　　　　　(b) 弹性阶段

(c) 破坏时刻　　　　　　　　　　　(d) 破坏后

图 4-51　整体屈曲模式下结构破坏过程

由图 4-52 可看到，整体屈曲模式下结构在极限承载力时刻位移最大区域与进入塑性区域相重合。而由图 4-53 可知，凹陷处杆件除了承受轴向应力外，还存在较大的壳面外弯曲应力，且弯曲应力发展曲线的斜率随着荷载增加逐渐增大，这说明在加载过程中结构凹陷处的变形与杆件应力（尤其是弯曲应力）相互作用，彼此促进发展，并最终致使结构刚度严重退化，丧失承载力。在该失效模式下，网壳在荷载作用下的 $P\text{-}\Delta$ 效应大幅削弱了结构竖

177

向刚度，结构凹陷处杆件沿壳面外弯矩的发展是导致结构破坏的主要原因。对于单层网壳，壳面外的刚度相对较低，因此结构在破坏前发生较大变形，荷载-位移曲线末端斜率显著降低（图4-54）。综上所述，此类失效模式更加接近于延性破坏。

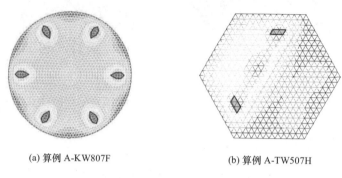

(a) 算例 A-KW807F　　　　　　　(b) 算例 A-TW507H

图 4-52　整体屈曲模式位移与塑性区域分布云图

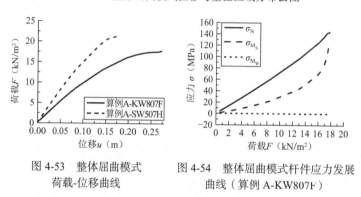

图 4-53　整体屈曲模式　　　图 4-54　整体屈曲模式杆件应力发展
荷载-位移曲线　　　　　曲线（算例 A-KW807F）

4.2.2.3　局部杆件屈曲失效模式

"局部杆件屈曲失效（Local members buckling，LMB）"即结构随荷载不断增加，个别杆件发生弯扭破坏进而引发其附近杆件发生断裂，最终导致结构失效的模式。其有两种典型的破坏过程。其一在加载前期与整体屈曲模式类似，不同之处在于当网壳最大位移达到一定值（通常比整体屈曲模式结构失效前的变形小得多）时，结构凹陷处部分杆件突然发生壳面内的弯扭失稳，并迅速带动其周围杆件发生失稳（图4-55）。其二在前中期与底部杆件屈曲失效模式类似，但随着荷载增大，结构中若干非底部区域杆件先发生弯扭失稳，并促使附近杆件失稳断裂导致结构失效（图4-56）。

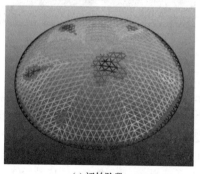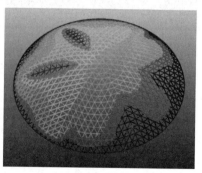

(a) 初始阶段　　　　　　　　　　　(b) 弹性阶段

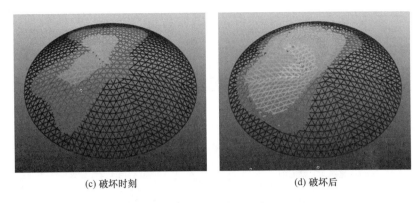

(c) 破坏时刻　　　　　　　　　　　　(d) 破坏后

图 4-55   局部杆件屈曲失效模式下结构破坏过程之一

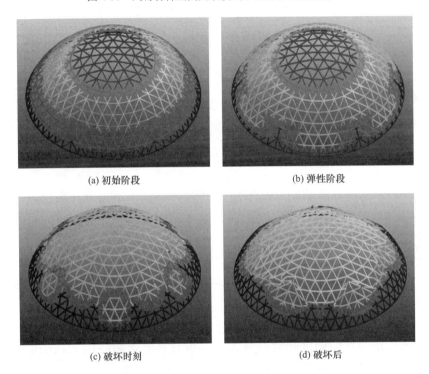

(a) 初始阶段　　　　　　　　　　　　(b) 弹性阶段

(c) 破坏时刻　　　　　　　　　　　　(d) 破坏后

图 4-56   局部杆件屈曲失效模式下结构破坏过程之二

　　与破坏过程相对应,局部杆件屈曲失效模式下结构位移与塑性区域分布云图亦分别与整体屈曲失效模式和底部杆件屈曲失效模式相近(图 4-57)。通过观察失稳杆件的应力发展曲线(图 4-58～图 4-60)可知,两种破坏过程失稳杆件在失效前均仅受轴压力,且全截面进入塑性,随后沿壳面内方向弯曲应力突增,杆件发生失稳。结构刚度分布及荷载分布致使结构中部分杆件因轴力过大而发生失稳是导致结构发生此类失效模式的主要原因。由于该失效模式属杆件失稳破坏,结构整体刚度未得到充分利用,因此荷载-位移曲线近似直线,失效前结构变形较小。需要说明的是,算例 A-KW307H 的荷载-位移曲线虽有明显平直段(图 4-58),但结合图 4-59 可知,此平直段并非结构进入塑性阶段,而是杆件发生失稳后导致的杆件较大变形,因此其破坏机理与整体屈曲失效模式迥然不同。局部杆件屈曲失效模式更接近于脆性破坏。

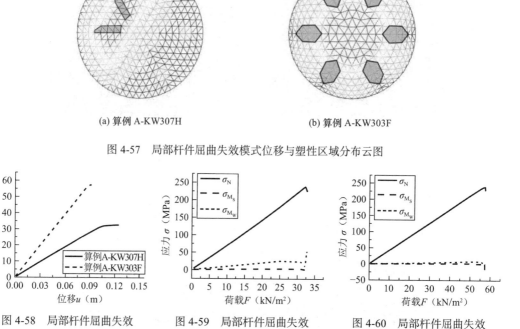

(a) 算例 A-KW307H　　　　　　　　(b) 算例 A-KW303F

图 4-57　局部杆件屈曲失效模式位移与塑性区域分布云图

图 4-58　局部杆件屈曲失效
模式荷载-位移曲线　　　　　　图 4-59　局部杆件屈曲失效
模式杆件应力发展曲线
（算例 A-KW307H）　　　　　　图 4-60　局部杆件屈曲失效
模式杆件应力发展曲线
（算例 A-KW303F）

4.2.3　破坏模式判别标准

在对不同参数网壳破坏过程及稳定性进行深入分析的基础上，给出了单层网壳不同破坏模式（脆性破坏与延性破坏）的判别标准。

结构最大位移点的荷载-位移曲线不仅表征了结构的延性，同时其斜率K的变化也体现了结构在荷载作用下竖向刚度的退化过程。通过对加载初始阶段（结构极限承载力的 $1/100 \sim 1/50$）结构荷载-位移曲线求导可得到结构的弹性刚度K_E；将结构破坏前一刻的荷载、位移坐标(F_u, u_{max})与坐标轴原点连线，该曲线可认为是另一处在弹性阶段网壳的荷载-位移曲线，其斜率可定义为原结构的等效弹性刚度K_{eq}。等效弹性刚度与弹性刚度的比值K_{eq}/K_E可体现出结构的延性及刚度退化程度（图 4-61a）。此外，根据上文的应力发展曲线可知，不同失效模式下杆件中轴向应力与沿壳面外和面内的弯曲应力的发展趋势显著不同，因而结构极限承载力时刻进入塑性杆件截面中弯曲应力与轴应力的比值σ_M/σ_N可用来指导判别结构的破坏模式。

表 4-18 中给出了所有算例的计算结果，由于网壳主要受轴力和壳面外的弯矩，因此取壳面外的弯曲应力（σ_{M_s}）计算杆件应力比值。由表可知，当结构发生"整体屈曲"时，K_{eq}/K_E通常小于 0.8，σ_{M_s}/σ_N通常大于 1/8（由于底部杆件屈曲失效发生时最大位移点附近杆件未进入塑性，统计意义不大，用"—"表示；当$\sigma_{M_s}/\sigma_N < 1/100$时，用"→0"表示），此类网壳具有较大延性，同时由于杆件内几乎不存在沿壳面内方向的弯曲应力，不易发生杆件

失稳，因此，本节将满足$K_{eq}/K_E \leqslant 0.8$且$\sigma_{Ms}/\sigma_N \geqslant 1/8$的单层球面网壳判别为延性破坏。当结构仅满足上述一个条件时，则需要继续进行判别。

当$K_{eq}/K_E \leqslant 0.8$，$\sigma_{Ms}/\sigma_N < 1/8$时，结构发生"局部杆件屈曲失效"。若临近极限承载力时杆件沿壳面内弯曲应力突增，则说明极限承载力时刻杆件已发生弯扭失稳，取杆件失稳前一时刻的荷载F_c、位移u_c可计算得到修正后的等效弹性刚度K_{eqc}（图4-61b），若$K_{eqc}/K_E \leqslant 0.8$，则结构判别为延性破坏，若$K_{eqc}/K_E > 0.8$，则为脆性破坏（算例A-KW803H，其中括号内数值为K_{eqc}/K_E）；若杆件绕弱轴弯曲应力未发生突增，则说明极限承载力时刻杆件处于发生扭转破坏的临界状态，此时由于结构已经产生较大变形，体现出较强延性，故此情况属于延性破坏。

当$K_{eq}/K_E > 0.8$，$\sigma_{Ms}/\sigma_N \geqslant 1/8$时，杆件内弯曲应力较大，结构通常发生"整体屈曲"，但是由于网壳竖向刚度分配均匀，结构变形对刚度削弱较大，使得结构在发生较小变形时便发生整体屈曲，破坏具有突然性（算例A-TW508F、A-TW805H），故此类结构判定为脆性破坏。

对上述判别标准进一步简化，可以通过修正等效弹性刚度K_{eqc}与结构弹性刚度K_E的比值，即结构刚度比值k_r表征结构延性，若$k_r > 0.8$，则网壳发生脆性破坏，若$k_r \leqslant 0.8$，则网壳发生延性破坏。

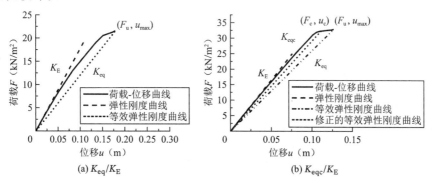

图4-61 破坏模式判别方法

4.2.4 钢和铝合金网壳静力稳定性对比

表4-18给出了各算例失效模式与破坏模式的判别结果，对比不同类型的铝合金网壳的失效模式可知，K6-联方型网壳主要以底部杆件屈曲失效为主，三向网格型网壳和K6型网壳中跨度较小，矢跨比较大的算例主要发生局部杆件屈曲失效，而跨度较大、矢跨比较小的算例则可能发生整体屈曲。结合上文对各失效模式破坏机理的阐述进行分析，K6-联方型网壳中结构底部采用联方网格，刚度相对较低，因而结构底部变形相对较大，易导致底部杆件屈曲；三向网格型单层球面网壳中各杆件长度接近，网壳刚度分布十分均匀。对于跨度较小、矢跨比较大的网壳，结构竖向刚度较大，大部分杆件以受轴力为主，弯矩很小，随荷载增加，局部杆件易出现全截面受压屈服，进而发生弯扭失稳并导致结构失效；K6型网壳传力路径明确，主肋及附近杆件承受较大轴力并最先全截面受压屈服，因此其失效模式也以局部杆件屈曲失效为主。对于跨度较大、矢跨比较小的各类网壳，由于其竖向刚度

较小，结构在承载过程中变形较大，凹陷处壳面刚度退化严重，杆件中轴力占比逐渐降低而弯矩不断增加，因而结构易发生整体屈曲。

在此基础上对比铝合金和钢网壳计算结果，对于 K6-联方型网壳，活荷载半跨分布时钢网壳较铝合金网壳更易发生局部杆件屈曲失效，其主要原因一是由于钢材弹性模量是铝合金的 3 倍，在加载过程中钢网壳底部受拉环杆变形更小，产生的 P-Δ 效应更小；二是圆管截面杆件的受压稳定性显著优于强弱轴惯性矩相差悬殊的 H 形截面构件。以上两点因素共同作用，使得钢网壳底部斜杆不易发生弯扭破坏，因而活荷载半跨分布下结构中局部受轴压力较大的杆件首先发生失稳。对于三向网格型网壳，活荷载满跨分布时钢网壳较铝合金网壳更易发生底部杆件屈曲失效，这亦是由于圆钢管较 H 形铝合金杆件具有更优良的稳定性能，因此在很大程度上避免了结构中部局部杆件发生受压失稳。

通过对比所有算例的破坏模式，可以得到钢网壳中发生延性破坏的算例明显多于铝合金网壳，且对比相同算例，大部分钢网壳的结构刚度比小于铝合金网壳。这说明单层铝合金网壳的稳定性问题更加突出，值得进一步深入研究。

各算例失效模式与破坏模式判别结果　　　　表 4-18

铝合金网壳（A）				钢网壳（S）			
算例编号	K_{eq}/K_E（k_r）	σ_{Ms}/σ_N	失效模式	破坏模式	算例编号	K_{eq}/K_E（k_r）	σ_{Ms}/σ_N	失效模式	破坏模式
A-KL303F	0.90	—	BMB	脆性	S-KL303F	0.97	—	BMB	脆性
A-KL303H	0.92	→0	LMB	脆性	S-KL303H	0.43（0.88）	1/5.3	LMB	脆性
A-KL305F	0.90	—	BMB	脆性	S-KL305F	0.85	—	BMB	脆性
A-KL305H	0.95	—	BMB	脆性	S-KL305H	0.50（0.67）	1/19.4	LMB	脆性
A-KL307F	0.91	—	BMB	脆性	S-KL307F	0.79	1/3.1	GB	延性
A-KL307H	0.89	—	BMB	脆性	S-KL307H	0.84	1/45.7	LMB	脆性
A-KL503F	0.89	—	BMB	脆性	S-KL503F	0.94	—	BMB	脆性
A-KL503H	0.90	1/42.1	LMB	脆性	S-KL503H	0.46（0.83）	1/7.3	LMB	脆性
A-KL505F	0.86	—	BMB	脆性	S-KL505F	0.75	—	BMB	延性
A-KL505H	0.90	→0	LMB	脆性	S-KL505H	0.84	→0	LMB	脆性
A-KL507F	0.74	1/1.9	GB	延性	S-KL507F	0.76	1/4.0	GB	延性
A-KL507H	0.83	→0	LMB	脆性	S-KL507H	0.90	→0	LMB	脆性
A-KL803F	0.93	—	BMB	脆性	S-KL803F	0.94	—	BMB	脆性
A-KL803H	0.93	1/41.4	BMB	脆性	S-KL803H	0.93	→0	LMB	脆性
A-KL805F	0.87	—	BMB	脆性	S-KL805F	0.86	—	BMB	脆性
A-KL805H	0.93	—	BMB	脆性	S-KL805H	0.89	→0	LMB	脆性
A-KL807F	0.80	—	BMB	延性	S-KL807F	0.77	1/2.4	GB	延性
A-KL807H	0.88	—	BMB	脆性	S-KL807H	0.86	→0	LMB	脆性
A-TW305F	1.03	1/22.1	LMB	脆性	S-TW305F	1.00	—	BMB	脆性
A-TW305H	0.96	1/24.9	LMB	脆性	S-TW305H	0.57（0.83）	1/17.9	LMB	脆性

铝合金网壳（A）					钢网壳（S）				
算例编号	K_{eq}/K_E （k_r）	σ_{Ms}/σ_N	失效模式	破坏模式	算例编号	K_{eq}/K_E （k_r）	σ_{Ms}/σ_N	失效模式	破坏模式
A-TW307F	0.79	1/4.4	LMB	延性	S-TW307F	1.00	—	BMB	脆性
A-TW307H	0.81	1/5.2	LMB	脆性	S-TW307H	0.74（0.81）	1/65.6	LMB	脆性
A-TW505F	1.04	—	BMB	脆性	S-TW505F	1	—	BMB	脆性
A-TW505H	0.89	→0	LMB	脆性	S-TW505H	0.92	1/42.9	LMB	脆性
A-TW507F	0.94	1/3.3	GB	脆性	S-TW507F	1.02	—	BMB	脆性
A-TW507H	0.68	1/7.3	GB	延性	S-TW507H	0.87	→0	LMB	脆性
A-TW805F	1.00	—	BMB	脆性	S-TW805F	1.01	—	BMB	脆性
A-TW805H	0.89	1/4.6	GB	脆性	S-TW805H	0.68	→0	LMB	延性
A-TW807F	0.50	1/1.6	GB	延性	S-TW807F	1.02	1/3.3	GB	延性
A-TW807H	0.59	1/3.3	GB	延性	S-TW807H	0.91	—	BMB	脆性
A-KW303F	0.94	1/28.6	LMB	脆性	S-KW303F	0.94	→0	LMB	脆性
A-KW303H	0.94	—	LMB	脆性	S-KW303H	0.88	1/5.1	LMB	脆性
A-KW305F	0.96	→0	LMB	脆性	S-KW305F	0.95	→0	LMB	脆性
A-KW305H	0.89	→0	LMB	脆性	S-KW305H	0.72	1/43.7	LMB	延性
A-KW307F	0.80	1/6.8	GB	延性	S-KW307F	0.77	1/4.9	GB	延性
A-KW307H	0.79（0.88）	→0	LMB	脆性	S-KW307H	0.60	1/2.2	GB	延性
A-KW503F	0.95	—	LMB	脆性	S-KW503F	0.83	→0	LMB	脆性
A-KW503H	0.93	1/65.7	LMB	脆性	S-KW503H	0.84	1/56.2	LMB	脆性
A-KW505F	0.97	1/75.2	LMB	脆性	S-KW505F	0.96	1/58.4	LMB	脆性
A-KW505H	0.85	→0	LMB	脆性	S-KW505H	0.72	1/14.7	LMB	延性
A-KW507F	0.70	1/3.4	GB	延性	S-KW507F	0.72	1/4.4	GB	延性
A-KW507H	0.87	→0	LMB	脆性	S-KW507H	0.63	1/1.9	GB	延性
A-KW803F	0.93	1/22.3	LMB	脆性	S-KW803F	0.96	→0	LMB	脆性
A-KW803H	0.86	→0	LMB	脆性	S-KW803H	0.80	1/40.6	LMB	延性
A-KW805F	0.97	1/10.5	LMB	脆性	S-KW805F	0.90	1/71.3	LMB	脆性
A-KW805H	0.84	1/98.6	LMB	脆性	S-KW805H	0.78	1/12.4	LMB	延性
A-KW807F	0.56	1/1.2	GB	延性	S-KW807F	0.73	1/3.9	GB	延性
A-KW807H	0.59	1/3.9	GB	延性	S-KW807H	0.52	1/1.4	GB	延性

第5章 铝合金网壳结构抗震性能研究

5.1 铝合金单层球面网壳振动台试验

5.1.1 振动台试验设计

5.1.1.1 原型结构与试验模型相似比

（1）原型结构概况

本研究采用缩尺模型进行试验。相似理论表明，两个相似的物理过程之间存在着物理相似关系。这体现在原型结构与模型的相似度上。拟研究的原型结构为跨度$L = 60$m、矢跨比$f/L = 1/7$的kiewitt-6（K6）型单层球面网壳（图5-1）。经有限元计算，原型结构在静载作用下的最大竖向位移为7mm，明显低于《空间网格结构技术规程》JGJ 7—2010规定跨度的1/400即150mm。通过对网壳原型结构的全方位分析，得到了网壳在恒荷载和活荷载组合作用下的稳定极限承载力和网壳的允许承载力。前者与后者之比为安全系数K，表示结构的安全冗余度。计算出的安全系数K为22.7。

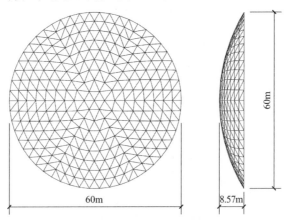

图 5-1　原型结构的俯视图和侧视图

（2）相似比系数

原型结构的节点和杆件数目较多，若严格按照原型结构的节点和杆件数目来制作缩尺模型难度很大。所以设计试验模型时，要依据试验目的与试验条件选取合适的相似比关系，使得模型试验既能较为真实地反映原型结构的状态，又能达到既定的试验目的，同时方便制作加工。在进行振动台试验相似设计时，除考虑长度和力这两个基本物理量外，还需考虑时间这一基本物理量，而且结构的惯性力常常是作用在结构上的主要荷载。

由结构动力学基本方程式(5-1)可以看出，动力问题中要模拟惯性力、阻尼力和恢复力三种力，因而对模型材料的弹性模量、密度有严格的要求。

$$m\left[\ddot{x}(t) + \ddot{x}_g(t)\right] + c\dot{x}(t) + kx(t) = 0 \tag{5-1}$$

参照相似关系理论和量纲分析法中的要求，动力方程各物理量的相似关系满足下式：

$$S_m\left(S_{\ddot{x}} + S_{\ddot{x}_g}\right) + S_c S_{\dot{x}} + S_k S_x = 0 \tag{5-2}$$

根据量纲协调原理，基本相似常数（弹性模量、密度、长度、加速度相似常数）之间的关系式表达如下：

$$S_\rho S_l^3(S_a + S_a) + S_E\sqrt{\frac{S_l^3}{S_a}}\sqrt{S_l S_a} + S_E S_l^2 = 0 \tag{5-3}$$

$$\frac{S_E}{S_\rho S_a S_l} = 1 \tag{5-4}$$

式(5-3)和式(5-4)为振动台试验动力学问题物理量相似常数需满足的相似要求。根据固定在振动台上作为放大的台面，选取缩尺模型与原型结构的长度相似常数S_l为 1：15，并根据式(5-4)推导出各相似比常数，详细的相似比常数列于表 5-1，其中包括理论上的相似等式关系和实际模型的相似比取值。考虑到如果完全按照相似比常数进行缩尺，模型安装和杆件连接比较困难，因此缩尺模型的环数、杆件长度和杆件截面面积并没有按照表中的试验相似比进行取值。

缩尺模型各相似比常数 表 5-1

类型	相似物理量	量纲	理论相似关系	试验相似比取值
几何性能	长度l	L	S_l	1/15
	面积A	L^2	$S_A = S_l^2$	$(1/15)^2$
	线位移x	L	$S_x = S_l$	1/15
	角位移θ	—	1	1
	惯性矩I	L^4	$S_I = S_l^4$	$(1/15)^4$
材料性能	弹性模量E	FL^{-2}	S_E	1
	泊松比ν	—	1	1
	应力σ	FL^{-2}	$S_\sigma = S_E$	1
	应变ε	—	1	1
	质量密度ρ	FT^2L^{-4}	$S_\rho = S_E/(S_l S_a)$	15
荷载	面荷载q	FL^{-2}	$S_q = S_E$	1
	线荷载ω	FL^{-1}	$S_\omega = S_E S_l$	1/15
	集中荷载P	F	$S_P = S_E S_l^2$	$(1/15)^2$
	力矩M	FL	$S_M = S_E S_l^3$	$(1/15)^3$
动力特性	加速度a	LT^{-2}	S_a	1
	速度υ	LT^{-1}	$S_v = (S_l S_a)^{1/2}$	$(1/15)^{1/2}$

类型	相似物理量	量纲	理论相似关系	试验相似比取值
动力特性	时间 t	T	$S_t = (S_l/S_a)^{1/2}$	$(1/15)^{1/2}$
	频率 f	—	$S_f = (S_a/S_l)^{1/2}$	$15^{1/2}$
	刚度 k	FL^{-1}	$S_k = S_E S_l$	$1/15$
	阻尼 c	FL^{-1}T	$S_c = S_E S_l (S_l/S_a)^{1/2}$	$(1/15)^{3/2}$
	质量 m	FL^{-1}T^2	$S_m = S_E S_l^2/S_a$	$(1/15)2$

5.1.1.2 模型设计与安装

在模型设计过程中，如果根据面积相似比确定构件的截面尺寸，则 H 形截面的厚度极小，导致连接薄弱。同时，原型结构的设计是为了缩小规模，但构件的长度太小而无法连接。所以将缩尺模型的环数简化为三个环。原型结构与试验模型构件的长细比设计相似，构件的临界应力基本相等。在设计动力试验模型时优先考虑惯性矩相似比和频率相似比。最终选取缩尺模型跨度为 4m，矢高为 0.57m，矢跨比为 1/7，环数为 3 的 kiewitt-6（K6）单层网状穹顶（表 5-2）。

测试模型和原型结构之间的相似比　　　　　　　　　表 5-2

相似参数	数值
长度（S_l）	1/15
弹性模量（S_E）	1.0
应力（S_σ）	1.0
加速度（S_a）	1.0
时间（S_t）	$1/\sqrt{15}$
密度（S_ρ）	1.0
面荷载（S_q）	1.0
惯性力矩（S_I）	1/154
频率（S_f）	$\sqrt{15}$

（1）杆件设计

根据相似比理论计算所使用的试验模型尺寸、节点数和构件截面构型如表 5-3 和图 5-2 所示。此外，为了保证模型安装时的安全性，以及连接的强度，增加了第三环中对角构件和径向构件的截面尺寸。这些构件的翼缘宽度在连接区域为 28mm，中间部分为 16mm（图 5-2）。

网壳模型通过支座连接件与钢梁固定铰接。钢梁由环钢梁及长条钢梁组成，通过螺栓固定在振动台上，图 5-3 为试验模型示意图。

铝合金单层网壳结构的模型信息对比　　　　　　　　表 5-3

结构	原型	缩尺模型
跨度（L）	60m	4m
矢高（f）	8.57m	0.57m

续表

结构	原型	缩尺模型
高跨比（f/L）	1/7	1/7
截面尺寸	H520 × 520 × 12 × 20	H28 × 28 × 1.5 × 2.5 H38 × 38 × 2 × 3 H28 × 16 × 1.5 × 2.5
荷载	1.0kN/m²（面荷载）	φ250mm，64kg（节点集中质量）
材料	6063-T6 铝合金挤压型材	6063-T6 铝合金挤压型材

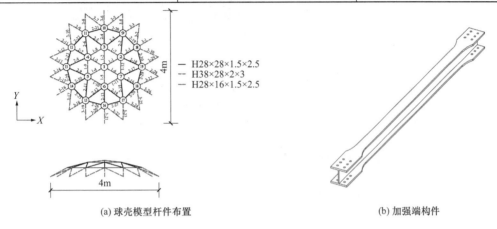

(a) 球壳模型杆件布置   (b) 加强端构件

图 5-2　球壳模型杆件

图 5-3　球壳试验模型示意图

（2）节点设计

节点采用实心球节点，考虑到铝合金杆件焊接后的强度大大降低，H 形杆件与实心节点球采用扁圆头开口抽芯铆钉与焊接到球体上的钢板连接，材质为 304 不锈钢，选用直径 4.8mm 和 3.2mm 的铆钉（图 5-4），分别用于实心球与 H38 和 H28 杆件连接。经过强度验算，保证铆钉不先于杆件破坏。为防止杆件端部因翼缘开孔导致的连接强度削弱过大，同时符合抗震设计中的"强节点弱构件"原则，将第一环的杆件设计成"翼缘两端宽中段细"的形式，端部翼缘宽度为 28mm，中段截面翼缘宽度为 16mm。根据端部翼缘宽度将前者记为 H28，后者记为 H38。图 5-5 为 H28 × 16 × 1.5 × 2.5 杆件图。模型中杆件长度分为 8 种，将挤压好的铝合金型材切割为所需长度，并在杆件两端开孔，用于铆钉连接。对 H28 杆件与 H38 杆件采用不同的开孔尺寸，具体开孔尺寸见图 5-6。

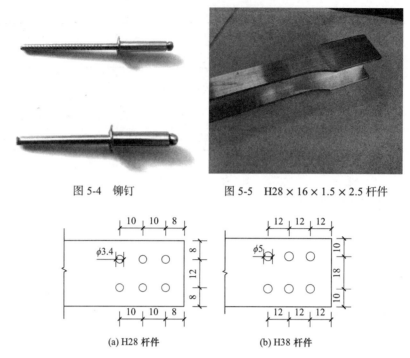

图 5-4 铆钉   图 5-5 H28 × 16 × 1.5 × 2.5 杆件

(a) H28 杆件   (b) H38 杆件

图 5-6 杆件开孔位置及尺寸

在振动台试验中，模型的配重是一个很重要的参数，合适的配重才能真实反映原型结构的动力响应。原型结构为 60m 跨度单层网壳结构，网壳及屋面板自重为 0.75kN/m²，雪荷载为 0.5kN/m²。地震作用下的网壳原型的重力荷载代表值为(0.75 + 0.5 × 0.5) × 60² × π/4 = 2827.4kN。由于面荷载相似系数为 1∶1，这意味着可以用实际屋面板加载，但是屋面板与节点固定连接会显著增加模型刚度，不固定连接又容易和节点产生相对错动，严重影响试验结果。所以，本试验将结构杆件自重和屋面荷载凝聚到节点上。根据相似理论，由 $S_\rho = 15$ 可以推出模型每个节点的配重为 2827.4 × 1000/9.8 × (1/15² − 1/15³)/19 = 63kg。且为保证配重块在各方向的转动惯量相同，采用直径为 250mm、重量为 64kg 的实心钢球节点模拟屋面质量。为方便连接，在节点球垂直于杆件轴线切削平面，通过焊接钢板与 H 形铝合金杆件铆钉连接（图 5-7a）。图 5-7（b）和（c）分别为实心球节点图和耳板与杆件的铆钉连接图。为方便节点球定位安装，设计了 3 种高度的节点支托，支托上端与实心球节点通过螺栓连接（图 5-7d）。

(a) 焊接钢板

(b) 实心球节点及耳板

(c) 耳板与杆件铆钉连接   (d) 支托与节点球连接

图 5-7 球节点连接与节点支托

（3）数值模拟研究缩尺方法的合理性

为探究简化网格处理和采用大实心球节点对球面网壳模型抗震性能的影响，分别对严格缩尺设计的球壳模型与试验缩尺模型进行数值模拟计算。严格缩尺设计的球壳模型中每个节点的质量仅为 4kg，节点转动惯量对结构响应影响很小。而缩尺模型中配重与节点凝聚成一体后，大质量的实心球节点带来明显的尺寸效应和大转动惯量，使得其抗震极限承载力相比于严格缩尺设计的模型明显降低。但是，原型结构与试验缩尺模型二者最终倒塌失效都是由于 H 形杆件强弱轴惯性矩相差太大导致的受压失稳破坏，塑性发展均集中在环向杆件（图 5-8）。因此，简化网格处理和大质量实心球节点仅对结构抗震承载力造成影响，而无法改变结构失效形式。

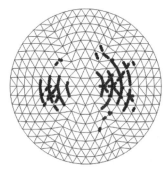
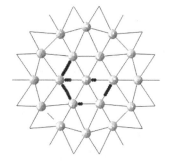

(a) 严格缩尺设计的球壳模型   (b) 试验缩尺球壳模型

图 5-8 简化前后的球壳模型塑性分布

（4）模型安装

1）钢梁与连接件

在模型试验中为使网壳模型底部与振动台台面连接固定，需要加工一个刚度相对网壳很大的钢梁，使用高强度螺栓把钢梁与振动台固定连接成整体。同时考虑到模型缩小的倍数越小，模型试验就越能反映原型结构的实际工作性能，本试验利用钢梁适当地放大振动台台面的尺寸至 4m，钢梁由钢环梁和井字形钢梁组成，二者上下搭接并焊接，形成整体后通过螺栓连接固定在振动台上，钢梁截面尺寸为 160mm × 160mm × 8mm。模型支座设计为铰接，网壳端部杆件首先与连接件铆接在一起，利用高强度螺栓连接连接件上的主耳板与焊接在钢环梁上的次耳板。图 5-9 为钢梁和支座连接件。

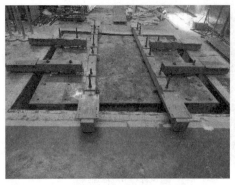
(a) 固定在振动台上的井字形钢梁

(b) 钢环梁

(c) 支座连接件与钢梁铰接

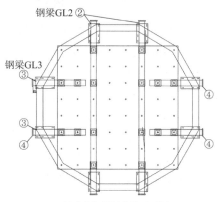
(d) 振动台与钢梁定位平面图

图 5-9　钢梁与支座连接件

2）模型组装

由于单层球面网壳对初始缺陷很敏感，为了保证模型加工的精度，更好地对网壳节点进行定位，首先利用节点支托将节点球定位并撑起至设计高度，将开孔的杆件安装至指定位置并与节点球铆接，期间使用全站仪确定并修正节点位置。采用从中央到四周逐环拼装的外扩施工法，拼接顺序是从顶点开始拼装，利用三角形的稳定性，绕环向顺时针不断拼装出三角形网格，从第一环网格往外环逐渐进行。支座连接件一端与最外环杆件通过铆钉连接，另一端的主耳板与焊接在钢梁上的次耳板利用高强度螺栓作为销轴实现铰接。拼装完成后，去除节点支托。详细的球壳模型拼装过程见图 5-10。

(a) 拼装第一环杆件

(b) 拼装第二环杆件

 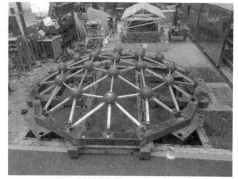

(c) 拆除节点支托前　　　　　　　　　　　(d) 拆除支托后放置于振动台

图 5-10　球壳模型拼装过程

3）模型节点坐标

为了后续在数值模拟中做到精细化建模分析，试验模型加工组装完毕后，使用全站仪对拆除节点支托后网壳节点位置分别进行测量。通过测量球面上不共面的四点坐标求出节点球心坐标，并计算误差。将拆除节点支托后的测量结果列于表 5-4。X 向的节点坐标最大偏差是 13mm，为网壳模型跨度的 0.325%，平均偏差是 4mm，为网壳模型跨度的 1/1000。Y 向节点最大偏差为 13mm，为网壳模型跨度的 0.325%，平均偏差为 4mm，约为网壳模型跨度的 1/1000。Z 向的节点坐标最大偏差是 11mm，约为网壳模型跨度的 0.275%，平均偏差为 5mm，约为网壳模型跨度的 1/800，在试验容许范围内。

节点球心坐标数据　　　　　　　　　　　　　　　表 5-4

节点编号	实测坐标（mm）			理论坐标（mm）			节点偏差（mm）		
	X	Y	Z	X_0	Y_0	Z_0	ΔX	ΔY	ΔZ
1	−2	1879	517	0	1882	512	−2	−3	5
2	601	2229	448	605	2231	447	−4	−2	1
3	7	2582	444	0	2580	447	7	1	−4
4	−601	2228	449	−605	2231	447	4	−3	1
5	−603	1533	449	−605	1533	447	1	0	1
6	2	1188	448	0	1184	447	2	4	1
7	602	1531	453	605	1533	447	−3	−2	5
8	1175	2568	247	1189	2568	255	−13	0	−8
9	697	3065	251	686	3071	255	11	−6	−4
10	0	3253	251	0	3255	255	0	−2	−4
11	−688	3064	265	−686	3071	255	−1	−7	11
12	−1184	2555	264	−1189	2568	255	5	−13	9
13	−1362	1887	260	−1373	1882	255	11	5	6
14	−1186	1193	257	−1189	1196	255	3	−3	2
15	−682	698	244	−686	693	255	4	5	−11

续表

节点编号	实测坐标（mm）			理论坐标（mm）			节点偏差（mm）		
	X	Y	Z	X_0	Y_0	Z_0	ΔX	ΔY	ΔZ
16	0	517	250	0	509	255	0	8	−5
17	688	698	251	686	693	255	2	4	−4
18	1188	1201	243	1189	1196	255	−1	6	−11
19	1371	1884	249	1373	1882	255	−2	2	−6

5.1.1.3　加载装置及测量系统

（1）振动台简介

试验在北京工业大学结构工程试验室的台面尺寸为 3m×3m 的振动台上完成。该振动台振动方向为双向水平，其采用 1 台 MTS 公司油源，流量 350L/min。水平向采用 MTS 公司作动器激振，采用 MTS 公司的 TestStar-Ⅱ控制器，在其前段加设加速度控制装置。该振动台的主要性能参数见表 5-5。

北京工业大学试验室振动台主要性能参数　　　　表 5-5

技术参数	A 台
台面尺寸（m×m）	3.0×3.0
最大试件质量（t）	10
台面自重（t）	6
最大抗倾覆力矩（kN·m）	300
工作频率范围（Hz）	0.4～50
最大位移（mm）	X：±120；Y：±100
最大速度（mm/s）	X：±600；Y：±600
最大加速度（g）	X：±1.0；Y：±1.0

（2）测量和采集系统简介

数据采集系统采用德国生产的 imc 数据采集系统，型号为 busDAQ-X-ET 的动态采集仪模块，可以测量应变、加速度及位移等信号，采集频率可以达到 1000Hz。应变计采用 BX120-3AA，加速度计型号为 KD1050L 压电式加速度传感器。位移计采用松下生产的 HG-C1200 型和 HG-C1400 型两种激光位移传感器。

5.1.1.4　测点布置

试验的主要目的是获得铝合金单层球面网壳结构在地震作用下的动力响应，如杆件应变、节点位移和加速度等。在试验过程中利用位移计、加速度计和应变计测量了模型的位移响应、加速度响应和动应变响应。

（1）应变片布置

在模型中共布置了 48 个应变片，在球壳的三环内都有分布。考虑在网壳第一环以及沿加载方向的杆件受力较大，故布置较多的应变片重点监测，具体布置方式见图 5-11。应变片在构件中的放置方案有 5 种，分别为 S1～S5（图 5-12）。测点的详细布置见表 5-6。应变片配置方案中，S1 用于测量构件的轴向应变以及沿弱轴弯曲产生的应变，S2 和 S3 用于测量构件末端的弯曲应变。在振动台上设置 Y 方向加速度计和激光位移计，监测地面运动的输入。需要注意的是，由于采集装置的定量限制，测量点主要布置在动态响应较大的第一环区域，主径向肋沿加载方向。

应变测点详细布置 表 5-6

应变计布置	
杆件编号	应变片配置方案
1-10，1-11	S1
1-5	S2
2-13，3-16	S3
1-4，1-7，1-8，2-12	S4
2-26	S5

应变片命名规则：

1）i-j-k 其中 i-j 为杆件编号，k 表示应变片位置编号。

2）应变片位置编号由节点号小的指向大的。

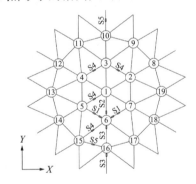

图 5-11 应变测点布置图

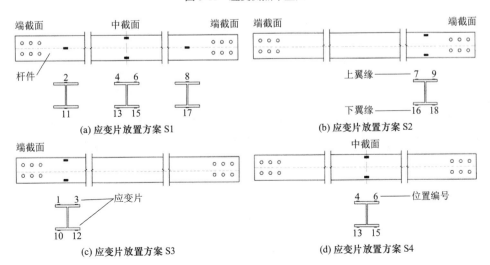

(a) 应变片放置方案 S1

(b) 应变片放置方案 S2

(c) 应变片放置方案 S3

(d) 应变片放置方案 S4

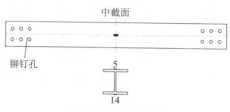

(e) 应变片放置方案 S5

图 5-12　应变片放置方案

（2）位移传感器布置

位移测点布置如图 5-13 所示，共布置 8 个激光位移计。沿X、Y向水平布置 4 个激光位移计，沿南北向水平布置 1 个激光位移计，其中两个水平向激光位移计用于测量振动台沿东西向和南北向的位移。根据有限元计算结果，在响应较大的节点处布置了竖向位移计。位移计编号命名方法为Di-j(k)：i表示节点编号，j表示X、Y、Z三个方向中的一个，k表示采集设备的通道编号。

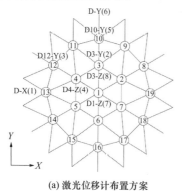

(a) 激光位移计布置方案

(b) 激光位移计

图 5-13　激光位移计布置图

（3）加速度传感器布置

加速度传感器布置如图 5-14 所示。加速度传感器共布置了 22 个。在钢梁X向和Y向各布置 1 个，监测校正台面加速度。其余加速度计均用来监测网壳各节点的加速度。命名方法为Ai-Z(j)：节点i在Z向的加速度、采集通道编号为j。

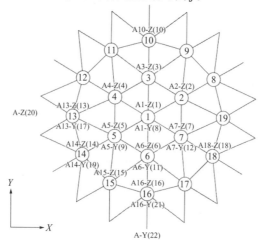

图 5-14　加速度传感器布置图

5.1.1.5 地震波及加载方案

（1）试验施加地震波

本试验旨在研究水平地震作用下的铝合金单层球壳的抗震性能，故采用水平向地震动进行加载。考虑到网壳模型的自振特性，除了振动台的有限能力外，所选地震记录要求结构具有显著的动力响应。同时，根据模型设计确定的时间相似比和加速度相似比对所选的加速度时程曲线进行修正。考虑到这些因素，本试验选取 Taft 地震波（南北向）、El Centro 地震波（南北向）和 Manjil 地震波（东西向）作为输入地震动，持续时间必须修正为原始记录的次数。在缩尺动力模型试验中，输入的地震波需要先进行时间压缩处理，时间压缩比严格按照相似理论计算，即 $\frac{1}{\sqrt{15}}$。

（2）试验加载方案

根据《建筑抗震试验规程》JGJ/T 101—2015 规定，对模型结构进行振动台试验，宜采用多次分级加载形式。荷载输入顺序如表 5-7 所示，分为弹性阶段、弹塑性阶段。前者采用振动台试验，在 0.1g～0.6g 三种不同峰值加速度的地震波作用下进行试验。根据试验设计中的数值分析结果可知，在地震动幅值达到 0.6g 之前，网壳模型保持完全弹性。然后进行弹塑性阶段试验，输入修正后的给定振幅的 Taft 地震波。各工况下 PGA 逐渐增大，网壳模型由弹性阶段转向塑性阶段。在此之前，先进行宽频率范围、低振幅的白噪声激励，提取试验罩的自振特性，以确定其力学状态。

荷载输入顺序 表 5-7

试验阶段	地震波	时间相似比 S_t	PGA
弹性阶段	Taft	1/√15	0.1g 0.2g ... 0.6g
	Manjil		
	El Centro		
弹塑性阶段	Taft	1/√15	0.8g
			1.0g
			1.2g
			1.4g
			1.6g
			1.8g
			2.0g

5.1.2 自振特性分析

自由振动周期是铝合金网壳结构最重要的动力特性之一，它影响着结构在地震作用下的动力响应。因此，首先对试验模型的自振特性进行研究，激振器扫频激励如图 5-15 所示。试验过程中，白噪声频率为 0.1～50Hz，激发结构的振动模态。Brincker 和 Zhang（2000）

应用频域分解（FDD）技术提取结构的动态特性。该方法首先根据实测加速度计算出交叉功率谱密度（CPSD）矩阵，然后利用奇异值分解（SVD）技术在每个频率点分解出奇异值和奇异向量。通过奇异值图的峰值确定结构的固有频率。因此，振动模态振型由其相应的固有频率的奇异向量得到。据此，得到试验模型的前6阶模态参数（表5-8）。采用FDD技术得到的网壳模型的前3阶模态振型如图5-16所示，其中前2阶模态振型受水平变形控制，第3阶模态受垂直变形控制。

(a) 激振器扫频激励   (b) 激振点位置

图 5-15 激振器扫频激励

网壳模型实测自振频率 表 5-8

	1 阶	2 阶	3 阶	4 阶	5 阶	6 阶
实测频率（Hz）	16.11	16.49	16.60	17.58	18.07	18.63
阻尼比	0.022	0.022	0.015	0.014	0.013	0.011

(a) 实测第1阶振型   (b) 实测第2阶振型   (c) 实测第3阶振型

图 5-16 实测球面网壳模型自振模态

5.1.3 弹性阶段试验现象与分析

5.1.3.1 试验现象

在弹性阶段，分别对模型输入 Taft、El Centro 和 Manjil 地震动，当台面输入的加速度峰值（PGA）较小时，网壳各节点轻微振动，模型随着振动台台面平动，结构自身没有明显变化。当输入的荷载幅值大于 0.6g时，结构发生明显振动，表现为节点和杆件发生竖向振动，尤其是网壳中部第一环节点的竖向位移明显，且随着地震波幅值增大，网壳的响应明显增大。尽管如此，待地震动加载结束，节点的振动很快停止且回到初始位置，结构没有产生明显变形。同时，对比输入相同幅值的三条地震波，观察到 Taft 地震波产生的位移响应稍微大于其余两条地震波，且其在振动台台面产生的位移远小于另外两条地震波。图 5-17 给出 Taft 地震波加载时刻网壳的变形图，图中虚线为杆件轴线的初始位置，实线为网壳变形后杆件的轴线位置。网壳的最大变形发生在平行于加载方向的主肋上的一环节点处，形状基本呈反对称。

图 5-17　网壳变形图

5.1.3.2　加速度响应

（1）Taft-0.1g工况加速度响应

提取弹性阶段球壳模型分别加载三条地震波过程中的节点最大加速度（图 5-18），其中 A3Z 表示 3 号节点的Z向（即竖向）加速度。在水平地震作用下，网壳的竖向加速度响应和水平加速度响应处于同一数量级。因此，对于这类矢跨比较小的球面网壳，在抗震设计研究中不能忽视竖向地震的影响。另外，节点 3 的Z方向加速度响应高于节点 1 和节点 16 的响应；沿网壳加载方向的主肋节点 1、6、16 的竖向加速度响应最大值的比值为 1∶7.18∶4.56，第一环区域内的节点 1、5、6 的竖向加速度响应最大值的比值为 1∶2.81∶7.18。网壳的响应分布与结构第 1 阶模态一致，这说明输入的三个地震波激发结构的基频，产生共振。另外，节点 1 和节点 6 的Y方向加速度响应大于其余节点，而第一环内杆件截面是最小的，这意味着塑性将首先出现在第一环。节点 10 与节点 16 的竖向加速度响应最大值的比值为 1∶1.12，表明网壳结构的安装偏差会导致动力响应不均匀。

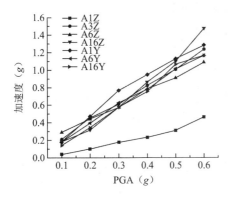

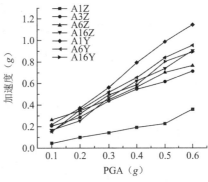

(a) Taft 波加载下各节点加速度响应　　　　　(b) El Centro 波加载下各节点加速度响应

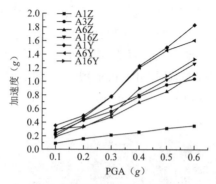

(c) Manjil 波加载下各节点加速度响应

图 5-18　地震波加载下各节点加速度响应

表 5-9 列出了所有加速度测点在加载 0.1g 加速度峰值的 Taft 地震动时的加速度响应最大值。可以看出，水平加速度响应最大出现在节点 6，而节点 1 的水平加速度响应略低于节点 6，说明网壳结构的加速度响应与单自由度体系不一样，并不是随着高度增加响应增大，其响应与结构模态有密切关系。将加速度响应显著的区域加粗显示并绘于图 5-19 中，可以发现加速度响应集中在平行加载方向的主肋和第一环区域。节点 5 与主肋上的节点 6 竖向加速度响应最大值的比值为 1∶2.57，从节点 16 绕环向顺时针至节点 13，共经过 3 个节点，竖向加速度响应较节点 16 依次降低 34%、40%、42%。由此可知，在同一环上，越靠近主肋的节点加速度响应越大。

工况 Taft-0.1g 节点加速度响应最大值（g）　　　　　　　表 5-9

节点	1	2	3	4	5	6	7
Y向	0.177	—	—	—	0.149	0.184	0.180
Z向	0.040	0.149	0.211	0.134	0.113	0.290	0.124
节点	10	13	14	15	16	18	
Y向	—	0.136	0.139	—	0.140	—	
Z向	0.165	0.106	0.110	0.122	0.184	0.095	

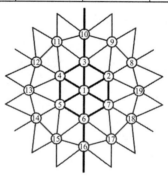

图 5-19　网壳模型加速度响应显著区域（加粗）

（2）地震动幅值对节点加速度影响

图 5-20 绘制了节点 1、6、16 的水平及竖向加速度响应最大值与地震动幅值的曲线。在相同的加速度峰值下，Manjil 地震动产生的节点 1、6、16 的水平加速度响应比 Taft 波和 El Centro 波大，而 Taft 地震动产生的节点 1、6、16 的竖向加速度响应比 Manjil 波和 El

Centro 波大。这表明 Taft 波能更显著地激发结构竖向振型，而 Manjil 波更多地激发出结构的水平振型。同时结合地震波的频谱曲线和节点的加速度响应可知，Manjil 地震波不仅激发了结构的基频，还激发了结构的高阶模态。而 Taft 地震波频谱的主成分与结构的基频更为接近，故在节点 6 处产生较大的竖向加速度响应。

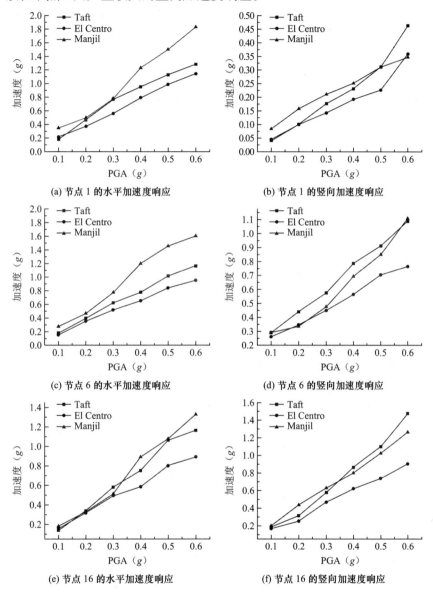

(a) 节点 1 的水平加速度响应   (b) 节点 1 的竖向加速度响应

(c) 节点 6 的水平加速度响应   (d) 节点 6 的竖向加速度响应

(e) 节点 16 的水平加速度响应   (f) 节点 16 的竖向加速度响应

图 5-20　节点加速度响应-PGA 曲线

5.1.3.3　位移响应

图 5-21（a）描述了弹性阶段的最大节点位移与地震动幅值的关系曲线，命名方法为 DiZ即节点i的Z方向位移。从图 5-21（a）可以看出，结构的变形主要集中在第一环上的节点 3 和第二环节点 10，二者都在沿着加载方向的主肋杆件上，这也与加速度的响应分布情况一致。在 PGA 为 0.6g的 Taft 地震动作用下，节点 3 的最大竖向变形为 2.05mm。因此，

将这种特定的竖向变形作为动力响应的指标之一，研究其在三种地震波作用下的最大值。如图 5-21（b）所示，在峰值加速度较小的情况下，网壳在三种地震波作用下的位移响应非常接近，但当输入加速度峰值逐渐增大时，Taft 地震波对网壳的影响最明显。在 0.6g 的地震动幅值下，Taft、El Centro 和 Manjil 波引起的节点 10 最大竖向位移比值为 2.28∶1∶1.43，表明单层球面网壳这类频谱密集的空间传力体系对输入地震动的频谱特性十分敏感，动力响应会因地震动不同而相差甚远，因此在抗震时程分析时需将结构频率与地震波的关系也纳入考虑范围。

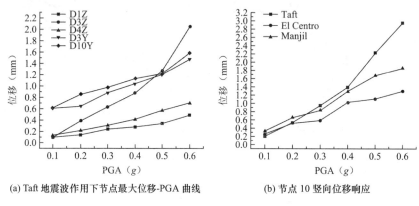

(a) Taft 地震波作用下节点最大位移-PGA 曲线　　(b) 节点 10 竖向位移响应

图 5-21　弹性阶段的节点位移响应

节点竖向位移最大值列于表 5-10，其中节点 1、3、4 的竖向位移均由激光位移计获取，其余由加速度计数据积分求得。最大竖向位移出现在节点 10 上，为 2.96mm，其次是节点 3、2、16、6，位移响应集中在第一环环杆上的六个节点以及加载方向的主肋节点。节点 1 的竖向位移最小，仅为 0.49 mm。节点在第一环和第二环上的最大垂直位移平均值分别为 1.14mm 和 1.33mm。从高度方向看，顶点、第一环和第二环的垂直位移比为 1∶2.32∶2.71。虽然球壳模型最外环的杆件刚度远大于其余部分杆件，但最外环所连接的节点变形却显著大于内环节点，支座附近的关键节点因承受上部荷载，其变形包含了上部质量惯性力导致的变形和自身结构壳体变形,故在抗震分析中不可粗略地由于区域刚度大就省略变形验算。虽然节点 3 与节点 6 处于对称位置上，但它们的竖向最大变形比值为 1.78∶1，这是由于安装偏差、结构初始缺陷、质量分布导致的。

工况 Taft-0.6g 节点竖向位移响应最大值（mm）　　　　表 5-10

节点	1	2	3	4	5	6	7
Z 向	0.49	1.66	2.05	0.70	0.66	1.15	0.61
节点	10	13	14	15	16	18	
Z 向	2.96	0.83	0.69	1.07	1.61	0.83	

5.1.3.4　应变响应

（1）网壳应力分布

统计了在三条地震波作用下，加速度峰值均为 0.6g 时的网壳杆件轴向应力最大值 σ_{Nmax}、强轴弯曲应力 σ_{Msmax} 以及弱轴弯曲应力 σ_{Mwmax}，列于表 5-11～表 5-13 中。在三条地震波作用时，网壳受力较大的杆件均为 1-5、1-10、2-12、2-13 和 2-26，集中在节点 6 附近。值得注意的是，以上杆件在绕强轴方向的弯曲应力明显大于轴向应力，尤其在 Taft 地震动输入时，σ_{Msmax} 与 σ_{Nmax} 的比值均在 1.4 以上，说明在水平地震作用下网壳杆件主要以受强轴弯矩为主，其次为轴力；杆件 1-5 和杆件 2-13 都是加载方向的主肋杆件，前者的轴向应力和强轴弯曲应力均大于后者，但弱轴弯曲应力却小于后者。虽然杆件 2-13 的轴力较小，但弱轴弯矩与强轴弯矩基本相等，这是由于节点安装偏差导致的杆件偏心受力造成的。对于第三环的杆件 3-21，其利用杆件的弯曲刚度承受上部的质量及竖向惯性力，故弯曲应力远大于轴向应力。

综上所述，以杆件类别进行讨论，肋杆 1-5、2-13 和 3-21 均呈现以受强轴方向弯矩为主、轴力和弱轴方向弯矩稍小的受力情况；环向杆 1-10 和 2-26 以受轴力和强轴方向弯矩为主，但环杆端部的弱轴方向弯矩明显大于中部；斜向杆件 2-12 主要承受轴力作用，同时由于偏心作用导致的弯矩作用亦不可忽视。

网壳杆件应力分布（Taft-0.6g） 表 5-11

杆件编号	σ_{Nmax}	σ_{Msmax}	σ_{Mwmax}	$\sigma_{Msmax}/\sigma_{Nmax}$	$\sigma_{Mwmax}/\sigma_{Nmax}$
1-5	10.82	19.10	8.63	1.76	0.80
1-10	21.38	29.87	8.08	1.40	0.38
2-12	15.25	—	10.68	—	0.70
2-13	7.58	13.25	13.33	1.75	1.76
2-26	14.14	6.32	—	0.45	—
3-21	2.18	4.36	—	2.00	—

网壳杆件应力分布（El Centro-0.6g） 表 5-12

杆件编号	σ_{Nmax}	σ_{Msmax}	σ_{Mwmax}	$\sigma_{Msmax}/\sigma_{Nmax}$	$\sigma_{Mwmax}/\sigma_{Nmax}$
1-5	9.34	13.25	8.55	1.42	0.91
1-10	13.91	22.52	5.85	1.62	0.42
2-12	12.60	—	13.67	—	1.08
2-13	4.96	15.21	8.03	3.07	1.62
2-26	9.40	8.72	—	0.93	—
3-21	1.67	3.33	—	2.00	—

网壳杆件应力分布（Manjil-0.6g） 表 5-13

杆件编号	σ_{Nmax}	σ_{Msmax}	σ_{Mwmax}	$\sigma_{Msmax}/\sigma_{Nmax}$	$\sigma_{Mwmax}/\sigma_{Nmax}$
1-5	12.19	18.20	10.68	1.49	0.88
1-10	23.24	27.26	6.24	1.17	0.27
2-12	16.32	—	11.71	—	0.72
2-13	9.57	21.19	9.06	2.21	0.95
2-26	11.45	7.78	—	0.68	—
3-21	2.73	5.47	—	2.00	—

（2）应变响应

由于杆件 1-10 最容易首先进入塑性，应变响应最大。选取在 Taft 地震波作用下杆件 1-10 的各测点应变响应，绘制应变响应随地震动幅值增大的变化曲线（图 5-22）。图 5-22（a）和（b）为应变测点 1-10-6 在不同地震波作用下的最大应变随加速度变化情况，可以发现应变响应基本随着地震动幅值增大而呈线性增长，且 Taft 地震波作用明显强于其他两条波。图 5-22（c）和（d）为杆件 1-10 上各应变测点在 Taft 地震波输入下的最大应变随加速度幅值递增的变化曲线，杆件应变远低于材料屈服应变；在相同的加速度峰值时，无论是最大拉应变还是最大压应变，杆件上翼缘的应变响应都显著大于下翼缘的应变响应，表明杆件 1-10 除了受轴力、弯矩作用外，还承受着扭矩作用，导致 H 形开口截面的上翼缘发生翘曲变形。可以推断，在水平地震作用下，网壳内由环向杆组成的环网格逐渐趋近于椭圆，从而使环向杆承受较大的面外弯矩和轴力。同时，网状穹顶显著的竖向变形进一步加深了环向杆的面外弯曲。因此，在抗震设计中，有必要优先考虑网壳环向杆的抗压稳定性。

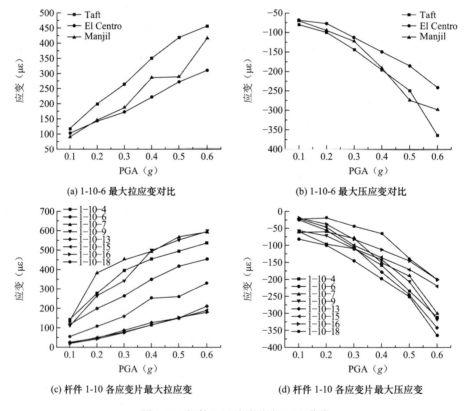

(a) 1-10-6 最大拉应变对比

(b) 1-10-6 最大压应变对比

(c) 杆件 1-10 各应变片最大拉应变

(d) 杆件 1-10 各应变片最大压应变

图 5-22　杆件 1-10 应变响应-PGA 曲线

5.1.4　弹塑性阶段试验现象与分析

5.1.4.1　试验现象

考虑到 Taft 地震波的响应大于其他两条地震波，并且在相同峰值加速度时振动台台面位移最小，结合台面的位移限值，采用 Taft 波输入进行弹塑性阶段试验加载，逐渐增大台面峰值加速度。该阶段使用 Taft 波一直加载至 2g，可以观察到随着地震波幅值的增大，结构的动力响应在逐渐增大。加载至 2g 时，台面达到位移限制，网壳在加载过程中节点 3 的水平位移最大达到 2.22mm，竖向位移达到 7.57mm，第三环平行加载方向的肋杆 3-21 端部有轻微弯曲，上翼缘与端板分离，铆钉受剪变形（图 5-23）。

图 5-23 杆件 3-21 端部变形

5.1.4.2 加速度响应

平行于加载方向的主肋的加速度响应最为明显，所以提取节点 1、6、16 的水平加速度、竖向加速度响应随地震波幅值变化，绘制曲线于图 5-24。可以看出节点 16 的加速度响应显著大于节点 6，而节点 1 的响应最小，响应的分布情况与结构第 1 阶自振模态相匹配。在峰值加速度 1.6g 前，节点竖向加速度基本呈线性增加；加速度峰值为 1.6g 时，节点 6 的竖向加速度出现略微下降，其水平加速度响应曲线斜率明显减小，节点 16 的竖向加速度响应曲线斜率也开始出现降低；加速度峰值为 1.7g 时，节点 6 的竖向加速度响应与 1.5g 时基本一致，节点 1 的竖向加速度响应基本没有增长。在加速度峰值达到 1.8g 时，节点 16 的竖向加速度响应增幅减小，水平加速度最大值呈现下降趋势，同时，节点 1 即顶点的加速度响应曲线斜率明显增加。当输入地震波的加速度峰值达到 2.0g 时，在水平加速度响应上，节点 16 保持下降趋势，而节点 6 与节点 1 呈现激增趋势；在竖向加速度响应上，节点 16 加速度响应增长缓慢，节点 1 与节点 6 响应明显增加。

取节点的竖向加速度响应最大值与地震动输入峰值绘制加速度响应-PGA 曲线于图 5-25（a），可以看出部分节点在 1.8g 后增长幅度减小，甚至出现响应下降的情况。通过对工况 Taft-1.7g 与工况 Taft-2g 后的白噪声扫频结果进行对比分析，将节点 16 的加速度时程曲线进行 FFT 变换，并对比在图 5-25（b）中，可以看出频谱曲线里 15～20Hz 之间的波峰发生了不明显的左移，结构基频降低了 0.06Hz，说明结构刚度发生了变化，结构进入了弹塑性状态。

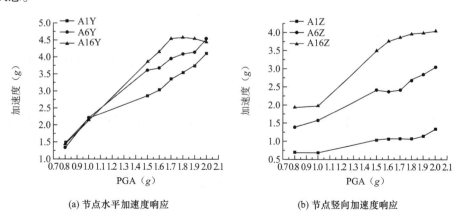

(a) 节点水平加速度响应   (b) 节点竖向加速度响应

图 5-24 节点加速度-PGA 曲线

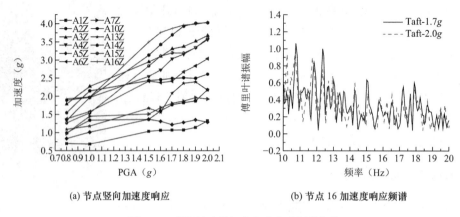

(a) 节点竖向加速度响应　　　　　(b) 节点 16 加速度响应频谱

图 5-25　弹塑性阶段加速度响应及频谱曲线

将地震波峰值加速度 1.7g～2.0g 的四个工况中的节点水平加速度响应绘制于图 5-26，地震波加速度峰值由 1.8g 增大为 1.9g 时，节点 13、14、16 的峰值加速度略有降低，继续增大地震波加速度峰值至 2.0g 时，节点 16 的峰值加速度明显降低，节点 5 的峰值加速度响应曲线斜率明显减小，而节点 1、6、7 的峰值加速度明显增加，呈现非线性。说明结构已经进入弹塑性阶段，结构基频发生改变。

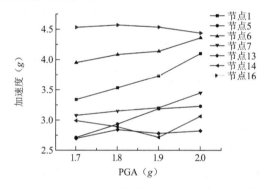

图 5-26　1.7g～2.0g 工况下节点水平加速度响应曲线

5.1.4.3　位移响应

取测点在地震波峰值加速度 0.8g～2.0g 工况下的位移响应（图 5-27）。可以看出随着地震波峰值加速度的递增，节点的位移响应也随之增加。以节点 3 的竖向变形和水平变形为例，在水平地震作用下，其竖向变形约为水平变形的 2 倍。而地震加速度峰值由 1.5g 增大为 1.6g 时，节点 1 即顶点的竖向变形明显突增，当地震波加速度峰值达到 1.8g 时竖向变形达到了 16mm。随后在 1.8g 和 1.9g 的工况中节点 1 的竖向变形响应下降，下降幅度为 16.2%，其余测点的位移响应曲线斜率变小。当加载结束后，网壳仍然可以恢复原来的形状，除部分杆件端部有局部的变形外，并未观察到网壳整体发生大变形。

表 5-14 和表 5-15 分别为工况 Taft-1.8g 与 Taft-1.9g 中网壳各节点的最大竖向位移，除布置了位移测点的节点外，其余节点的最大位移响应均采用加速度数据积分求得。与弹性阶段不同，在 1.8g 地震动幅值作用下，网壳位移最大响应位置由第一环的节点变为节点 1、10、16，这是由于球壳本身频谱密集，进入塑性后自振频率及模态发生改变，结构振型与

输入地震波的耦合作用发生重组，因此在结构振动中变形的形状、位置与弹性阶段的不同。输入地震动的加速度幅值从 1.8g 增加至 1.9g 时，节点 1、2、15 的位移响应均减小，其余节点的位移响应都有不同程度的增大，尤其是节点 3、10、16，分别增加了 32.7%、19.4%、10.8%。可能是由于网壳进入塑性后结构频率降低，导致地震波与结构固有振动模态之间的耦合效应发生了变化。再加上网壳结构本身的密集谱特性，模态叠加构成的结构位移响应也不同于以往。

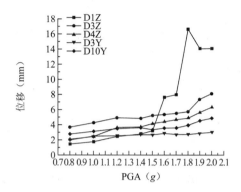

图 5-27 弹塑性阶段节点位移响应

工况 Taft-1.8g 节点竖向位移响应最大值（mm）   表 5-14

节点	1	2	3	4	5	6	7
Z向	16.55	4.16	5.08	4.19	2.42	4.423	1.97
节点	10	13	14	15	16	18	
Z向	7.67	2.41	2.83	6.51	6.87	2.58	

工况 Taft-1.9g 节点竖向位移响应最大值（mm）   表 5-15

节点	1	2	3	4	5	6	7
Z向	13.87	3.95	6.74	4.99	2.86	4.79	2.09
节点	10	13	14	15	16	18	
Z向	9.16	2.86	3.27	6.30	7.61	3.00	

5.1.4.4 应变响应

通过对弹性阶段应变响应的讨论，试验模型的第一环为应变响应最强的区域。因此选取杆件 1-10（图 5-28）和 1-5（图 5-29）的应变响应进行分析。根据图 5-28，多数测点在地震波加速度峰值为 1.7g 前，应变响应随地震波幅值增大基本保持线性关系。在地震波加速度峰值达到 1.7g 之后，部分杆件的应变响应随地震波加速度峰值增大不再保持线性关系。分析测点的应变数据，由图 5-28 可知杆件 1-10 上翼缘的应变均大于下翼缘应变，在地震波加速度峰值达到 1.6g 时，杆件 1-10 拉应变达到 $1600\mu\varepsilon$，由于杆件端部测点距离节点连接有 30mm 的距离，而节点连接采用了铆接，节点区杆件的最外侧螺栓孔处一定是受力最大的部位，此处的应变已达到屈服应变。而后随着地震波加速度峰值递增，杆件 1-10 上翼缘的拉应变均下降，下翼缘的拉应变曲线斜率增加，上下翼缘拉应变的差值逐渐变小。同时，杆件 1-10 上翼缘的压应变迅速增加，下翼缘的压应变出现了减小的情况，上下翼缘压应变的差值逐渐变大，呈现明显非线性趋势，由此可以推断杆件 1-10 在地震作用下受到绕强轴方向的弯矩并发生了不可恢复的绕强轴的变形，导致其在往后工况中在轴力和弯矩作用下，发生单方向的绕强轴弯曲。

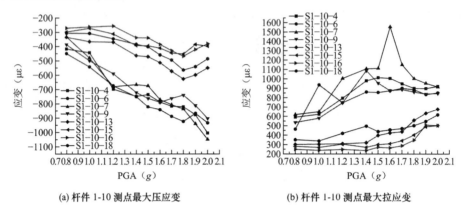

(a) 杆件 1-10 测点最大压应变　　　　(b) 杆件 1-10 测点最大拉应变

图 5-28　杆件 1-10 测点应变响应

提取杆件 1-5 的端部测点应变于图 5-29，在地震波峰值加速度达到 1.5g 前，应变一直保持增长趋势。在地震波峰值加速度达到 1.5g 后，应变响应开始下降。铆钉连接区域由于存在应力集中区域，杆件及杆件连接部位的铆钉孔进入塑性；在地震波加速度峰值达到 2.0g 时，应变突增达到 2359με，大于屈服应变。同时结合加速度响应以及位移响应，此时部分区域进入塑性使顶点的动力响应明显增大，而对结构其他区域的影响比较小。

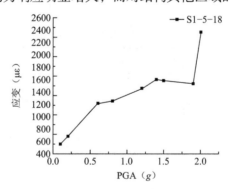

图 5-29　杆件 1-5 端部应变

图 5-30 列出了第二环的斜杆、肋杆及环杆的测点应变随 PGA 增加的变化情况。可以发现在 PGA 达到 1.5g 前，二环杆件的测点应变基本呈线性增长；在 1.5g 加速度峰值的 Taft 波输入下，二环环杆 2-26 中部测点最大拉应变达到了 2424με，肋杆 2-13 的端部最大拉应变达到 893με，此后测点应变呈下降趋势，应变响应降低。由于试验条件所限，应变测点并不能测得杆件上最大应变，可以推测在 1.5g 的 PGA 后网壳结构进入了塑性。而二环的斜向杆件 2-12 在 PGA 为 2.0g 的地震作用下，杆件端部及中部测点最大拉应变分别达到 2612με 和 2736με，稍大于屈服应变。

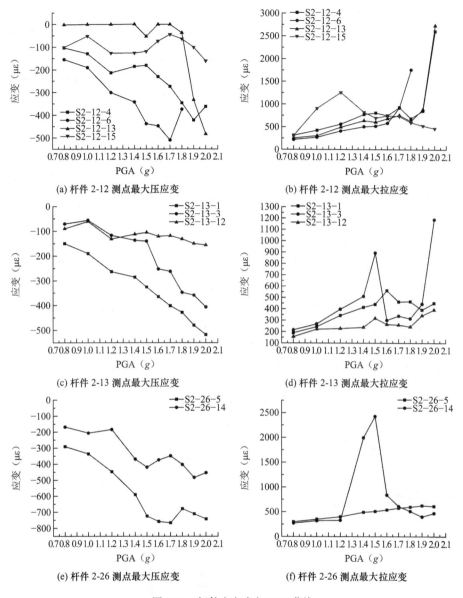

(a) 杆件 2-12 测点最大压应变

(b) 杆件 2-12 测点最大拉应变

(c) 杆件 2-13 测点最大压应变

(d) 杆件 2-13 测点最大拉应变

(e) 杆件 2-26 测点最大压应变

(f) 杆件 2-26 测点最大拉应变

图 5-30　杆件应变响应-PGA 曲线

5.2　铝合金单层球面网壳抗震性能分析及强震失效机理

5.2.1　多尺度有限元分析模型

为了更准确地模拟网状穹顶模型的应力分布，在 ABAQUS 软件中采用壳单元和梁单元相结合的多尺度建模方法。

（1）考虑损伤累积的 6063-T6 铝合金材料本构模型

数值模拟中，铝合金材料本构模型选用 Ramberg-Osgood 模型，并依据材性试验结果弹性模量取 60000MPa，屈服强度取 183MPa，极限强度取 208MPa。

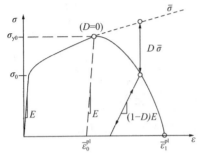

图 5-31　损伤模型应力-应变关系曲线

然而结构在地震往复荷载作用下，可能会在结构局部构件上产生材料累积损伤。随着材料损伤的不断积累，损伤区域的扩大，结构局部的刚度会大大降低并有可能发生坍塌。因此，在数值模拟中采用考虑损伤累积的材料本构去分析持时较长、幅值较大的强震加载工况下的网壳模型，可以更加真实地模拟网壳结构的动力响应和抗震性能。因此本章的数值模拟采用通用有限元软件 ABAQUS 中的剪切损伤准则，采用损伤力学对材料的刚度退化过程进行描述，当刚度退化累积至使材料承载力丧失，材料即破坏。在有限元软件 ABAQUS 中利用损伤累积模型模拟铝合金的损伤断裂全过程分为三个过程：弹性阶段、弹塑性阶段和损伤破坏阶段。如图 5-31 所示，材料的损伤表现为强度和刚度退化，这通过损伤变量 D 进行描述，D 在 [0,1] 区间范围内取值，D 为 0 表示材料没有损伤，D 为 1 则认为材料完全破坏，同时 D 是一个单调递增的函数，这意味着损伤只能递增且不可逆。损伤开始后，材料的应力 σ 与无损伤应力 $\bar{\sigma}$ 之间关系为：$\sigma = (1-D)\bar{\sigma}$，损伤后材料的刚度是初试刚度的 $(1-D)$ 倍。

依据上述材性试验的应力应变数据并参考相关文献，确定剪切损伤模型中的各参数（表 5-16），其中失效位移采用软件的表方法定义，在表输入试验应力应变数据完成。

6063-T6 铝合金剪切损伤模型参数　　　　　　　　　　表 5-16

k_S	损伤起始时的等效塑性应变 $\bar{\varepsilon}_0^{pl}$	剪应力比 θ_S	应变率 $\dot{\bar{\varepsilon}}^{pl}$	失效位移 $\bar{u}_f^{pl}$（mm）
0.1	0.07	1.469	0.001	—

为了更符合试验结果，采用精细化建模方法，使用全站仪测得的 19 个节点球球心坐标建立网壳的模型，见图 5-32。

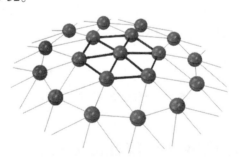

图 5-32　球面网壳几何模型

（2）结构杆件单元

杆件单元采用考虑剪应力的铁木辛柯梁 B31OS 单元来模拟网壳杆件的受力和变形，其中 OS 表示开口截面，可以考虑开口薄壁横截面的翘曲影响。由于第一环的肋杆及环杆采用变截面形式，故对该区域的 12 根杆件采用壳单元 S4R 和实际尺寸建模。节点球采用壳单元，因考虑为刚性区域不参与计算所以网格划分可以较为粗糙。模型单元及网格划分见图 5-33。

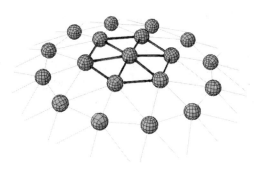

图 5-33　单元网格划分

（3）球节点及连接

因节点球尺寸较大，不能简化为各杆件交于一点的情况，且考虑到节点球的变形可以忽略不计，对节点球简化为刚域，采用解析刚体模拟（图 5-34）。由于解析刚体是一个薄壳表面且没有质量，所以对节点球的球心赋予质量与三个方向的转动惯量。节点球质量为 0.064t，在空间中的 X、Y、Z 三个方向上的转动惯量均为 $400t \cdot mm^2$。由于抽芯铆钉连接紧密没有滑移，梁单元杆件与节点球之间采用绑定（Tie）连接，壳单元杆件两端的上下翼缘与节点球之间采用耦合连接。

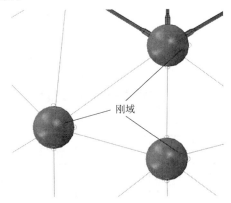

图 5-34　球节点刚域

（4）其他

支座连接考虑为铰接。有限元模拟中采用 Rayleigh 阻尼，取阻尼比 $\xi = 0.02$。本节数值模拟动力荷载的输入方式选择振动台台面实测位移作为基底位移荷载。利用通用有限元软件 ABAQUS 中的动力隐式算法进行计算，其具有结果精确、稳定、计算耗时短的优点。

5.2.2　数值模拟结果

（1）自振特性模拟

利用 ABAQUS 有限元软件中的 Lanczos 方法对网壳模型进行了自振特性求解。表 5-17 列出了有限元模拟得到的结构自振频率和试验实测频率的对比结果，由表可知，模型的计算频率与试验实测频率较为接近，误差在 2% 以内，说明数值模拟是比较准确的。网壳的质量和刚度分布不均、杆件初始缺陷、安装偏差等都可能导致计算的误差。图 5-35 列出了有限元计算得到的前 6 阶结构自振模态，前 3 阶模态与 3.1 节中实测模态基本一致，由图可知试验网壳模型前 2 阶模态主要以水平平动为主，第 3 阶模态为竖向平动，后 3 阶模态均以非对称的节点扭转为主，这是因为杆件长细比较小，结构刚度大，主要以壳体薄膜刚度受力，而后节点的转动惯量导致的扭转和结构初始缺陷使得结构在高阶模态中表现出节点扭转和局部振型。

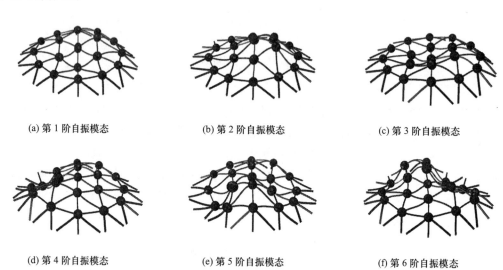

(a) 第 1 阶自振模态　　　(b) 第 2 阶自振模态　　　(c) 第 3 阶自振模态

(d) 第 4 阶自振模态　　　(e) 第 5 阶自振模态　　　(f) 第 6 阶自振模态

图 5-35　有限元计算的前 6 阶自振模态

模型计算频率与试验频率对比　　　　表 5-17

	第 1 阶	第 2 阶	第 3 阶	第 4 阶	第 5 阶	第 6 阶
计算频率（Hz）	16.18	16.45	16.56	17.75	18.43	18.71
实测频率（Hz）	16.11	16.49	16.60	17.58	18.07	18.63
差值（%）	0.43	−0.24	−0.24	0.97	1.99	0.43

（2）弹性阶段动力响应对比

运用 ABAQUS 的隐式动力分析方法对网壳模型进行时程分析，得到了弹性阶段的结构动力响应。

1）节点位移

取输入 Taft-0.8g 时实测的台面位移时程曲线作为地震作用输入网壳模型，计算网壳结构的动力响应。图 5-36 和图 5-37 分别为节点 3 的水平位移和节点 4 的竖向位移时程曲线对比。可以发现有限元计算的水平位移响应比竖向位移响应更为接近实测数据，这是由于水平激光位移计是布置在台面以外进行测量的，而竖向激光位移计布置在台面内的撑杆上，在加载过程中撑杆会产生微小的振动，影响实测数据。同时，由于球壳模型的杆件初弯曲、节点偏差等因素，所以试验与数值模拟结果存在一定的误差，但是计算误差还是在可接受的范围内。

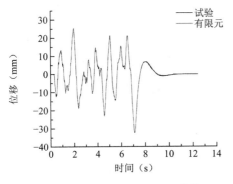

图 5-36 节点 3 水平位移时程曲线　　　　图 5-37 节点 4 竖向位移时程曲线

2）杆件应变

提取应变响应较为显著的测点 1-5-7 和测点 1-10-6 上的应变时程数据,并与数值模拟计算结果进行对比（图 5-38 和图 5-39）。可以看出,应变响应的趋势、幅值大小均基本一致。

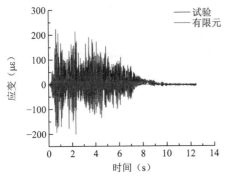
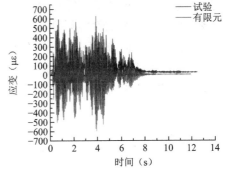

图 5-38　测点 1-5-7 应变　　　　　　　图 5-39　测点 1-10-6 应变

3）节点加速度

取网壳模型在地震作用下加速度响应较显著的节点的加速度时程曲线进行对比。图 5-40 为节点 6 的水平加速度时程, 图 5-41 为节点 10 的竖向加速度时程, 图 5-42 和图 5-43 为节点 16 的水平加速度时程和竖向加速度时程。可以看出加速度时程曲线基本吻合,部分模拟结果与实测数据存在一定差异,这是由于粘在节点球表面的加速度计在加载过程中会随着节点球发生转动,实测的加速度数据中存在节点球转动产生的加速度,故导致数据对比存在一定误差。

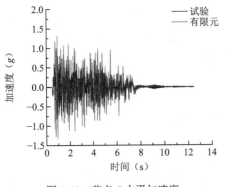

图 5-40　节点 6 水平加速度　　　　　　图 5-41　节点 10 竖向加速度

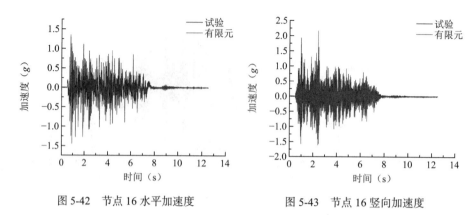

图 5-42 节点 16 水平加速度   图 5-43 节点 16 竖向加速度

（3）弹塑性阶段动力响应对比

1）位移响应

已经对比了弹性阶段的有限元模拟与试验结果，吻合较好。进一步针对网壳模型节点 3 的位移曲线进行全过程对比（图 5-44 和图 5-45）。可以看出，试验测得的水平位移与数值模拟结果更加吻合；而试验所测得的竖向位移与数值模拟结果存在一定差异，尤其是在 Taft-1.9g工况后差异明显，这是由于竖向位移计布置于振动台台面的撑杆上，随着台面加速度峰值不断加大，撑杆亦会随之晃动，且节点球在地震作用下发生了转动，导致激光位移计投射在节点下方的亚克力板测距时存在偏差，故在网壳进入塑性后实测的数值比模拟值相对偏大。

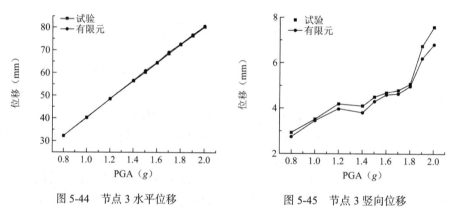

图 5-44 节点 3 水平位移   图 5-45 节点 3 竖向位移

2）工况 Taft-2.0g对比

图 5-46～图 5-49 列出了 2.0g的 Taft 地震动作用下网壳节点 6、10、16 的试验加速度时程曲线与数值模拟对比，可以看出试验曲线与模拟曲线基本吻合，局部存在差别的原因是试验中的加速度传感器布置在球节点上，节点的转动会影响实测数据，导致测得的加速度信号包含了一部分节点转动带来的加速度。

采用多尺度建模方法可以精细地展示关键杆件的受力状态，弥补测点数据有限的缺点，可以更直观地观察结构在地震作用下的受力情况。图 5-50 列出了在工况 Taft-2.0g中部分时刻网壳杆件 1-5 的应力分布。加载至 1.84s 时，杆件 1-5 端部开始局部进入塑性，塑性集中在变截面的交界处。可以观察到杆件上下翼缘应力均在 100MPa 以上，下翼缘应力最大，其次为上翼缘，腹板的应力最小，说明杆件 1-5 此刻同时承受着较大的强轴弯矩和轴力，且强轴弯矩作用明显大于轴力作用。加载至 5.02s 时，杆件 1-5 上端也进入了塑性，在其两端的上下翼缘应力较大，且以腹板平面为界呈现明显反对称分布，最大应力发生在杆件上端的一侧下翼缘，沿杆件长度方向看，应力由端部往中部方向递减，将杆件 1-5 的变形放大 50 倍后可以看出此刻杆件主要变形为绕强轴弯曲变形和绕弱轴弯曲变形，且两者产生的变形均处于同一量级，绕弱轴的弯曲变形呈现两个半波形状。当加载至 13.71s 时，第一环肋杆的翼缘与腹板应力较为接近，基本都以承受轴力为主，而杆件 1-5 端部下翼缘的应力最大，将其变形放大 50 倍进行观察，可以看出杆件 1-5 此刻承受较大的轴力，又因节点的安装偏差和节点球的转动，杆件发生了弯扭变形，H 形开口截面在扭矩作用下，翼缘发生翘曲变形。

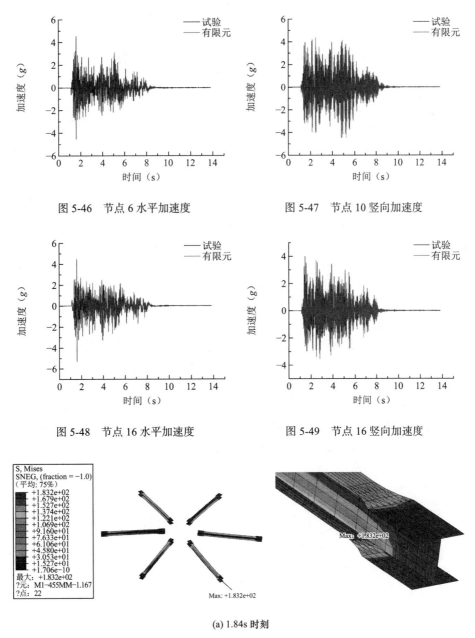

图 5-46 节点 6 水平加速度 图 5-47 节点 10 竖向加速度

图 5-48 节点 16 水平加速度 图 5-49 节点 16 竖向加速度

(a) 1.84s 时刻

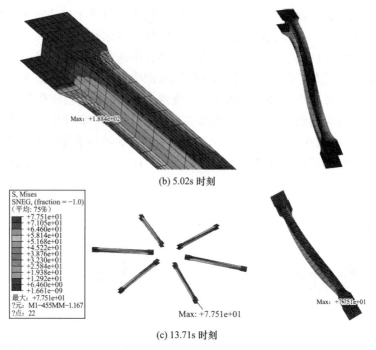

(b) 5.02s 时刻

(c) 13.71s 时刻

图 5-50　杆件 1-5 应力云图

3）网壳塑性发展

　　试验测得加载至 2.0g时，杆件 1-5 端部进入轻微塑性，其余测点的应变响应均小于2000με，为探究网壳模型其余因没有布置应变测点而未被观察的部分进入塑性，对多尺度网壳有限元模型进行荷载域全过程分析。图 5-51 列出了网壳进入塑性的杆件，图中圆圈标记为进入塑性的单元。在弹塑性加载阶段中，当 Taft 地震动的幅值达到 1.7g时，第一环的环杆 1-11 端部由于节点 6 在平面内发生转动而首先进入塑性，进入塑性的位置是杆件端部的下翼缘边缘，此处由于变截面而产生应力集中。加载至 1.8g时，杆件 1-10 与节点 6 相连的端部下翼缘也进入塑性，但塑性程度很浅。加载至 1.9g时，另一侧的环杆 1-7 也进入塑性，而由于此处未布置应变测点，故未监测到应变响应，此时网壳结构进入塑性的程度仍然非常浅。加载至 2.0g时，在轴力、强轴弯矩和弱轴弯矩的复杂受力下，杆件 1-5 也进入了塑性。由于网壳的对称性和存在安装偏差，有限元计算结果与试验仍然存在一定差异，但综合来看，杆件的塑性发展与试验监测结果较为一致。网壳的塑性发展主要集中在主要受力的沿加载方向的第一环肋杆和与其相连的环杆上。

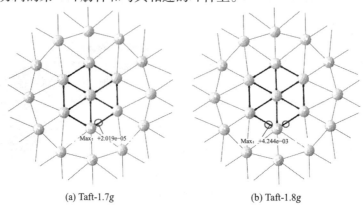

(a) Taft-1.7g　　　　　　　　　　　　　　(b) Taft-1.8g

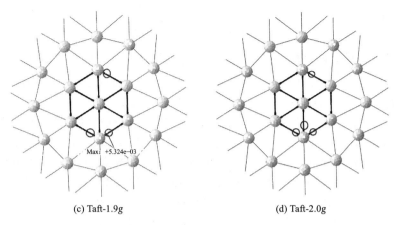

(c) Taft-1.9g   (d) Taft-2.0g

图 5-51 网壳的塑性发展

5.2.3 足尺结构地震响应分析

前文已经使用有限元软件对试验结果进行了模拟，验证了有限元模型的准确性。同时通过试验已经对网壳的自振特性和地震响应有了一定认识。再者，通过基于损伤累积材料本构模型的全过程分析方法开展了铝合金单层球面网壳强震失效机理的参数分析，考察网壳特征响应随网壳矢跨比、初始缺陷等参数的变化规律。此外，针对钢与铝合金材料性能上的差异，对钢网壳与铝合金网壳的自振特性、内力响应以及强震失效特征进行比较分析。

5.2.3.1 考虑损伤累积的铝合金材料本构模型

针对铝合金大跨屋盖结构中常用的 6061-T6 铝合金材料，本节通过参考前人试验数据，在已有研究基础上建立了考虑材料损伤累积的铝合金材料本构模型。

为描述铝合金材料的损伤断裂，德国 BMW 团队和 MATFEM 有限公司的学者提出了 CrachFEM 模型，指出金属的断裂形式包括延性断裂和剪切断裂。其中剪切断裂是基于局部剪切带的形成，并通过大量试验校准了铝合金的断裂模型参数，由此这种剪切断裂模型被 ABAQUS 采用，成为其材料损伤模型中的 Shear Damage 模块，用户可以通过定义 Shear Damage 参数来模拟延性金属的损伤累积和剪切断裂。在 ABAQUS 材料模块中，假定损伤发生时的等效塑性应变 $\bar{\varepsilon}_S^{pl}$ 是切应力比 θ_S 的函数，如下式所示：

$$\bar{\varepsilon}_S^{pl} = \frac{\varepsilon_S^+ \sinh[f(\theta_S - \theta_S^-)] + \varepsilon_S^- \sinh[f(\theta_S^+ - \theta_S)]}{\sinh[f(\theta_S^+ - \theta_S^-)]} \tag{5-5}$$

式中，$\theta_S = (\sigma_{eq} - k_S \sigma_m)/\tau_{max}$ 为切应力比，σ_{eq} 为 Mises 等效应力，σ_m 为平均应力，τ_{max} 是最大切应力，k_S 是一个材料参数，对于铝合金，一般取 0.1；θ_S^+ 和 θ_S^- 分别为双轴拉压时的切应力比，其中 $\theta_S^+ = 2 - 4k_S$，$\theta_S^- = 2 + 4k_S$；ε_S^+ 和 ε_S^- 分别为双轴拉压时的等效塑性应变，f 为依赖于方向的材料参数，这 3 个参数可从试验中获得，对于铝合金在准静态试验中，即低应变率的情况下，这三个参数分别取 0.26、4.16、4.04。

一旦达到相应的损伤初始化的条件，损伤演化规律便用来描述材料刚度的退化比例。

其中等效塑性位移$\overline{u}^{pl}$由下式求得：

$$\overline{u}^{pl} = L\overline{\varepsilon}^{pl} \tag{5-6}$$

式中，L为有限元中单元网格的特征长度，通过定义等效塑性失效位移$\overline{u}_f^{pl}$来计算出失效时的等效塑性失效应变$\overline{\varepsilon}_f^{pl}$。随着损伤的不断累积，某单元的等效塑性应变逐渐达到$\overline{\varepsilon}_f^{pl}$，材料丧失其承受荷载的能力（$D=1$），且该单元从网格中被删除。

前述内容对工程中常用的 6061-T6 铝合金材料进行了滞回材性试验，其采用 Chaboche 混合强化模型拟合了该材料在循环荷载下的本构关系，本节在此基础上引用其试验数据，建立了同时考虑 Chaboche 混合硬化和剪切损伤的精细化本构关系（表 5-18 和表 5-19）。通过有限元数值模拟，分别得到了在使用 Chaboche 混合硬化模型的情况下，考虑剪切损伤和不考虑剪切损伤时该模型的滞回曲线，并与试验曲线相对比（图 5-52），其中"Test"为试验的滞回曲线，"Chaboche"为仅考虑 Chaboche 混合硬化模型的滞回曲线，"Chaboche + Shear"为同时考虑了 Chaboche 混合硬化模型和剪切损伤模型的滞回曲线。可以看出，Chaboche 混合强化模型优点在于能考虑材料的等向强化和随动强化效应，而剪切损伤模型由于能考虑材料强度的损伤退化，避免了铝合金材料在循环后期强度被过高估算的情况，更加贴近试验的应力-应变曲线。

6061-T6 铝合金 Chaboche 混合硬化模型参数　　　　　表 5-18

材料	σ_0	Q_∞	b	C_1	γ_1	C_2	γ_2	C_3	γ_3	C_4	γ_4
6061-T6 铝合金	205	28.7	4.8	8297	278	3501	146	3988	171.6	5194	190

剪切损伤模型参数　　　　　表 5-19

k_S	损伤起始时的等效塑性应变$\overline{\varepsilon}_0^{pl}$	剪应力比θ_S	应变率$\dot{\overline{\varepsilon}}^{pl}$	失效位移$\overline{u}_f^{pl}$（mm）
0.1	0.07	1.469	0.001	0.035

(a) F1-1

(b) F1-2

(c) F2-1

(d) F2-2

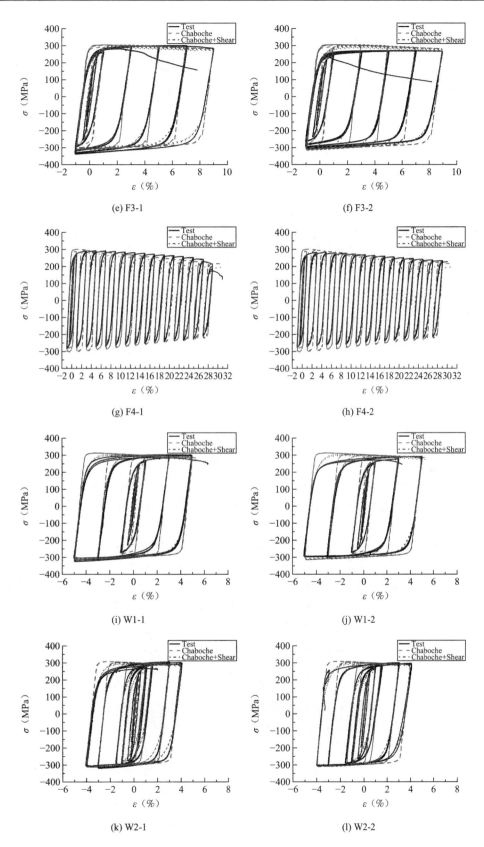

(e) F3-1

(f) F3-2

(g) F4-1

(h) F4-2

(i) W1-1

(j) W1-2

(k) W2-1

(l) W2-2

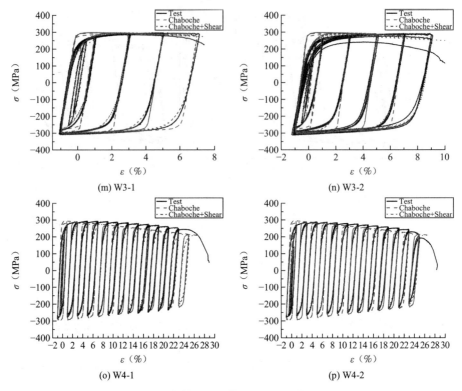

(m) W3-1　　　　　　　　　　　　　　(n) W3-2

(o) W4-1　　　　　　　　　　　　　　(p) W4-2

图 5-52　数值模拟与滞回材性试验结果对比

5.2.3.2　地震响应规律研究

（1）铝合金网壳结构分析参数

根据网格的不同形状，单层球面网壳可以分为三向网格、Schwedler 型、联方型、Kiewitt 型、肋环型等形式。而 Kiewitt 型球面网壳因网格大小和受力均匀，在工程中被广泛使用。故本节选取 Kiewitt6（K6）型球壳结构作为研究对象（图 5-53）。在网壳的设计、制造、安装及服役期间，可能会遭遇许多随机性因素，如设计时采用高矢跨比以获得更好的视觉效果或杆件在加工过程中造成的初始缺陷，上述因素均有可能对网壳结构抗震性能造成影响，因此要对结构参数进行单因素敏感性分析，表 5-20 列出了铝合金单层球面网壳结构在地震作用下的计算参数，所有网壳均满足静力设计中的长细比限值以及稳定系数要求。

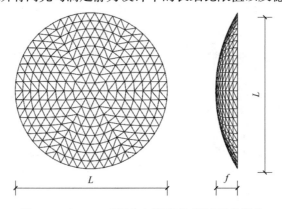

图 5-53　Kiewitt6 型铝合金单层球面网壳结构模型

铝合金单层球面网壳结构在地震作用下的计算参数　　　　　表 5-20

模型参数	取值
跨度L	60m
杆件截面	$H250 \times 150 \times 8 \times 10$
矢跨比f/L	1/3、1/5、1/7
屋面质量（kg/m^2）	50
活荷载（kg/m^2）	50
初始缺陷	0、$L/300$
地震动	El Centro

　　本节采用增量动力分析法进行铝合金球面网壳结构在水平单向地震作用下的动力响应分析。即通过逐渐增大加速度幅值，获得结构在加速度幅值变化时的特征响应，并分析特征响应随加速度幅值变化的规律。本节选取结构中屈服杆件比例、最大节点位移、塑弹性应变能比值等指标作为特征响应，从而反映结构稳定性、刚度及强度等各方面的变化。特征响应中，屈服杆件比例反映网壳塑性发展深度；最大节点竖向位移是网壳结构在整个动力时程中最大的变形值；最大弹性应变能反映了铝合金材料在弹性范围内变形做功，其本身不耗散地震输入的能量；最大塑性应变能反映了铝合金材料通过塑性变形耗散地震输入能量的程度；塑弹性应变能比值是最大塑性应变能与最大弹性应变能的比值，其与塑性应变能占总应变能比例共同反映网壳塑性发展深浅。

　　另外，有限元计算中均采用了考虑损伤累积的材料循环本构模型，以在分析中模拟材料在循环荷载下的损伤累积和断裂的影响。为了便于以后说明，将本节用到的单层球面铝合金网壳参数以代号标识，接下来的章节中将以代号形式表示网壳的类型，符号意义如图 5-54 所示。

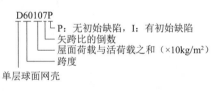

图 5-54　铝合金单层球面网壳结构编号示意图

（2）矢跨比的影响

　　单层球面网壳结构受力以壳内薄膜力为主，杆件主要受轴力，结构效率较高，具有较强的跨域能力。而矢跨比对结构的形状有着显著的影响，因此随着矢跨比的变化，球面网壳结构在地震作用下的抗震性能也可能发生变化。本小节对跨度均为 60m 的单层球面铝合金网壳结构在不同矢跨比时展开探讨，其屋面质量均为 $50kg/m^2$，杆件截面尺寸均为 $H250 \times 150 \times 8 \times 10$，且不考虑初始缺陷，输入相同的地震动进行计算分析，得到的特征响应如图 5-55 所示。

　　由图 5-55（a）可以看出矢跨比 1/5 与矢跨比 1/7 的球面网壳在相同幅值的 Taft 地震波作用下，节点最大竖向位移较为接近，而矢跨比 1/3 的节点位移最小，这是由于相同杆件截面的情况下，矢跨比的增大使得网壳结构的竖向刚度随之增大，但在此过程中，球面网壳的水平刚度与竖向刚度会发生重分配，二者共同组成网壳结构的薄膜刚度。从图 5-55

（b）～（f）可知，矢跨比 1/5 的网壳最先在 1.2g 加速度峰值时进入塑性，其后为矢跨比 1/7 和矢跨比 1/3 的网壳。当单层球面铝合金网壳结构的矢跨比增大时，其地震失效荷载呈现出先减小后增大的趋势。

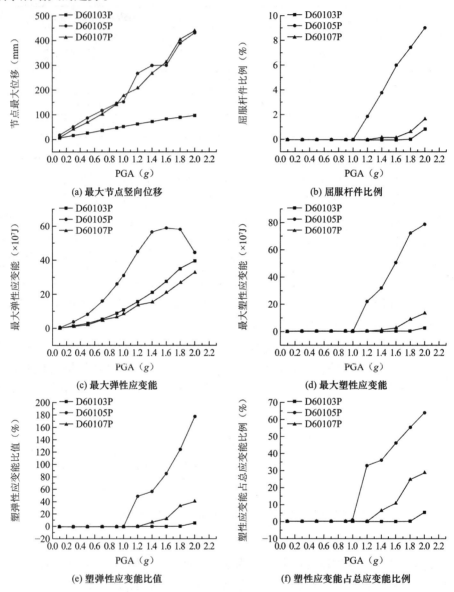

图 5-55　地震作用下 60m 网壳结构特征响应随矢跨比的变化曲线

（3）初始缺陷的影响

实际工程中的网壳节点由于施工误差等原因不可避免地与理想位置有一定的偏差，杆件在加工和运输过程中也无法保持理想的平直状态。因此在研究网壳的抗震性能时，初始缺陷的影响不可忽略。以结构最低阶屈曲模态作为整体初始缺陷的分布形式，幅值取跨度的 1/300。以 60m 跨度、矢跨比为 1/7 的铝合金球面网壳为例，P 表示无缺陷结构，I 表示考虑缺陷结构。各特征响应列于图 5-56。可以看出不考虑初始缺陷的网壳在加速度峰值达到 1.4g 才进入塑性，而考虑初始缺陷的网壳在 0.5g 就进入塑性阶段。对于考虑缺陷的网壳，其在 1.8g 的地震作用下，屈服杆件比例仅为 13.7%，但当地震加速度峰值增加至 2.0g 时，屈服杆件比例激增至 84.1%，具有动力失稳破坏的特征。与理想网壳相比，考虑初始缺陷前后球壳的屈服荷载降低明显。

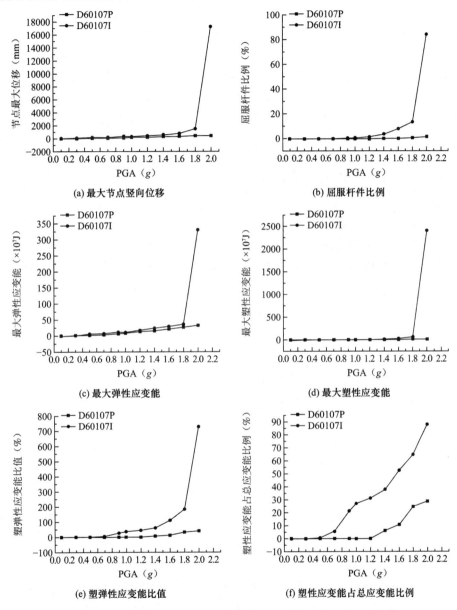

图 5-56 地震作用下 60m 网壳结构特征响应随初始缺陷的变化曲线

5.2.3.3 钢网壳与铝合金网壳抗震性能对比分析

（1）有限元模型

为研究钢网壳与铝合金网壳抗震性能的差异，建立几何尺寸一致的钢网壳与铝合金网壳，跨度均为 60m，矢跨比为 1/5，屋面恒荷载及活荷载之和为 1.5kN/m²。屋面质量施加在节点上，节点假定为刚性连接，周边设固定铰支座。铝合金网壳的构件截面尺寸、材料参照原结构；钢网壳的杆件规格与铝合金网壳一致，材料为 Q235B，弹性模量取 206GPa，泊松比取 0.3，采用理想弹塑性材料模型，屈服强度取 235MPa，密度取 7850kg/m³。铝合金网壳的整体稳定承载力系数 K 为 2.3，杆件最大长细比为 131。

（2）自振特性对比

图 5-57 列出了铝合金网壳与钢网壳的前 30 阶自振周期以及网壳的第 1 阶自振频率随矢跨比变化的变化曲线。由图可知，在相同截面规格下，由于铝合金的弹性模量仅为钢的 1/3，弹性模量的降低会增大结构自振周期，最终导致铝合金网壳的自振周期明显大于钢网壳的自振周期。从图 5-57（b）可以看出，随着矢跨比的降低，铝合金网壳和钢网壳的自振周期均增大。图 5-58 列出了不同矢跨比的钢网壳和铝合金网壳的前 6 阶自振模态。可以看出相同矢跨比的钢网壳和铝合金网壳的前 6 阶自振模态基本一致。高矢跨比的球面网壳前 2 阶自振模态均是以水平变形为主的反对称振型，第 3 阶自振模态是以整体竖向变形为主的对称振型；而随着矢跨比逐渐降低，球面网壳的前 2 阶自振模态表现出整体水平变形与局部竖向变形混合的非对称模态，第 3 阶自振模态表现为局部的竖向凹陷。结合上述矢跨比降低而自振周期增大的情况，说明当网壳几何参数不变时，矢跨比的降低导致球面网壳竖向刚度的降低和水平刚度的增加，但竖向刚度的降低大于水平刚度的增加，最终使得结构第 1 阶模态越来越依赖于结构的竖向刚度，第 1 阶自振周期随矢跨比降低而增大。

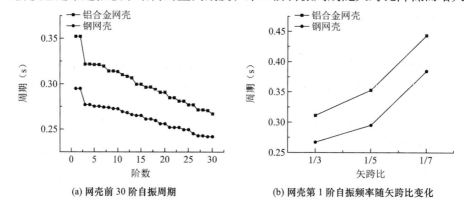

(a) 网壳前 30 阶自振周期　　　　(b) 网壳第 1 阶自振频率随矢跨比变化

图 5-57　铝合金网壳与钢网壳的自振周期对比

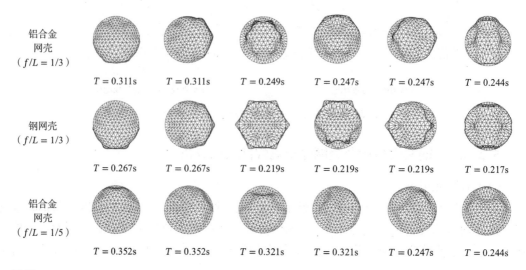

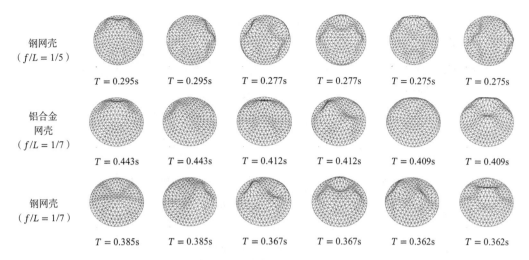

<table>
<tr><td>钢网壳
（ f/L = 1/5 ）</td><td colspan="6"></td></tr>
</table>

钢网壳
（ f/L = 1/5 ）

$T = 0.295\mathrm{s}$ $T = 0.295\mathrm{s}$ $T = 0.277\mathrm{s}$ $T = 0.277\mathrm{s}$ $T = 0.275\mathrm{s}$ $T = 0.275\mathrm{s}$

铝合金
网壳
（ f/L = 1/7 ）

$T = 0.443\mathrm{s}$ $T = 0.443\mathrm{s}$ $T = 0.412\mathrm{s}$ $T = 0.412\mathrm{s}$ $T = 0.409\mathrm{s}$ $T = 0.409\mathrm{s}$

钢网壳
（ f/L = 1/7 ）

$T = 0.385\mathrm{s}$ $T = 0.385\mathrm{s}$ $T = 0.367\mathrm{s}$ $T = 0.367\mathrm{s}$ $T = 0.362\mathrm{s}$ $T = 0.362\mathrm{s}$

图 5-58 不同矢跨比的网壳模态

（3）网壳水平抗震性能对比分析

1）振型分解反应谱法计算对比

为研究钢网壳和铝合金网壳在弹性状态下的地震响应差异，采用振型分解反应谱法进行设防地震下的结构响应计算。网壳结构的场地类别为Ⅱ类场地，设计地震分组为第二组，抗震设防烈度为 8 度，地震加速度峰值为 0.2g，结构阻尼比均取 $\xi = 0.02$，绘制加速度反应谱于图 5-59。

反应谱法中振型分析方法有 SRSS 法、CQC 法、ABS 法和线性法等，规范规定，在考虑结构耦联效应的情况下可以采用 SRSS 法和 CQC 法两种组合方式。SRSS 法是平方和开方法，其假定所有振型在统

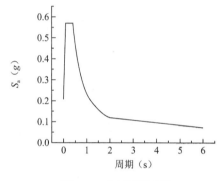

图 5-59 加速度反应谱

计意义上是相互独立的，通过求各个参与组合的振型结果的平方和开平方。但是实际情况中，结构相邻的很多振型之间是相关联的，尤其是对于频谱密集、有多个频率几乎相同的大跨度网壳结构，耦合效应的影响尤为突出。CQC 法是完全平方法，该种方法考虑了振型阻尼引起的相邻振型之间的联转耦合效应，因此 CQC 法比 SRSS 法更适合用于计算大跨度网壳结构的振型组合。对于单层球面网壳结构，结构频谱密集，高阶振型参与程度高，需要考虑各阶次之间的相互耦合关系，因此选择 CQC 组合反应谱法计算结构地震响应。规范规定，屋盖结构的组合振型数一般可根据振型参与质量是否达到总质量的 90%以上来判定，本节取前 100 阶振型进行振型分解反应谱法的计算。

采用振型分解反应谱法计算得到结构位移云图如图 5-60 所示，可以看出网壳结构各方向位移最大值发生位置不同，而铝合金网壳和钢网壳的位移分布基本一致，最大变形发生在结构的第二环和第三环，并且位移云图呈现对称性，这是由于结构在水平方向的对称性导致的；结构Z向位移明显大于X向、Y向位移，总位移云图与Z向位移云图相似。铝合金网壳最大位移为 20.8mm，钢网壳的最大位移仅为 8.5mm，这是由于铝合金的弹性模量约为钢的 1/3，导致铝合金网壳的变形明显大于钢网壳。

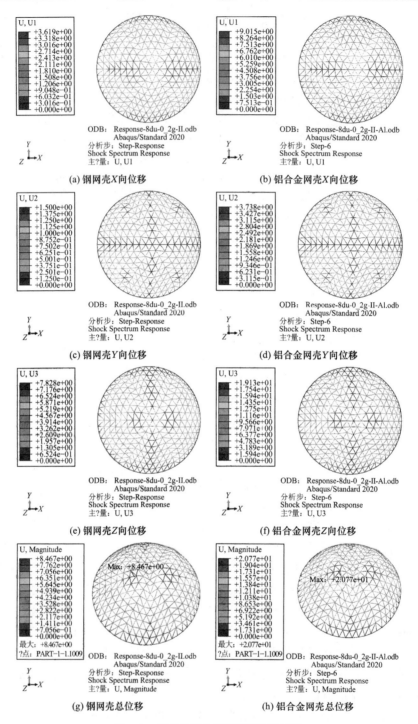

图 5-60　设防地震作用下网壳位移云图

　　采用振型分解反应谱法计算得到结构内力云图（图 5-61）。图 5-61（a）和（b）为钢网壳与铝合金网壳在设防地震作用下的轴力云图,最大杆件轴力均发生在第二环的环向杆件,分别为 98kN 和 81kN,轴力主要分布在结构顶部的环向杆件；图 5-61（c）～（f）为钢网壳与铝合金网壳的强轴弯矩和弱轴弯矩分布云图,最大强轴弯矩均发生在第二环的肋杆,且与地震输入方向平行，分别为 4.3kN·m 和 3.4kN·m，集中在扇形对称区域；最大弱轴弯矩均发生在第六环的环杆，均位于与地震输入方向成 60° 的斜向主肋附近，分别为 0.27kN·m 和 0.26kN·m，相差很小，集中在 6 条主肋带上。图 5-61（g）和（h）为钢网壳与铝合金网壳的应力云图，最大杆件应力分别为 21.7MPa 和 18.0MPa，均出现在第二环与斜向主肋相交的环杆。

结合钢网壳与铝合金网壳的位移、内力响应来看，在设防地震作用下，钢网壳的内力高于铝合金网壳，尤其是杆件轴力和壳体平面外的弯矩，二者的杆件均受轴力影响较大。虽然钢网壳和铝合金网壳的最大杆件应力非常接近，结构均处于弹性状态，但由于铝合金材料的弹性模量远低于钢材，铝合金网壳的最大位移约为钢网壳的 2.4 倍，在抗震设计中必须重视结构的变形以及杆件受压稳定性。

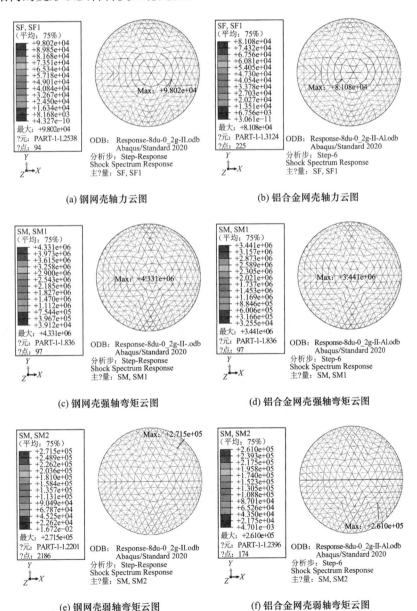

(a) 钢网壳轴力云图　　　　　　　　　(b) 铝合金网壳轴力云图

(c) 钢网壳强轴弯矩云图　　　　　　　(d) 铝合金网壳强轴弯矩云图

(e) 钢网壳弱轴弯矩云图　　　　　　　(f) 铝合金网壳弱轴弯矩云图

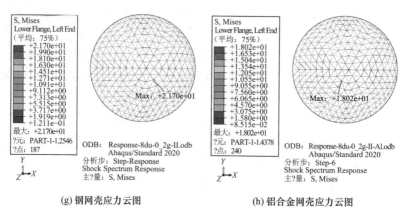

(g) 钢网壳应力云图   (h) 铝合金网壳应力云图

图 5-61 设防地震作用下网壳内力云图

2）强震失效特征对比

对钢网壳和铝合金网壳分别施加不同峰值的 El Centro 波，当结构位移突然增大，相应的节点位移显示发散，则认为网壳结构发生破坏。分析时设置两个分析步：第一步为一个通用静力隐式分析，用于对结构施加重力并稳定结构；第二步为动力隐式分析。地震波沿主肋方向（X向）水平施加在支座位置，未考虑结构初始缺陷。

通过加大输入地震波的加速度幅值，获取网壳在不同地震波幅值下的动力响应，分别从失效模式、应变能量、节点位移、屈服单元比例等角度分析钢网壳与铝合金网壳的强震失效特征区别。图 5-62 为钢网壳与铝合金网壳在地震作用下的特征响应曲线，特征响应包括最大节点位移、屈服杆件比例、最大弹性应变能、最大塑性应变能、塑弹性应变能比值、塑性应变能总占比。在相同的网壳静力稳定安全系数的条件下，钢网壳的失效极限荷载为 3.2g，而铝合金网壳的失效极限荷载为 1.9g，仅为前者的 59%。从屈服杆件比例和塑性应变能来看，钢网壳与铝合金网壳的屈服荷载分别为 0.8g 和 1.0g，钢网壳较铝合金网壳更早地进入塑性阶段。由图 5-62（e）和（f）可知，钢网壳在达到失效极限荷载前塑性应变能增长平缓，而铝合金网壳的塑性应变能始终保持激增趋势。钢网壳的塑性发展更加深入，充分利用塑性变形耗能，其屈服荷载与极限荷载比值为 4.0；而铝合金网壳在屈服荷载与失效荷载之间塑性应变能呈现阶跃式增长，结构塑性耗能不充分，其屈服荷载与极限荷载比值仅为 1.9，抗震安全冗余度较低。

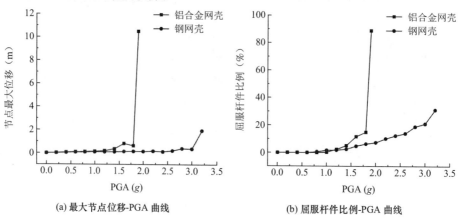

(a) 最大节点位移-PGA 曲线   (b) 屈服杆件比例-PGA 曲线

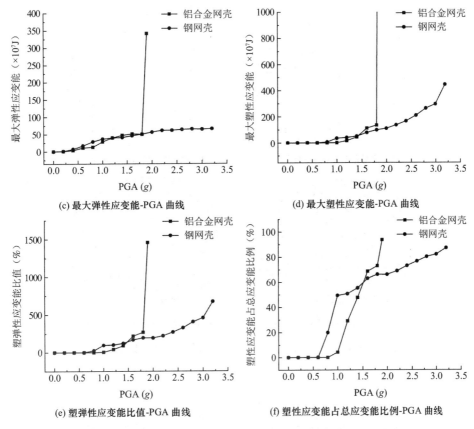

(c) 最大弹性应变能-PGA 曲线

(d) 最大塑性应变能-PGA 曲线

(e) 塑弹性应变能比值-PGA 曲线

(f) 塑性应变能占总应变能比例-PGA 曲线

图 5-62　钢网壳与铝合金网壳特征响应曲线

图 5-63 为钢网壳与铝合金网壳在 El Centro 波作用下破坏前后的应力云图。钢网壳由于与加载方向成 60°角的斜向主肋相连的第六环环向杆件发生壳面平面内的弯曲屈曲，杆件中部的应力最为显著，随后引起斜向主肋上的节点发生平面内转动并向下塌陷，形成两条与加载方向成 60°的塌陷带，最终钢网壳沿塌陷带发生局部倒塌。而铝合金网壳由于与加载方向平行的主肋相连的第五环、第六环、第七环的环杆发生壳面平面内的弯曲失稳，环杆中部塑性最大，数根杆件呈区域状同时进入塑性，随后相连的肋杆与斜杆绕弱轴发生失稳，节点在壳体平面内发生扭转，引发连续倒塌。同时，为了探究钢网壳与铝合金网壳在失效时的受力机理，提取了加载过程中最先达到断裂应变的杆件的内力，并换算成了应力，绘制于图 5-64。需要说明的是，虽然在结构大变形、材料非线性的情况下平截面假定不再适用，轴力与弯矩换算出来的应力曲线不准确，但曲线前半段的弹性部分仍然适用。在图 5-64（a）中，钢网壳在 3.2g 峰值的地震波输入过程中，率先达到断裂应变的是斜向主肋上的环向杆件，其首先主要以轴力维持杆件稳定，由于 H 形杆件强弱轴惯性矩相差很大，随后该环杆在约 150MPa 的轴向应力下发生壳体平面内屈曲。平面内弯曲应力 S_{M2} 显著大于轴向应力，且呈现发散趋势，而平面外弯曲应力则非常小。在图 5-64（b）中，铝合金网壳在 1.9g 峰值的地震波输入时，环向杆件率先达到断裂应变，该杆件在加载初期以受轴力为主，平面内的弯曲应力较小，由于结构响应逐渐增大，且 H 形杆件的弱轴惯性矩明显小于强轴惯性矩，杆件绕弱轴弯扭屈曲，平面内弯曲应力显著大于其余二者，S_{M2} 基本在曲线的正 Y 轴振荡，也说明杆件的平面内弯曲变形不可恢复。

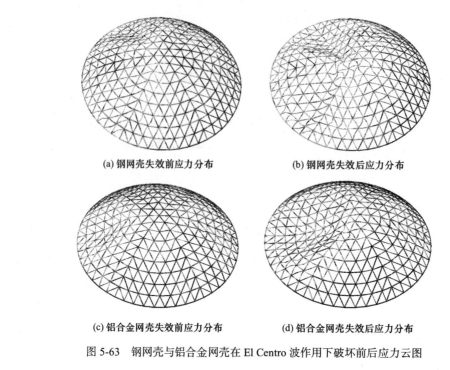

(a) 钢网壳失效前应力分布　　　　　　(b) 钢网壳失效后应力分布

(c) 铝合金网壳失效前应力分布　　　　(d) 铝合金网壳失效后应力分布

图 5-63　钢网壳与铝合金网壳在 El Centro 波作用下破坏前后应力云图

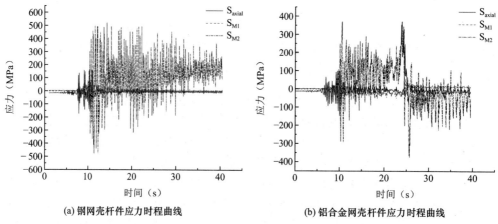

(a) 钢网壳杆件应力时程曲线　　　　　(b) 铝合金网壳杆件应力时程曲线

图 5-64　极限荷载下钢网壳和铝合金网壳杆件应力时程曲线

5.3　铝合金单层柱面网壳振动台试验

5.3.1　振动台试验设计

5.3.1.1　试验模型设计

（1）模型设计

试验选取的原型结构是跨度为 21.6m、长度为 21.6m、矢跨比为 1/4 的三向网格型单层铝合金柱面网壳。杆件截面均为 H 形杆件，材料为 6063-T6，构件截面为 H200×200×8× 12 和 H300×305×15×15（图 5-65），网壳端部进行加强。经有限元计算，静载作用下的原型结构最大竖向位移为 13mm，远小于规范规定跨度的 1/400。通过对网壳原型结构的全方位分析，得到了极限承载的稳定性，得到网壳的承载能力以及网壳在恒荷载和活荷载组合作用下的允许承载力。前者与后者之比为安全系数K，表示结构的安全冗余度。计算出的安全系数K为 5.8。

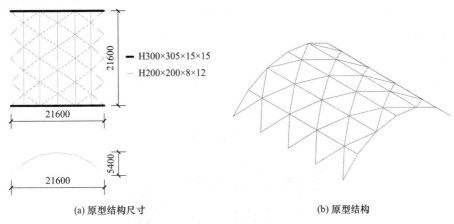

(a) 原型结构尺寸   (b) 原型结构

图 5-65 原型结构尺寸

受试验荷载和结构试验室现场条件的限制，选择了缩尺模型。本试验在 3m×3m 振动台上进行，采用刚度足够的钢梁可以适当放大台面尺寸，最终将缩尺模型跨度定为 3.6m。选取长度相似系数为 1/6，其余相似比关系列于表 5-21。严格按照原型结构的节点和杆件的数目来制作缩尺模型。

相似比常数   表 5-21

长度	弹性模量	应力	加速度	时间	面积	质量密度	面荷载
1/6	1	1	1	$(1/6)^{1/2}$	$(1/6)^2$	1	1

按相似比关系确定，缩尺模型跨度为 3.6m、长度为 3.6m、矢跨比为 1/4、纵向网格数为 4、跨向网格数为 6 的三向网格型单层柱面网壳（图 5-66）。网壳杆件材料选取 6063-T6，斜杆和纵杆均采用截面为 H28×28×1.5×2 的杆件，端部使用截面 H38×38×2×3 杆件加强。

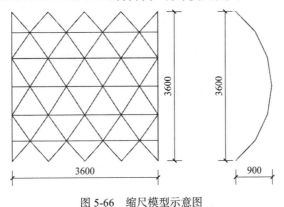

图 5-66 缩尺模型示意图

由于配重质量和体积较大，使用实际工程中的板式节点不利于网壳模型的加工制作。为了方便施加配重同时减少配重转动惯量的影响，根据荷载相似将配重设计为实心钢球，节点球直径为250mm，实际加工后质量为63kg，从而模拟节点质量。

实际工程的板式节点是由上下两块节点板通过螺栓或铆钉与杆件的上下翼缘连接在一起。本节中网壳的每一纵向网格内的杆件翼缘是处于同一平面的，只要保证使用的钢板刚度足够，与使用整块节点板并未有太大差别。结构支承方式为铰接，由销钉固定在振动台的钢梁上，构件通过两侧翼缘用铆钉焊接在节点球上的钢板与其连接（图5-67），图5-68为杆件及节点编号图。本节中的连接方式限制了连接钢板发生相对位移，在一定程度上使腹板不易屈曲，与板式节点相比提高了节点的抗剪能力。但是经过分析本节中柱壳杆件是以受弯矩为主的，腹板不是主要的受力部位，所以节点连接方式用来模拟板式节点是合理的。

(a) 振动台上的网壳模型

(b) 球心节点

(c) 支撑

图5-67 网状壳体模型

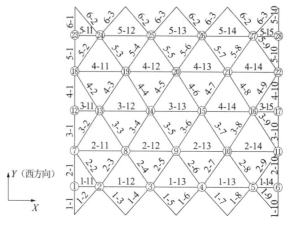

图5-68 杆件及球节点编号

（2）模型材料

铝合金杆件材料为 6063-T6，在铝合金加工厂挤压成截面为 H28×28×1.5×2 和 H38×38×2×3 的两种型材，记为 H28 与 H38。使用游标卡尺测量所有加工后杆件的尺寸，部分测量数据见表 5-22，杆件加工精度足够。实测 H28 杆件截面的高度、宽度、腹板厚度与翼缘厚度的平均值分别为 27.95mm、27.94mm、1.49mm、2.46mm。实测 H38 杆件截面的高度、宽度、腹板厚度与翼缘厚度平均值分别为 37.94mm、37.93mm、1.97mm、2.95mm。

杆件截面尺寸部分实测数据　　　　　　　　表 5-22

杆件规格	杆件编号	高度（mm）	宽度（mm）	腹板厚度（mm）	翼缘厚度（mm）
H28	1	27.96	27.94	1.48	2.49
	2	27.99	27.96	1.50	2.45
	3	27.92	27.95	1.52	2.46
	4	27.96	27.95	1.49	2.49
	5	27.91	27.94	1.48	2.46
	6	27.95	27.91	1.49	2.47
	7	27.94	27.95	1.48	2.43
	8	27.92	27.93	1.47	2.50
H38	9	37.90	37.91	1.99	2.94
	10	37.96	37.92	1.98	2.96
	11	37.94	37.90	1.96	2.93
	12	37.91	37.95	1.96	2.94

模型配重为实心钢球，直径 250mm，材质为 45 号钢，实际加工完重量接近 63kg。杆件与节点球采用扁圆头开口抽芯铆钉连接，材质为 304 不锈钢，共需两种规格，分别为直径 4.8mm 铆钉与直径 3.2mm 铆钉，分别用于连接 H38 与 H28 杆件。铆钉连接经过计算，保证铆钉不先于杆件破坏。铆钉图片见图 5-69。其余所有钢板及钢梁材质均为 Q235 钢。

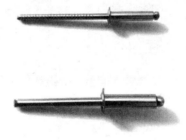

图 5-69　铆钉

（3）模型制作安装

1）铝合金杆件加工

将挤压好的铝合金型材裁剪为需要的长度与数量，在杆件两端开孔。对 H28 杆件与 H38 杆件采用不同的开孔尺寸（图 5-70）。

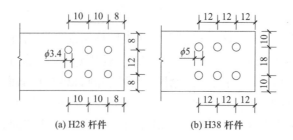

(a) H28 杆件　　　　　　　　(b) H38 杆件

图 5-70　杆件开孔位置及尺寸

2）节点球与节点支托加工

节点球在本试验中作为配重的同时，也作为结构节点的一部分。为满足杆件与节点球铆接，需要先在实心铁球上切削出垂直于杆件轴线的一个小平面，然后焊接两块钢板，钢板的开孔需要与杆件开孔相配合以便于铆接（图 5-71a 和 b）。加工完成的节点球见图 5-71（c）。为了方便节点球定位安装，设计了 3 种高度的节点支托，同时在铁球上加工螺栓孔配合节点支托使用，节点支托见图 5-71（d）。

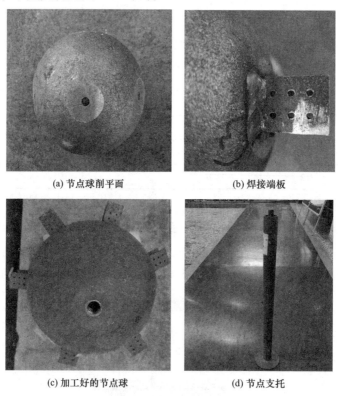

(a) 节点球削平面　　　　　　　(b) 焊接端板

(c) 加工好的节点球　　　　　　(d) 节点支托

图 5-71　节点球与节点支托

3）钢梁与连接件

试验模型与振动台通过钢梁连接在一起，利用钢梁适当地放大台面的尺寸，那么就要求钢梁的设计要保证足够的刚性。根据计算钢梁采用截面为□160×8 的方钢管就可以满足要求。支座设计为铰接，杆件首先与连接件铆接在一起，使用高强度螺栓替代销轴，连接连接件上的主耳板与焊接在钢梁上的次耳板。

4）模型组装

在所有零件加工完成后，首先利用节点支托将节点球定位并顶起至设计高度，将加工好的杆件安装至指定位置并与节点球铆接。拼接顺序纵向和跨度方向均为沿中间向两边。拼接完成后，去除节点支托。图 5-72（a）为拆除节点支托前模型，图 5-72（b）为拆除节点支托后放置于振动台台面上的网壳模型。图 5-72（c）为节点连接，图 5-72（d）为支座连接。

(a) 拆除节点支托前   (b) 拆除节点支托后

(c) 节点连接   (d) 支座连接

图 5-72　网壳试验模型

（4）模型加工精度

试验模型加工组装完成后，采用全站仪对拆除节点支托前后网壳节点位置分别进行测量。通过测量球面上不共面的四点坐标求出节点球心坐标，并计算误差。将拆除节点支托后的测量结果列于表 5-23。X 向的节点坐标最大偏差是 14mm，为网壳模型跨度的 1/257，平均偏差是 9mm，为网壳模型跨度的 1/400。Y 向节点最大偏差为 14mm，为网壳模型跨度的 1/257，平均偏差为 5mm，约为网壳模型跨度的 1/720。Z 向的节点坐标最大偏差是 11mm，约为网壳模型跨度的 1/327，平均偏差为 5mm，约为网壳模型跨度的 1/720。

节点球心坐标数据　　　　　　　　　表 5-23

节点编号	实测坐标			理论坐标			节点偏差		
	X	Y	Z	X_0	Y_0	Z_0	ΔX	ΔY	ΔZ
1	−0.008	−1.293	−0.408	0.000	−1.304	−0.416	−0.008	0.011	0.008
2	0.447	−1.309	−0.413	0.450	−1.304	−0.416	−0.003	−0.005	0.003
3	1.343	−1.299	−0.408	1.350	−1.304	−0.416	−0.007	0.005	0.008
4	2.241	−1.299	−0.409	2.250	−1.304	−0.416	−0.009	0.005	0.007

节点编号	实测坐标			理论坐标			节点偏差		
	X	Y	Z	X_0	Y_0	Z_0	ΔX	ΔY	ΔZ
5	3.138	−1.303	−0.417	3.150	−1.304	−0.416	−0.012	0.001	−0.001
6	3.590	−1.308	−0.416	3.600	−1.304	−0.416	−0.010	−0.004	0.000
7	−0.006	−0.691	−0.109	0.000	−0.684	−0.107	−0.006	−0.007	−0.002
8	0.896	−0.683	−0.103	0.900	−0.684	−0.107	−0.004	0.001	0.004
9	1.792	−0.674	−0.096	1.800	−0.684	−0.107	−0.008	0.010	0.011
10	2.689	−0.676	−0.097	2.700	−0.684	−0.107	−0.011	0.008	0.010
11	3.587	−0.679	−0.098	3.600	−0.684	−0.107	−0.013	0.005	0.009
12	0.000	0.000	0.000	0.000	0.000	0.000	0.000	0.000	0.000
13	0.447	−0.002	0.003	0.450	0.000	0.000	−0.003	−0.002	0.003
14	1.344	0.014	0.004	1.350	0.000	0.000	−0.006	0.014	0.004
15	2.236	0.001	−0.004	2.250	0.000	0.000	−0.014	0.001	−0.004
16	3.139	0.010	0.001	3.150	0.000	0.000	−0.011	0.010	0.001
17	3.581	−0.001	−0.005	3.600	0.000	0.000	−0.019	−0.001	−0.005
18	−0.002	0.678	−0.106	0.000	0.684	−0.107	−0.002	−0.006	0.001
19	0.891	0.683	−0.106	0.900	0.684	−0.107	−0.009	−0.001	0.001
20	1.793	0.686	−0.104	1.800	0.684	−0.107	−0.007	0.002	0.003
21	2.686	0.681	−0.109	2.700	0.684	−0.107	−0.014	−0.003	−0.002
22	3.589	0.694	−0.105	3.600	0.684	−0.107	−0.011	0.010	0.002
23	−0.001	1.297	−0.410	0.000	1.304	−0.416	−0.001	−0.007	0.006
24	0.444	1.307	−0.406	0.450	1.304	−0.416	−0.006	0.003	0.010
25	1.341	1.308	−0.411	1.350	1.304	−0.416	−0.009	0.004	0.005
26	2.238	1.308	−0.410	2.250	1.304	−0.416	−0.012	0.004	0.006
27	3.138	1.307	−0.411	3.150	1.304	−0.416	−0.012	0.003	0.005
28	3.589	1.305	−0.406	3.600	1.304	−0.416	−0.011	0.001	0.010

5.3.1.2　测点布置

本试验采用的加载装置及测量系统与球面网壳试验相同。

（1）应变片布置

测点布置需结合有限元计算结果，同时根据通道最大数量选取能够代表结构受力变化的关键部位，同时也要结合试验目的确定应变片的布置方式。确保能够合理地利用通道数量。

本节在模型中共布置了 50 个应变片，目的是监测网壳可能失效杆件，同时得到网壳的整体应力分布。在网壳的端杆，斜杆和纵杆端均有分布。考虑在网壳端部受力较大杆件布置较多的应变片重点监测，通道数量有限，所以共设计了 S1～S4 共 4 种应变片的布置方式（图 5-73）。

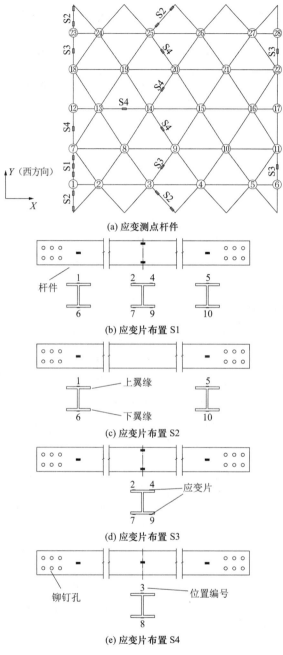

(a) 应变测点杆件

(b) 应变片布置 S1

(c) 应变片布置 S2

(d) 应变片布置 S3

(e) 应变片布置 S4

图 5-73 应变测点布置

应变片命名规则：

1）i-k，其中i为杆件编号，k表示应变片位置编号。

2）应变片位置编号由节点号小的指向大的。

（2）位移传感器布置

位移测点布置如图 5-74 所示，共布置 8 个激光位移计。沿东西向水平布置 6 个激光位移计，其中布置两个用来测量和校正台面的水平位移，其余 4 个监测节点的水平位移。沿南北向布置了一个位移计，用来监测南北向节点 22 的水平位移。竖向布置一个位移计，用来监测节点 24 的竖向位移。D 代表位移计，A 代表加速度计，D21-Y 表示布置在节点 21 的 Y 向加速度计，其余命名同此例。

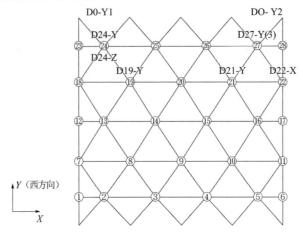

图 5-74　位移测点布置

（3）加速度传感器布置

加速度测点布置如图 5-75 所示。加速度传感器共布置了 23 个。在钢梁 X 向和 Y 向各布置两个（A0-X1、A0-X1、A0-Y1 和 A0-Y1），监测校正台面加速度，其余加速度计均用来监测网壳各节点的加速度。在网壳上分布布置加速度计，监测网壳整体的加速度响应。在网壳节点上可以布置水平与竖向加速度计，监测节点两个方向的加速度响应。A 代表加速度计，D23-Z 表示布置在节点 23 的 Z 向位移计，其余命名同此例。

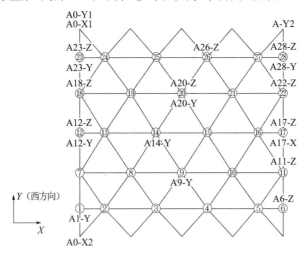

图 5-75　加速度测点布置

5.3.1.3　地震波及加载方案

（1）试验施加地震波

由于本次试验的目的是研究铝合金单层柱面网壳在强震作用下的破坏模式，因此我们根据试验模型的标准反应谱和自振特性，选取了结构响应较强、具有代表性的三条地震波，分别为 1952 年在 Taft Lincoln School 站记录的 Taft 地震波，时间间隔持时 54.34s；1940 年在 El Centro Array9 号站记录的 El Centro 波，持续时间 53.71s；1999 年台湾集集地震，测站 CHY058 记录的 CHY058 地震波，持时 90s。

（2）试验加载方案

本试验进行动力特性试验、弹性阶段试验、弹塑性阶段试验和破坏阶段试验。自振特性试验通过对模型进行白噪声扫频获取结构的前几阶自振频率；通过逐步加大地面加速度幅值（PGA）来完成弹性、弹塑性和破坏阶段试验。在弹性阶段分别输入 Taft 波、El Centro 波和 CHY058 波，对比不同水平方向地震作用的动力响应以及不同地震波作用下网壳的动力响应。根据有限元计算和实际加载的情况，确定弹性阶段的最大加载加速度幅值。弹塑性阶段输入加载所需位移较小的 Taft 波，增大台面加速度幅值观察结构何时进入塑性，并观察结构进入塑性后的动力响应。结构已经进入塑性并且塑性充分发展，进行破坏阶段试验，观察网壳模型最终的破坏模式与形态。将其工况命名为地震波-荷载方向-峰值加速度。例如 Taft-Y-0.1g 表示 Y 向荷载作用下 Taft 波的峰值加速度为 0.1g，试验加载工况见表 5-24。

试验加载工况　　　　　　　　　　　　　　表 5-24

试验阶段		输入地震波	PGA（g）	方向
弹性阶段试验	常遇地震	Taft El Centro CHY058	0.05 0.10 0.14	X Y
	罕遇地震	Taft El Centro CHY058	0.20 0.30 0.40 0.50 0.60	Y
弹塑性阶段试验		Taft	0.70 0.80 … 2.00	Y
破坏阶段试验		CHY058	0.70 0.80 0.90	Y

5.3.2　自振特性分析

对振动台施加白噪声激励，从节点的水平与竖向加速度响应曲线中截取一段衰减曲线，对截取的加速度曲线进行 FFT 变换，列出节点 20 的分析，见图 5-76。综合多条 FFT 变换曲线及理论分析获取网壳的前 6 阶自振频率和阻尼比，结果见表 5-25。

结构前 6 阶自振频率　　　　　　　　　　　　　表 5-25

编号	第 1 阶	第 2 阶	第 3 阶	第 4 阶	第 5 阶	第 6 阶
频率（Hz）	2.20	5.37	6.34	9.03	9.77	11.71
阻尼比	0.132	0.082	0.043	0.05	0.112	0.015

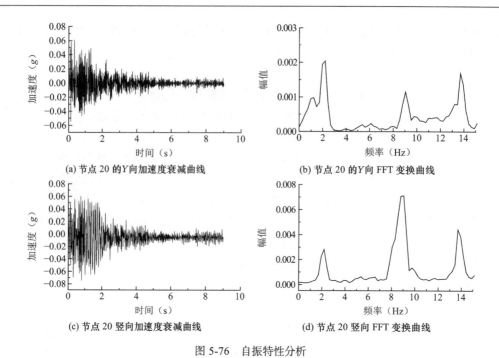

(a) 节点 20 的 Y 向加速度衰减曲线　　(b) 节点 20 的 Y 向 FFT 变换曲线

(c) 节点 20 竖向加速度衰减曲线　　(d) 节点 20 竖向 FFT 变换曲线

图 5-76　自振特性分析

5.3.3　弹性阶段试验现象与分析

5.3.3.1　试验现象

在常遇地震阶段，当台面输入的加速度峰值（PGA）较小时，网壳各节点轻微振动。地震波 X 向加载时，可以观察到网壳节点沿着 Z 向上下振颤，基本观察不到节点发生水平位移。地震波 Y 向加载时，网壳的变形明显大于地震波 X 向加载时，网壳节点会产生较为明显的水平位移和竖向位移。随着加载地震波幅值增大，网壳振动的幅度增大。

在常遇地震之后，可以观察到随着地震波幅值增大，网壳的响应明显增大。在加载过程中，也可以观察到 CHY058 地震波产生的位移响应明显大于其他两条地震波。地震波同一幅值下加载 CHY058 地震波，振动台台面产生的位移也是远远大于其他两条波。图 5-77 给出工况 CHY058-Y-0.6g 部分时刻网壳的变形图，图中虚线为网壳杆件轴线的初始位置，实线为杆件的轴线位置。Y 向加载时，可以观察到网壳中部节点的位移较小，靠近支座的节点位移较大。网壳的最大变形发生在网壳跨向的 1/4 处，形状基本呈反对称。监测到的网壳节点 24 的水平位移最大已经达到 40mm，为壳体跨度的 1/90；竖向位移最大达到 34mm，为网壳跨度的 1/105。但是加载完毕后网壳依旧恢复如初。根据应力和位移响应可以判断网壳仍处于弹性状态。

(a) 网壳变形 1　　　　　　　　　　(b) 网壳变形 2

图 5-77　CHY058-Y-0.6g 网壳变形图

5.3.3.2 加速度响应

（1）常遇地震

常遇地震阶段试验对网壳模型施加了X向与Y向的地震波，对数据进行分析后发现X向振动台加载性能不如Y向。常遇地震下重点分析Y向加载的动力响应。选取X向加载时表现相对较好的0.1g的Taft波加载工况进行分析，对比X向和Y向加载时网壳的动力响应差异。

1）工况Taft-X-0.1g与工况Taft-Y-0.1g加速度响应对比

X方向和Y方向加载均可引起网壳Y方向和Z方向的加速度响应。网壳在X方向加载的Z方向加速度响应大于Y方向加载的加速度响应，Z方向加速度响应最大值出现在节点22处，Y方向加载Z方向加速度响应最大出现在节点25处。图5-78和图5-79分别为节点22和节点25的加速度时程曲线。

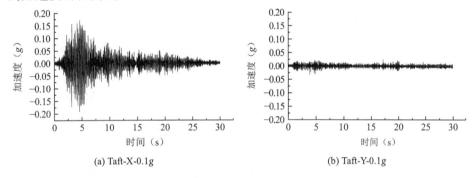

(a) Taft-X-0.1g   (b) Taft-Y-0.1g

图5-78 节点22的Z方向加速度时程曲线

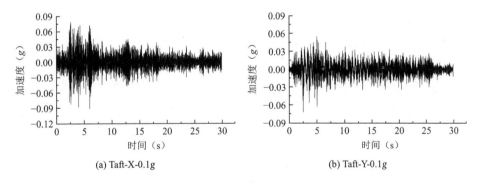

(a) Taft-X-0.1g   (b) Taft-Y-0.1g

图5-79 节点25的Z方向加速度时程曲线

从图中可以明显看出，X方向Taft地震波加载时节点22和节点25的Z方向加速度大于Y方向Taft地震波加载时的加速度。结合Taft地震反应谱曲线和实测模型频率，谱曲线中第3个模型频率的谱加速度大于前两个模型的谱加速度。模型第3阶模态振型的变形主要是结构的X方向平移和节点22、25的Z方向变形，导致X方向Taft地震波加载时Z方向加速度峰值较大。同时，这也说明结构的加速度响应深受地震波谱特征和结构动力特性的影响。

2）地震波幅值对节点加速度影响

选取部分节点绘制节点最大加速度响应随地震波幅值增大的变化曲线（图5-80）。可以看出节点的水平与竖向加速度响应基本随地震波加速度峰值增大而增大，不同地震波作用下各点的加速度响应有较大不同。节点 12 的水平加速度响应在地震波加速度幅值为 0.05g 时，El Centro 波作用的响应大于 Taft 波作用，为 0.1g 及 0.14g时，Taft 波作用的响应大于 El Centro 波。节点 12 的竖向加速度响应在地震波加速度峰值为 0.05g 时，Taft 波作用的响应小于 El Centro 波及 CHY058 波，而为 0.1g 与 0.14g时，Taft 波作用的响应大于 El Centro 波及 CHY058 波。节点 20 与节点 23 的加速响应基本都是 CHY058 波作用下最大。经过统计可以发现网壳中的大部分节点在地震波幅值为 0.14g时，CHY058 波作用时加速度响应最大。由此可见，结构的加速度响应深受地震波谱特征、结构动力特性和地震波幅值的影响。

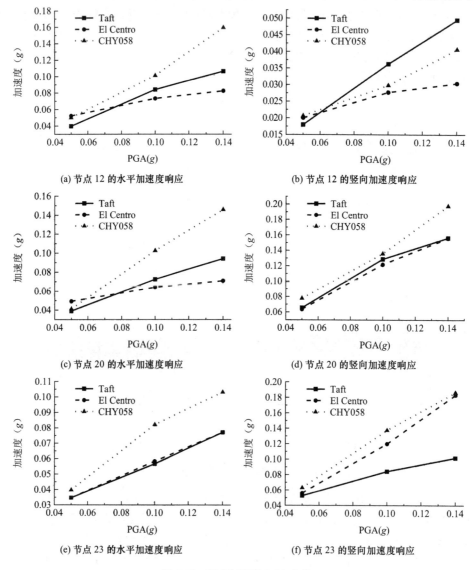

图 5-80　节点加速度-PGA 曲线

（2）罕遇地震

表 5-26 和表 5-27 列出了 PGA 为 0.6g不同地震波作用下网壳节点 Y、Z 方向的最大加速度响应。在 Taft 地震波和 El Centro 地震波作用下，节点 17 和节点 31 的 Y 方向和 Z 方向加速度响应分别最大。对于 CHY058 地震波，节点 28 在 Y 方向的加速度响应最大，节点 16

在 Z 方向的加速度响应最大。在三种地震波作用下，Y 方向加速度响应最大值与输入加速度幅值之比均小于 1，说明网壳的 Y 方向加速度响应没有放大，但 Y 方向加载使网壳的 Z 方向加速度响应较大。

Y 方向最大加速度响应值（PGA = 0.6g）　　　　表 5-26

地震波	节点						
	6	14	17	19	25	28	33
Taft	0.254	0.353	0.391	0.347	0.345	0.345	0.363
El Centro	0.322	0.464	0.488	0.370	0.362	0.390	0.369
CHY058	0.567	0.407	0.402	0.318	0.417	0.573	0.459

Z 方向最大加速度响应值（PGA = 0.6g）　　　　表 5-27

地震波	节点										
	11	12	16	17	22	23	25	27	28	31	33
Taft	0.545	0.463	0.437	0.321	0.228	0.443	0.552	0.481	0.357	0.569	0.414
El Centro	0.458	0.388	0.489	0.463	0.387	0.595	0.571	0.627	0.500	0.660	0.454
CHY058	0.451	0.687	0.800	0.526	0.490	0.573	0.723	0.671	0.483	0.523	0.547

节点的加速度响应随着 PGA 的增加呈线性增加。在不同地震波作用下，节点的加速度响应存在较大差异。图 5-81 为不同地震波作用下节点 28 的最大加速度响应曲线。结果表明：CHY058 波的最大 Y 方向和 Z 方向加速度响应均大于 Taft 波和 El Centro 波，El Centro 波产生的水平加速度显著大于 Taft 波，最大垂直加速度响应接近 Taft 波。

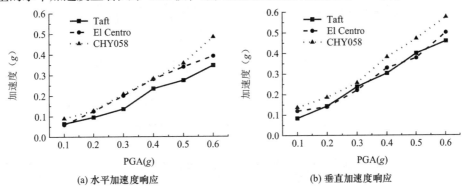

(a) 水平加速度响应　　　　　(b) 垂直加速度响应

图 5-81　节点 28 的加速度响应曲线

5.3.3.3　位移响应

（1）常遇地震

1）工况 Taft-X-0.1g 与工况 Taft-Y-0.1g 位移响应对比

图 5-82 为工况 Taft-X-0.1g、Taft-Y-0.1g 实测的节点 24 的竖向位移时程曲线。节点 24 的最大竖向位移为 2.08mm，是 X 向加载时节点 24 竖向位移的 2.97 倍。其他节点的位移采用加速度计积分，消除趋势项和滤波后得到节点的位移时程曲线（图 5-83）。节点竖向位移

最大值列于表 5-28、表 5-29。网壳端部中心节点 12、节点 17 与节点 28 竖向位移响应最大，达到 1.07mm。对比 X 向加载，可以发现 Y 向加载时，节点的整体位移响应明显大于 X 向加载。

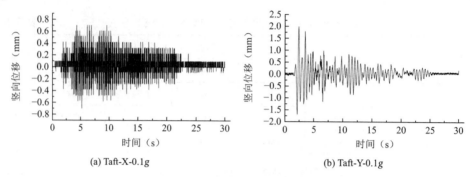

(a) Taft-X-0.1g　　　　　　　　(b) Taft-Y-0.1g

图 5-82　节点 24 竖向位移时程曲线

工况 Taft-X-0.1g 节点位移响应最大值　　　　表 5-28

节点	1	6	7	9	11	12	14
Z 向	—	0.53	0.51	—	0.6	1.05	—
节点	17	18	20	22	23	26	28
Z 向	1.07	0.80	0.27	0.52	0.54	0.27	1.07

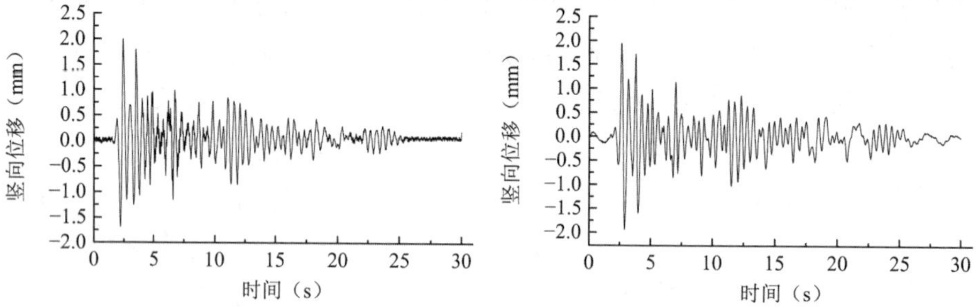

(a) 实测节点 24 的竖向位移时程曲线　　　(b) 积分的节点 23 位移时程曲线

图 5-83　工况 Taft-Y-0.1g 节点位移时程曲线

工况 Taft-Y-0.1g 节点位移响应最大值（mm）　　　　表 5-29

节点	1	6	7	9	11	12	14
Z 向	—	1.61	1.95	—	2.13	0.57	—
节点	17	18	20	22	23	26	28
Z 向	0.14	2.41	2.26	2.15	1.95	1.75	1.92

2）地震波幅值对节点位移的影响

对 Y 向加载地震波网壳的节点位移响应进行分析。依据以上分析选取部分响应较大的节点绘制最大位移响应随地震波峰值增大的变化曲线（图 5-84）。节点 19 与节点 24 位移响应为实测，节点 12 与节点 18 使用加速度积分得到。网壳整体的竖向位移与水平位移响应是处于同一量级的。节点的位移响应随地震波峰值增大基本呈线性关系，可见网壳处于弹性状态。

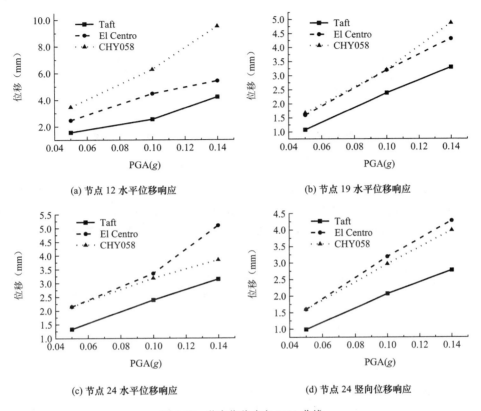

(a) 节点 12 水平位移响应　　(b) 节点 19 水平位移响应

(c) 节点 24 水平位移响应　　(d) 节点 24 竖向位移响应

图 5-84　节点位移响应-PGA 曲线

（2）罕遇地震

选取实测的节点 19、21 位移-时程曲线以及节点 19、21、24 的最大位移随 PGA 变化曲线，见图 5-85。网壳在加速度峰值为 0.6g 时，节点 19 的最大水平相对位移已经达到 16.90mm，节点 24 的最大水平位移为 18.78mm，最大竖向位移为 34.63mm。从节点 19 与节点 24 的位移响应来看，在三条地震波作用下，节点的最大位移随加速度幅值增大基本呈线性变化，由此也可以看出结构是处于弹性的。引起网壳整体位移响应从大到小的地震波的排序为 CHY058、El Centro、Taft。

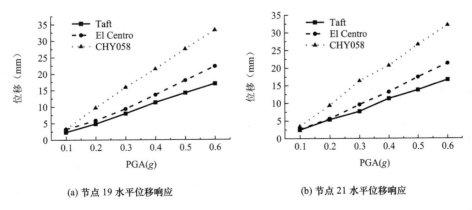

(a) 节点 19 水平位移响应　　(b) 节点 21 水平位移响应

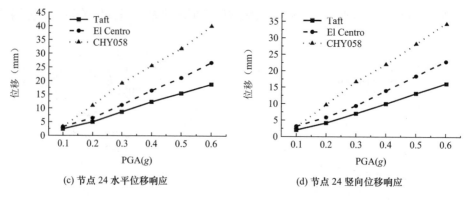

(c) 节点 24 水平位移响应　　　　　　　(d) 节点 24 竖向位移响应

图 5-85　节点位移响应-PGA 曲线

使用加速度积分出各个测点位移，见表 5-30～表 5-32。可以看出三条地震波作用下所布置测点测得的竖向位移最大的均是节点 20。位于同一纵边中部节点的最大节点竖向位移略大于端部节点，网壳端部节点位移响应最大的节点均为位于网壳对称位置的节点 7、11、18 与 22。

工况 Taft-Y-0.6g 节点位移响应最大值（mm）　　　　　表 5-30

节点	1	6	7	9	11	12	14
Z向	—	11.24	13.85	—	14.37	0.57	—
节点	17	18	20	22	23	26	28
Z向	0.89	14.74	16.95	15.36	14.71	12.96	11.41

工况 El Centro-Y-0.6g 节点位移响应最大值（mm）　　　　表 5-31

节点	1	6	7	9	11	12	14
Z向	—	15.46	20.32	—	20.72	3.41	—
节点	17	18	20	22	23	26	28
Z向	1.60	21.35	24.00	21.18	22.89	18.92	18.47

工况 CHY058-Y-0.6g 节点位移响应最大值（mm）　　　　表 5-32

节点	1	6	7	9	11	12	14
Z向	—	23.19	27.49	—	28.12	6.34	—
节点	17	18	20	22	23	26	28
Z向	3.55	33.10	34.97	30.86	29.24	25.86	24.45

5.3.3.4　应力应变响应

（1）常遇地震

1）工况 Taft-X-0.1g、工况 Taft-Y-0.1g 应变响应

图 5-86 给出工况 Taft-X-0.1g 的部分应变片实测的应变时程曲线，杆件上应变都极小，最大拉应变为 104.99με，最大压应变为 -108.65με。统计所有测点的应变，发现实际测得的

杆件 2-1 应变最大。结果表明，在地震作用下杆件主要承受轴力与弯矩作用，而且弯矩影响极大。杆件三个截面的轴力与弯矩分别产生的应变，依据实测的应变值计算（图 5-86）。三个截面的最大应变比分别为 2.76、4.22 和 1.40。结果表明，在 X 方向荷载作用下，弯矩对构件的影响较大，构件两端轴向力大于中间轴向力，构件中间弯矩值介于构件两端轴向弯矩值之间。

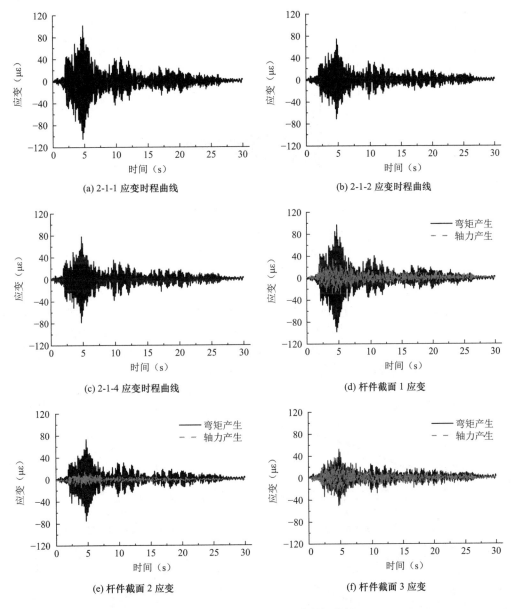

(a) 2-1-1 应变时程曲线

(b) 2-1-2 应变时程曲线

(c) 2-1-4 应变时程曲线

(d) 杆件截面 1 应变

(e) 杆件截面 2 应变

(f) 杆件截面 3 应变

图 5-86 工况 Taft-X-0.1g 应变数据分析

在 Taft-Y-0.1g 下杆件 2-1 的应变如图 5-87 所示。2-1 测得的三截面弯矩所产生的应变相似且远大于轴向力所产生的应变。三段弯矩产生的最大应变与轴力之比分别为 13.30、22.52、10.71。在 X 方向和 Y 方向地震波作用下，杆件 2-1 主要受弯矩影响，且 Y 方向作用下弯矩的影响远大于 X 方向地震波作用下的影响。

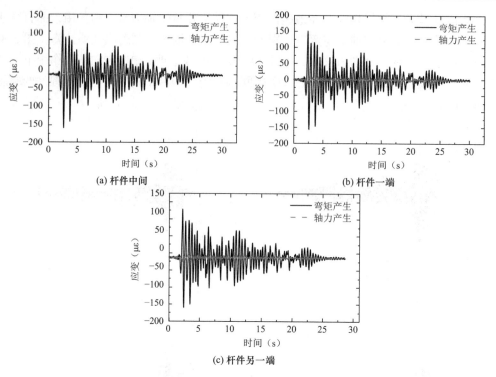

(a) 杆件中间

(b) 杆件一端

(c) 杆件另一端

图 5-87　杆件 2-1 的应变（Taft-Y-0.1g）

2）杆件应变随地震波幅值变化规律

以上已对X向与Y向加载时，网壳杆件的应变响应进行了对比分析。选取部分应变响应较人的杆件绘制应变响应随地震波幅值增大的变化曲线（图 5-88）。应变都在随着地震波加速度幅值增大而增大，基本还是呈线性关系的。可以确定在常遇地震加载阶段网壳处于弹性状态。CHY058 地震波作用下网壳整体的应变响应最大。

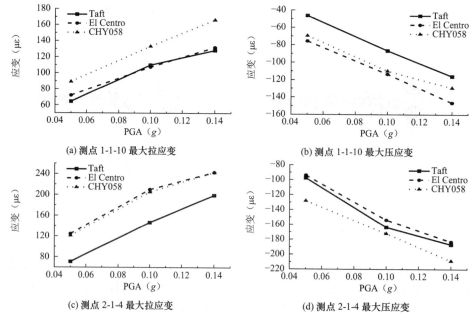

(a) 测点 1-1-10 最大拉应变

(b) 测点 1-1-10 最大压应变

(c) 测点 2-1-4 最大拉应变

(d) 测点 2-1-4 最大压应变

图 5-88　杆件应变-PGA 曲线

（2）罕遇地震试验

表 5-33～表 5-35 统计了网壳杆件中部的弯曲应力最大值 σ_{Mmax} 与轴应力最大值 σ_{Nmax}。三条地震波作用下，位于网壳边缘拱处的杆件的应力响应大于具有相同纵向网格的倾斜杆件。不同地震波作用下，网壳边缘拱的杆件与斜杆的应力响应比值不同。同一纵格栅内 2-1、2-5、1-10 的最大应力比在 Taft 波下为 1.21：1：1.23，El Centro 波下为 1.51：1：1.54，CHY058 波下为 1.32：1：1.32。上述 4 个杆件所在的纵向网格的斜杆件比其他网格的斜杆件承受的应力更大，是三种地震波作用下应力最大的杆件，是网壳的关键受力杆件。统计的杆件除纵杆 3-12 之外，弯矩产生的应力占杆件应力比例均超过 60%，大部分集中在 85%～93% 之间。纵杆 3-12 与其他斜杆相比受力较小，在水平地震作用下以受轴力为主。在水平地震作用下，网壳的主要受力杆件均以受弯为主，所以对单层柱面网壳进行抗震设计时必须要考虑弯矩的重要影响。

杆件应力分布（Taft-Y-0.6g）　　　　　　　　　　表 5-33

杆件编号	σ_{Mmax}（MPa）	σ_{Nmax}（MPa）	$\sigma_{Mmax}/\sigma_{Nmax}$	$\sigma_{Mmax}/\sigma_{(N+M)max}$
2-1	44.53	5.78	7.70	0.89
2-5	35.38	6.23	5.68	0.85
2-10	46.21	5.09	9.08	0.90
3-5	22.19	5.32	4.17	0.81
3-12	1.25	6.31	0.20	0.17
4-5	20.48	3.72	5.51	0.85
5-1	45.22	7.60	5.95	0.86
5-5	38.11	5.55	6.87	0.87
5-10	55.48	5.32	10.43	0.91

杆件应力分布（El Centro-Y-0.6g）　　　　　　　　表 5-34

杆件编号	σ_{Mmax}（MPa）	σ_{Nmax}（MPa）	$\sigma_{Mmax}/\sigma_{Nmax}$	$\sigma_{Mmax}/\sigma_{(N+M)max}$
2-1	69.39	6.16	11.26	0.92
2-5	44.72	5.32	8.40	0.89
2-10	70.53	6.46	10.92	0.92
3-5	26.03	5.62	4.63	0.82
3-12	4.14	15.50	0.26	0.21
4-5	25.27	7.90	3.20	0.76
5-1	78.96	5.78	13.66	0.93
5-5	54.87	7.14	7.68	0.88
5-10	85.80	6.08	14.11	0.93

杆件应力响应（CHY058-Y-0.6g）　　　　　　　　表 5-35

杆件编号	σ_{Mmax}（MPa）	σ_{Nmax}（MPa）	$\sigma_{Mmax}/\sigma_{Nmax}$	$\sigma_{Mmax}/\sigma_{(N+M)max}$
2-1	92.45	8.13	11.37	0.92
2-5	66.31	10.03	6.61	0.87

杆件编号	σ_{Mmax}（MPa）	σ_{Nmax}（MPa）	$\sigma_{Mmax}/\sigma_{Nmax}$	$\sigma_{Mmax}/\sigma_{(N+M)max}$
2-10	93.25	7.52	12.40	0.93
3-5	32.30	14.82	2.18	0.69
3-12	2.17	11.55	0.19	0.16
4-5	41.91	7.37	5.69	0.85
5-1	97.88	7.98	12.26	0.92
5-5	51.53	7.22	7.14	0.88
5-10	88.57	5.40	16.40	0.94

　　绘制部分测点的应变最大值在不同地震波作用下随加速度峰值的变化曲线（图 5-89～图 5-91）。杆件的应变均随着地震波加速度峰值的增大而增大，但是所有杆件的应变均未达到材料的屈服应变。首先，原型结构的尺寸符合实际。但是，在满足上述相似比的前提下，试验模型的结构刚度与原型结构的结构刚度比例并不相似。因此，试验模型的刚度是较大的。此外，柱面网壳的动力响应对地震波谱非常敏感。实际试验模型的基频与三种地震波的响应谱曲线中谱加速度峰值所对应的频率并不完美匹配。因此，在罕见地震作用下，结构的应变响应仍然很小。CHY058 波作用下构件应变响应最大，El Centro 波次之，Taft 波最小。节点 6 附近的应变最大，说明节点 6 是网壳的关键节点。根据网壳的对称性，节点 6、11、28、33 为网壳中的关键节点。

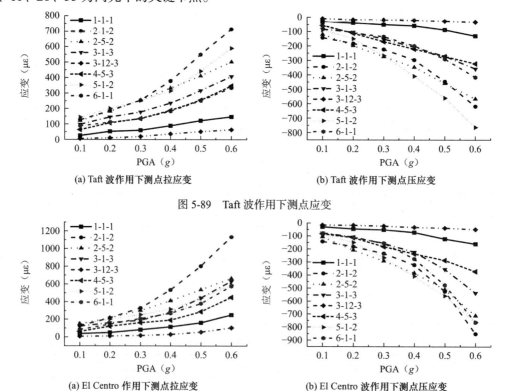

(a) Taft 波作用下测点拉应变　　　　　　(b) Taft 波作用下测点压应变

图 5-89　Taft 波作用下测点应变

(a) El Centro 作用下测点拉应变　　　　　(b) El Centro 波作用下测点压应变

图 5-90　El Centro 波作用下测点应变

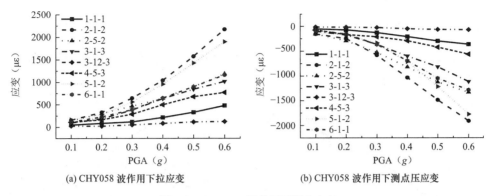

(a) CHY058 波作用下拉应变　　　　　(b) CHY058 波作用下测点压应变

图 5-91　CHY058 波作用下测点应变

5.3.4　弹塑性阶段试验现象与分析

5.3.4.1　试验现象

考虑到 CHY058 地震波的响应虽然大于其他两条波,但是依据动力响应及振动台限制位移判别,该地震波只能加载到 0.9g,依据之前的加载情况判别,在该地震波峰值,并不能使结构产生破坏。同时 Taft 波可以将加地震波速度峰值加至 2g,可以充分地考察网壳的塑性发展,所以选择需要加载位移更小的 Taft 波继续进行强震阶段的加载。该阶段使用 Taft 波一直加载至 2g,可以观察随着地震波幅值的增大,结构的动力响应在逐渐增大。加载至 2g 时,台面达到位移限制,网壳在加载过程中节点 24 的水平位移最大达到 79.06mm,竖向位移达到 62.02mm,分别为模型跨度的 1/45、1/53。某一时刻的网壳变形呈现出反对称的变形,见图 5-92(a),图中实线代表网壳加载时杆件轴线位置,虚线代表加载前杆件的轴线位置。杆件 2-1 和杆件 5-1 端部已经产生明显的塑性变形,表现为杆件端部翼缘屈曲,有轻微的弯曲变形(图 5-92b 和 c)。

(a) 网壳某时刻变形

(b) 杆件 2-1 端部变形

(c) 杆件 5-1 端部变形

图 5-92　网壳变形

5.3.4.2 加速度响应

图 5-93 给出了杆件 2-1 与 PGA 的最大应变响应关系。曲线分为弹性阶段和塑性阶段，以应变超过 0.22%为分割线。

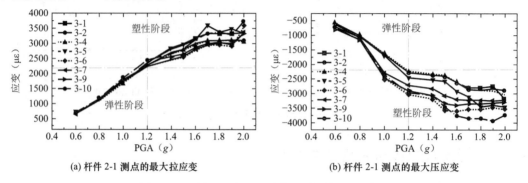

(a) 杆件 2-1 测点的最大拉应变　　　　　　(b) 杆件 2-1 测点的最大压应变

图 5-93　不同 PGA 的 Taft 波作用下杆件 2-1 的应变

在 PGA 为 1.2g 时，杆件 2-1 和 5-1 的应变超过屈服应变，构件达到塑性阶段。节点的加速度响应和位移响应仍随 PGA 呈线性增长。可以观察到网壳的刚度不受局部杆件塑性的影响。绘制节点 12、20、23 的加速度响应随地震波幅值变化曲线，图 5-94（a）为水平加速度响应，图 5-94（b）为竖向加速度响应。可以看到在 1.4g 之前，节点加速度响应随地震波幅值增大基本呈线性关系，而在 1.5g 的最大加速度响应并未有明显增长，呈现明显的非线性，且部分节点加速度响应变小。此时，2-1、5-1 和 5-10 处于塑性阶段。当 PGA 达到 1.6g 时，2-10 达到塑性阶段，力最大的 4 个边拱杆件均处于塑性阶段。当 PGA 为 1.7g 时，节点位移不随 PGA 的增加而线性增加，曲线斜率迅速减小。对于壳体刚度，加速度响应比位移响应更为敏感。当 PGA 达到 2.0g 时，网壳边缘拱部只有杆件 2-1、2-10、5-1 和 5-10 达到塑性阶段，仅占该阶段网壳杆件的 5%。发现网壳的塑性发育主要发生在网壳边拱的 4 个杆件。

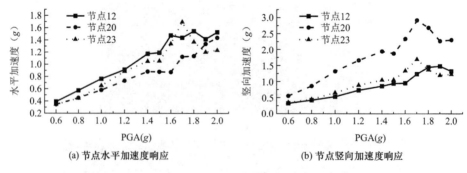

(a) 节点水平加速度响应　　　　　　(b) 节点竖向加速度响应

图 5-94　节点加速度-PGA 曲线

提取网壳所有测点的 1.4g 和 1.5g 时节点加速度最大响应值（表 5-36 和表 5-37）。对比所有测点的加速度响应变化。1.4g 加载时，水平加速度响应最大的是节点 12，最大值为 1.173g。竖向加速度响应最大的是节点 11，最大值为 2.008g。地震波加速度峰值由 1.4g 增大为 1.5g 时，水平加速度响应最大的仍是节点 12，数值由 1.173g 增大至 1.190g，没有明显增大；竖向加速度响应最大由节点 11 变为节点 18，但数值由 2.008g 减小为 1.980g。节点

1、20 的水平加速度均略有减小，节点 20、22 的竖向加速度响应也变小。

工况 Taft-Y-1.4g 节点加速度响应最大值（g）　　　表 5-36

节点	1	6	7	9	11	12	14
Y向	1.021	—	—	0.855	—	1.173	0.882
Z向	—	1.423	1.797		2.008	0.860	
节点	17	18	20	22	23	26	28
Y向	—	—	0.882	—	1.049	—	0.941
Z向	0.947	1.910	1.942	1.556	1.397	1.332	1.411

工况 Taft-Y-1.5g 节点加速度响应最大值（g）　　　表 5-37

节点	1	6	7	9	11	12	14
Y向	0.890	—	—	0.887	—	1.190	0.898
Z向	—	1.493	1.861		1.504	0.942	
节点	17	18	20	22	23	26	28
Y向	—	—	0.878	—	1.054	—	1.001
Z向	1.088	1.980	1.877	1.175	1.840	1.386	1.789

　　提取网壳所有测点在地震波加速度峰值为 1.7g 和 1.8g 时节点加速度最大响应（表 5-38 和表 5-39）。1.7g 加载时，水平加速度响应最大的是节点 12，最大值为 1.439g。竖向加速度响应最大的是节点 20，最大值为 2.921g。地震波加速度峰值由 1.7g 增大为 1.8g 时，水平加速度响应最大的仍是节点 12，数值由 1.439g 增大至 1.546g；竖向加速度响应最大的节点仍为节点 20，数值由 2.921g 减小为 2.688g。水平加速度响应变小的节点仅有节点 28，其余节点的水平加速度响应均增大。竖向加速度响应减小有节点 20、21 和 23。

工况 Taft-Y-1.7g 时节点加速度响应最大值（g）　　　表 5-38

节点	1	6	7	9	11	12	14
Y向	1.129	—	—	1.102	—	1.439	1.085
Z向	—	1.682	1.473		1.600	1.235	
节点	17	18	20	22	23	26	28
Y向	—	—	1.124	—	1.179	—	1.329
Z向	0.556	2.199	2.921	1.749	2.032	2.028	1.431

工况 Taft-Y-1.8g 时节点加速度响应最大值（g）　　　表 5-39

节点	10	6	7	9	11	12	14
Y向	1.472	—	—	1.225	—	1.546	1.259
Z向	—	2.034	1.679		1.841	1.450	—
节点	17	18	20	22	23	26	28
Y向	—	—	1.136	—	1.369	—	1.169
Z向	1.013	2.301	2.688	1.740	1.880	2.057	1.567

5.3.4.3 位移响应

取节点 24 的水平和竖向位移以及节点 27 的水平位移随台面加速度幅值变化曲线，见图 5-95。可以看出在 1.7g 之前，节点位移响应随加速度幅值增大基本呈线性关系，在 1.7g 才开始明显呈非线性，而且节点位移随着地震波加速度峰值不再明显增长，曲线斜率变小。地震波加速度峰值达到 2.0g 时，节点 24 的水平位移达到 79.06mm，竖向位移达到 62.02mm。但是网壳仍然可以恢复原来的形状，除部分杆件端部有局部的变形外，并未观察到网壳整体发生大变形。对于壳体，加速度响应比位移响应更为敏感。

表 5-40 为加速度积分得到的网壳各节点的最大位移值。对比积分得到节点 23 的位移与实测节点 24 的位移，可以发现实测位移与积分得到的位移值较为接近。在地震波作用下，除网壳中部的节点竖向位移较小，其余节点均在加载过程中达到较大位移。

2.0g 时节点位移响应最大值（mm） 表 5-40

节点	1	6	7	9	11	12	14
Z 向	—	36.82	47.32	—	48.28	13.75	—
节点	17	18	20	22	23	26	28
Z 向	9.548	63.10	69.50	55.25	56.61	49.88	43.59

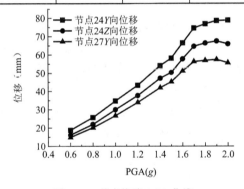

图 5-95 节点位移-PGA 曲线

5.3.4.4 应变响应

绘制受力较大及关键部位的杆件的应力变化，见图 5-96。多数杆件在地震波加速度峰值为 1.2g 前，应变响应随地震波幅值增大基本保持线性关系。在地震波加速度峰值达到 1.2g 之后，部分杆件的应变响应随地震波加速度峰值增大不再保持线性关系。

分析测点的应变数据，可以发现在地震波加速度峰值为 1.2g 时，已经监测到杆件 2-1 与 5-1 部分测点应变超过屈服应变，杆件进入塑性。1.4g 监测到应变位置 5-10-9 最大压应变达到 −3117.86με，杆件 5-10 进入塑性。由于节点连接采用了铆接，节点区杆件的最外侧螺栓孔处一定是受力最大的部位，此处的应变应该最早达到屈服应变。由于试验条件所限，应变测点并不能准确测得杆件上最大应变的点。可以推测在 1.2g 之前，部分杆件的螺栓孔处应该已经受压进入塑性。地震波加速度峰值达到 2.0g 时，测点仅仅监测到杆件 2-1、2-10、5-1 与 5-10 进入塑性。

虽然在地震波加速度峰值达到 1.2g 时，已经有杆件及杆件连接部位的螺栓孔进入塑性，但是从位移响应来看，对结构的变形影响还是极小的。布置的位移测点并未直接反映出网壳的这种变化，但是加速度响应在1.4g时就已经表现出明显的非线性。

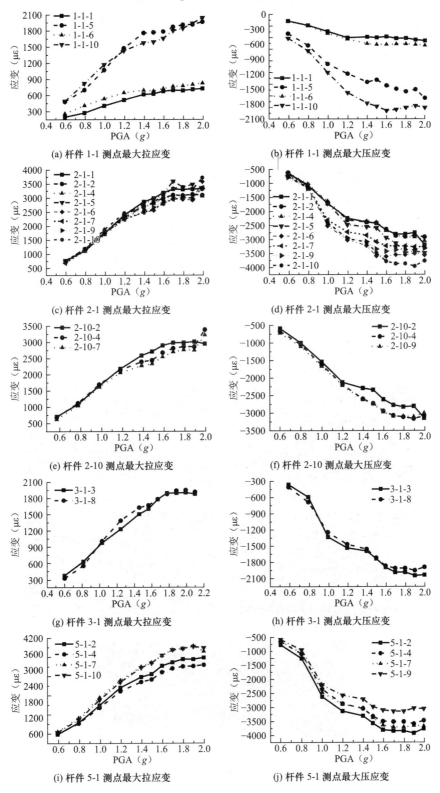

(a) 杆件 1-1 测点最大拉应变

(b) 杆件 1-1 测点最大压应变

(c) 杆件 2-1 测点最大拉应变

(d) 杆件 2-1 测点最大压应变

(e) 杆件 2-10 测点最大拉应变

(f) 杆件 2-10 测点最大压应变

(g) 杆件 3-1 测点最大拉应变

(h) 杆件 3-1 测点最大压应变

(i) 杆件 5-1 测点最大拉应变

(j) 杆件 5-1 测点最大压应变

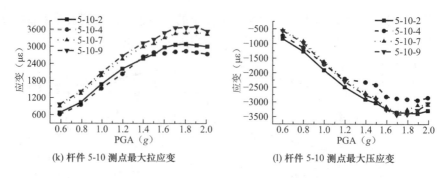

(k) 杆件 5-10 测点最大拉应变   (l) 杆件 5-10 测点最大压应变

图 5-96   杆件应变随地震波峰值变化曲线

5.3.5 网壳倒塌试验现象与分析

    Taft 地震波加载至 2g 时，此时结构已经进入塑性，振动台台面位移已经达到限值，无法继续加大地震波幅值。判断结构已经出现较大损伤，选择之前响应最大的 CHY058 波继续加载，观察结构的倒塌。最终地震波加速度峰值加载至 0.9g 时，振动台面也已经达到最大位移。

    地震波加载至 24s 时，杆件 5-1 端部发生断裂，节点 23 的竖向位移明显增大，偏离纵边位置（图 5-97a）。之后杆件 5-3、5-4 发生扭曲，节点 24 也偏离原来位置，网壳局部已经呈现出一凹坑（图 5-97b）。继续加载，节点 32 与节点 18 的竖向位移继续增大，凹坑进一步加大（图 5-97c）。随着杆件 4-1 端部也发生断裂，节点 18 的竖向位移突增（图 5-97d）。网壳一侧完全倒塌，但另一侧还保持拱形，最终呈现不对称的破坏（图 5-97e）。

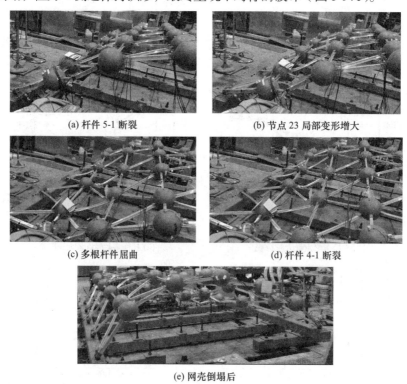

(a) 杆件 5-1 断裂   (b) 节点 23 局部变形增大

(c) 多根杆件屈曲   (d) 杆件 4-1 断裂

(e) 网壳倒塌后

图 5-97   网壳倒塌阶段

观察网壳倒塌后杆件的变形。网壳端部杆件 2-1、4-1、5-1 等截面较大的杆件，其端部沿着翼缘开孔处整个截面几乎完全断开，但是杆件并未见到其他的明显变形。大多数斜杆都产生严重扭曲，杆件端部并未断开，有部分斜杆端部产生断裂。网壳的所有纵杆变形很小。观察网壳可以发现杆件的破坏形态主要有以下两种：（1）杆件端部断裂（图 5-98）；（2）杆件整体扭曲（图 5-99）。由坍塌现象可知，铝合金圆柱网壳的破坏模式为边拱 H 截面构件的扭转-弯曲屈曲和接头连接处的翼缘断裂，破坏位置与自振模态下大变形位置一致。这表明结构的边拱是结构的弱刚度部分。因此，在实际工程设计中，可以通过增加构件截面、限制长细比或采用屈曲约束支撑来提高抗震性能。

(a) 杆件 4-1   (b) 杆件 5-3

图 5-98 杆件端部断裂

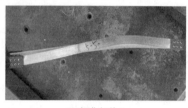

(a) 扭曲杆件 1   (b) 扭曲杆件 2

图 5-99 杆件扭曲

5.3.5.1 动力响应

在 Taft 波加载加速度峰值达到 2.0g 时，网壳已经进入塑性，网壳部分杆件端部已经有了明显变形。但是由于振动台位移已经达到限值，无法再加大 Taft 波的幅值。选用之前响应较大的 CHY058 波，按从加速度峰值 0.7g 加载至 0.9g，最终地震波加速度峰值为 0.9g 时，网壳杆件 5-1 端部首先断裂，引起网壳的整体倒塌。

图 5-100 为连接到断裂杆件 5-1 的节点 24 的加速度时程曲线。当 PGA 达到 0.9g 时，节点 27 的加速度响应远大于其他节点。最大水平加速度为 3.0g，最大垂直加速度为 3.5g。

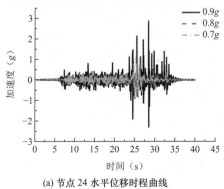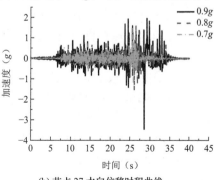

(a) 节点 24 水平位移时程曲线   (b) 节点 27 水向位移时程曲线

图 5-100 节点位移时程曲线

杆件 2-1 和 5-1 的应变时程曲线如图 5-101 所示。当 PGA 为 0.7g 和 0.8g 时，构件在加载过程中应变超过屈服应变，加载结束时不恢复为零。在 PGA 为 0.9g 时，可以看到杆件应变在 24s 时突然偏移平衡位置，到达另一个平衡位置。可以判断在地震波加载至 24s 时网壳发生了倒塌。统计网壳测点应变，证明杆件 2-1、2-10、5-1 与 5-10 在网壳开始坍塌前进入塑性阶段。

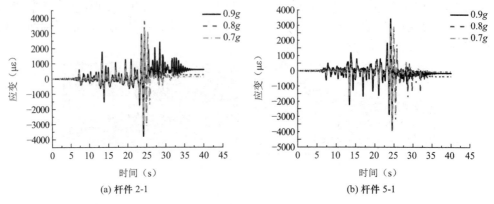

(a) 杆件 2-1　　　　　　　(b) 杆件 5-1

图 5-101　测点应变时程曲线

5.3.5.2　网壳倒塌分析

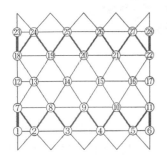

图 5-102　网壳关键受力杆件示意

结合前述分析,可以确定杆件受力的关键区域与关键杆件。如图 5-102 所示，加粗的杆件是网壳受力的关键杆件，最粗的为杆件受力最大的杆件。地震作用下，刚度较大的边拱杆件比同一纵向网格内的斜拱杆件承受较大的弯矩，其应变响应也大于其他杆件。杆件主要承受弯矩，而且杆件端部弯矩大于杆件中部。网壳的节点连接方式为铆接，杆件在节点区域均有开孔，杆件上下翼缘被削弱。而杆件翼缘是承受弯矩的主要部位，所以杆件端部有可能会首先发生破坏。整理网壳中杆件端部的破坏形态，所有的破坏部位均是沿着节点区域杆件最外侧螺栓孔处向腹板扩展（图 5-103）。

本节的网壳试验模型，在 Taft 地震波作用下，加速度峰值为 1.2g 就已经有杆件进入塑性，在 Taft 地震波加速度峰值加载至 2.0g 时，部分杆件端部上下翼缘已经产生较为明显的塑性变形。最终杆件 5-1 与节点 23 连接的杆件端部首先断裂，破坏形式见图 5-103。杆件断裂部位是在节点区域杆件下翼缘最外侧螺栓孔处，原因是净截面削弱处受拉应力达到了断裂应变。杆件 5-1 是网壳的关键受力杆件，杆件 5-1 端部发生断裂后，基本不能再受力，网壳内力重新分布。与之相邻的杆件受力明显增大，长细比较小的杆件开始扭曲，丧失承载力。网壳的变形进一步发展，节点位移增大，网壳最终彻底倒塌。

端部加强杆件的直接断裂是引起网壳倒塌的重要原因，加载期间有损伤累积，提前了网壳的破坏。结合网壳杆件的破坏形式，网壳杆件截面小的杆件发生了扭曲破坏，而截面大的杆件发生了断裂破坏，说明长细比会明显影响到端部翼缘削弱杆件的破坏模式。本节的网壳模型端部加强杆件在地震波作用下塑性充分发展，其余主要的受力斜杆却并未在倒塌前进入塑性，对整体网壳来说塑性发展并不充分。是否对网壳端部开口加强以及加强的程度显然对结构的承载力和破坏模式有着重要影响，在实际工程设计中也应该引起重视。

在本试验中网壳的渐进坍塌是由局部构件破坏引起的，表明圆柱形网壳存在渐进坍塌的风险。此外，还需要考虑节点连接的薄弱部位。

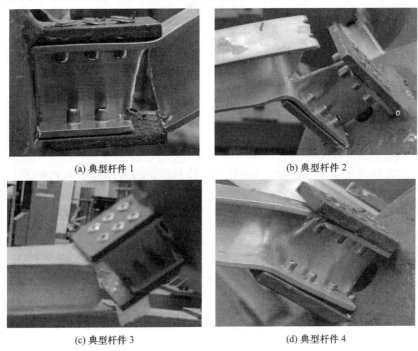

(a) 典型杆件 1　　　　　　　　　　(b) 典型杆件 2

(c) 典型杆件 3　　　　　　　　　　(d) 典型杆件 4

图 5-103　杆件端部断裂破坏的形态

5.4　铝合金单层柱面网壳抗震性能分析及强震失效机理

5.4.1　弹性阶段抗震性能数值模拟

5.4.1.1　有限元分析模型

网壳的几何模型由实际测得的节点坐标建立（图 5-104）。

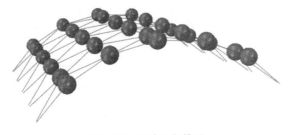

图 5-104　网壳几何模型

（1）单元与网格划分

杆件单元选用剪切变形梁单元 B31OS，为两节点开口截面空间梁单元，可以考虑开口薄壁横截面的翘曲影响。每根杆件划分为 6 个单元。节点球可以使用壳单元建模，便于网格划分，因要考虑为刚域所以网格划分可以相对粗糙（图 5-105）。

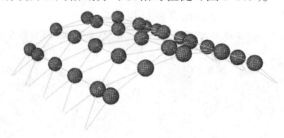

图 5-105　网格划分

（2）材料本构

材料本构模型选用 Ramberg-Osgood 模型，按材性试验弹性模量取 60913MPa，屈服强度取 189MPa，极限强度 214MPa。材料本构关系曲线见图 5-106。对铝合金材料采用弹塑性模型，其中极限强度对应的应变为 8.1%。选择剪切变形梁单元 B31OS，它是一种考虑开放薄壁截面翘曲的两节点开截面空间梁单元。每个杆件被分为 6 个单元。

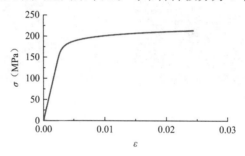

图 5-106　铝合金材料本构关系（6063-T6）

（3）节点刚域

考虑节点球的影响，将节点球简化为刚域，采用离散刚体模拟。对节点球施加刚体约束，将质量与转动惯量直接施加到约束点上，约束点建立在节点球心位置。节点球质量为 0.063t，转动惯量为 394t·mm²。刚域示意见图 5-107。

$$\varepsilon = \frac{\sigma}{64450} + 0.002 \times \left(\frac{\sigma}{192.5}\right)^{19.25} \tag{5-7}$$

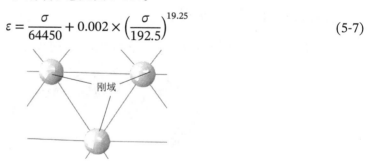

图 5-107　刚域示意

（4）边界条件及阻力比

支座连接考虑为铰接。阻尼比按 Rayleigh 阻尼施加，结合自振特性分析选取第 1 阶频率和第 5 阶频率对应的阻尼比，计算相应系数，输入 ABAQUS 中。

5.4.1.2 数值模拟结果

（1）自振特性

图 5-108 为有限元计算的结构前 6 阶振型，均为对称或反对称振型。结构的第 1 阶振型为水平振型，高阶基本以竖向振型为主。表 5-41 为实测与有限元计算前 6 阶频率对比，实测与有限元计算的自振频率基本接近，最大误差为 4.0%。网壳质量和刚度分布不均、加工安装误差及杆件缺陷等都可能导致计算误差。

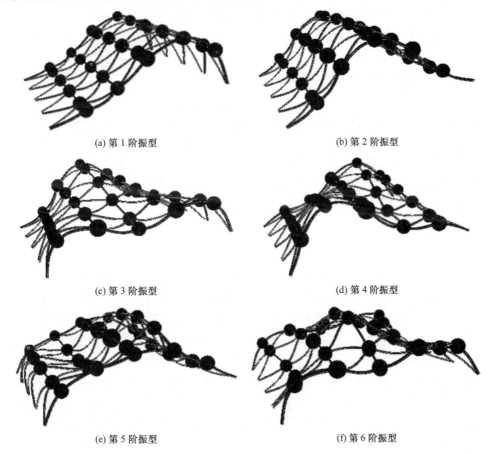

(a) 第 1 阶振型   (b) 第 2 阶振型

(c) 第 3 阶振型   (d) 第 4 阶振型

(e) 第 5 阶振型   (f) 第 6 阶振型

图 5-108 数值模拟的前 6 阶振型

网壳模型自振频率   表 5-41

编号	第 1 阶	第 2 阶	第 3 阶	第 4 阶	第 5 阶	第 6 阶
计算频率（Hz）	2.26	5.29	6.37	9.35	9.38	11.91
实测频率（Hz）	2.20	5.37	6.34	9.03	9.77	11.71
差值（%）	2.7	−1.5	−0.5	3.5	−4.0	1.7

将材料换成 Q235，弹性模量选取 210GPa，泊松比取 0.3，密度取 7.85g/cm³。发现振

型基本一致，故不列出。将前 6 阶自振频率列出与铝合金网壳对比，发现钢网壳与铝合金网壳的自振频率比值集中在 1.79～1.94 之间，见表 5-42。

结构自振频率对比　　　　　　　　　　表 5-42

编号	第 1 阶	第 2 阶	第 3 阶	第 4 阶	第 5 阶	第 6 阶
铝合金网壳频率（Hz）	2.20	5.37	6.34	9.03	9.77	11.71
钢网壳频率（Hz）	4.23	9.93	12.0	17.53	17.56	22.31
比值（钢/铝）	1.92	1.88	1.89	1.94	1.79	1.90

本试验网壳支承方式为铰接，将支承方式改为刚接后对比支承方式对网壳自振特性的影响（表 5-43）。将支承方式改为刚接后，振型基本一致，支座刚接后对结构的第 1 阶自振频率影响较大，网壳的水平刚度明显增大。

不同支承条件下结构自振频率　　　　　　表 5-43

编号	第 1 阶	第 2 阶	第 3 阶	第 4 阶	第 5 阶	第 6 阶
铰接频率（Hz）	2.20	5.37	6.34	9.03	9.77	11.71
刚接频率（Hz）	3.58	6.76	8.14	9.73	11.27	13.03
比值（刚接/铰接）	1.63	1.26	1.28	1.08	1.15	1.11

（2）动力响应对比

1）节点位移

取实测的 Taft 地震波 0.6g 作用时台面位移时程曲线作为地震动输入网壳，计算其动力响应。图 5-109 为节点 21 水平位移与实测节点位移对比。约有 3s 试验测得的水平位移大于数值模拟计算的位移，原因可能是在试验过程中，其他试验正在振动台附近进行，其所产生的振动，使得此时摆在台外的水平位移计所测得的水平位移变大。但可以看到曲线的其余部分一致性较好，这也证明了有限元模型的有效性。图 5-110 为 0.6g 时节点 24 竖向位移与实测节点位移对比，可以发现有限元计算的网壳节点的水平位移响应比竖向位移更加接近。由于试验加工的缺陷（杆件弯曲、节点偏差、节点球的质量偏差等）以及加载时量测可能产生的误差，所以试验与有限元计算结果存在不可避免的误差，但是计算结果还是可以接受的。

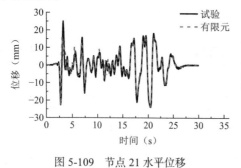

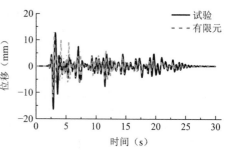

图 5-109　节点 21 水平位移　　　　　图 5-110　节点 24 竖向位移

试验与仿真得到的网壳模型节点 29 在强震阶段的位移结果如图 5-111 所示。弹性阶段的仿真结果与试验结果吻合较好，当 PGA 超过 1.5g 后，网壳达到塑性阶段后，实测值大于仿真值。结果表明，网壳达到塑性阶段后的响应更加复杂。但达到塑性阶段的杆件相对较少，杆件的位移响应基本相同。

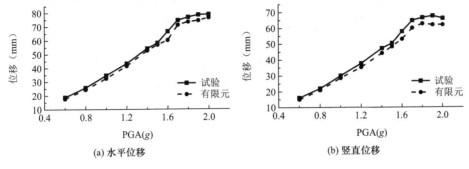

(a) 水平位移　　　　　　　　　　　　(b) 竖直位移

图 5-111　节点 29 位移响应

2）构件应力应变

图 5-112 与图 5-113 为应变片 2-1-2 与 1-1-5 试验与数值模拟的应变对比，可以发现模拟结果部分峰值与试验测得相差较大，但是最大值相差不大。

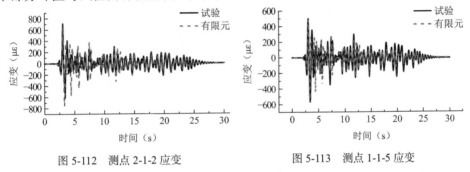

图 5-112　测点 2-1-2 应变　　　　　　　图 5-113　测点 1-1-5 应变

5.4.2 弹塑性及倒塌阶段数值模拟

结合前文的分析，网壳模型的关键受力杆件是杆件 2-1、2-10、5-1 和 5-10。模型的材料参数、边界条件等设置同上节，仅对以上 4 根杆件使用壳单元建模，对连接部分进行精细化建模。

5.4.2.1 多尺度有限元分析模型

网壳整体模型见图 5-114，杆件采用壳单元 S4R，根据实际尺寸建模，网格划分见图 5-115。将节点连接部分网格细化，非连接部分设置相对较粗的网格。模拟中主要关注杆件的应力，节点球上与杆件连接的两块钢板刚度远大于杆件的翼缘，将其设置为刚体（图 5-116）。采用连接器来模拟铆钉，将铆钉假定为弹簧，实际杆件以受弯为主，铆钉并不承受很大的拉力，将弹簧刚度设置为无限大。在圆孔中心建立参考点，使用参考点耦合圆孔，通过连接器连接参考点（图 5-117）。在杆件与钢板间需要设置法向硬接触。

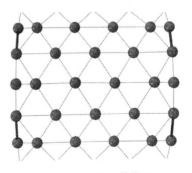

图 5-114　网壳整体模型

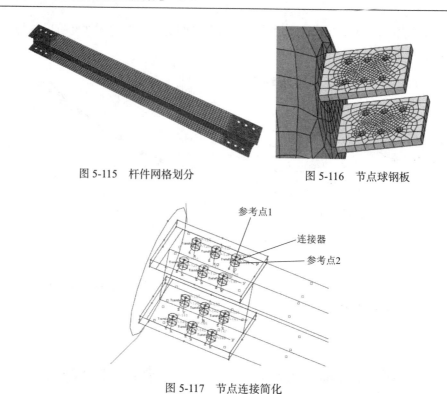

图 5-115 杆件网格划分   图 5-116 节点球钢板

图 5-117 节点连接简化

5.4.2.2 数值模拟结果

（1）网壳动力响应

1）位移响应

上一节已经对比了弹性阶段的有限元模拟与试验结果，吻合较好。现在对比网壳模型节点 24 的全过程位移曲线（图 5-118）。显然试验测得的水平位移与数值模拟较竖向位移更加吻合。模拟结果在弹性阶段与试验模拟结果较为吻合，网壳在 1.2g 时进入塑性后，实测的数值比模拟值相对偏大。本试验中进入塑性的杆件较少，位移响应较为接近。结果表明，网壳达到塑性阶段后的响应更加复杂。但达到塑性阶段的杆件相对较少，杆件的位移响应基本相同。

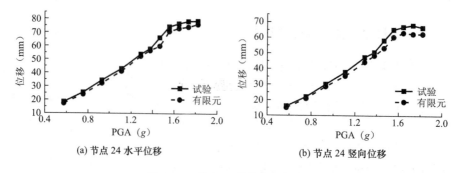

(a) 节点 24 水平位移   (b) 节点 24 竖向位移

图 5-118 节点 24 的位移响应对比

2）应力响应

图 5-119 为采用梁结构有限元模型的 Taft-Y-0.6g 下测点 1-1-5 和 2-1-2 的应变结果。模

拟值与试验结果较为接近。采用多尺度可以较为精细地展示网壳受关注杆件的受力状态。图 5-120 列出了工况 Taft-Y-2.0g 部分时刻网壳杆件 2-1 的受力。加载至 8.95s 时，杆件 2-1 开始大面积进入塑性。可以直接观察出杆件上下翼缘均受力较大，腹板受力较小，显然可以看出此刻杆件承受较大的弯矩作用而受轴力较小。当加载至 21.65s 时，杆件下翼缘受力明显大于上翼缘，表明此刻杆件应该受到较大的轴力作用影响。当加载至 21.65s 时，杆件腹板的应力最大，但是应力最大值相对以上两个时刻较小。以上三个时刻节点连接部位杆件的最外侧铆孔受应力较大，而最内侧的铆孔基本不受力。

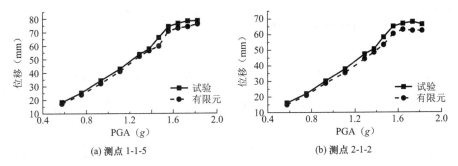

(a) 测点 1-1-5   (b) 测点 2-1-2

图 5-119 Taft-Y-0.6g 下应变测点

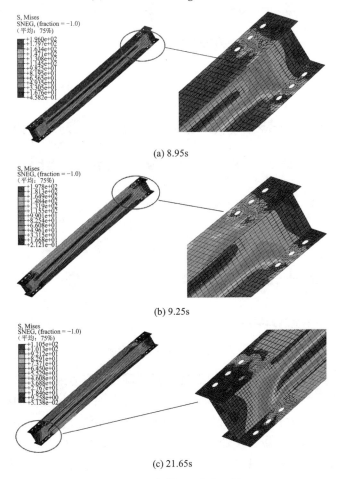

(a) 8.95s

(b) 9.25s

(c) 21.65s

图 5-120 杆件 2-1 应力云图

（2）网壳塑性发展

试验测得加载至 1.2g 时，杆件 2-1 与 5-1 同时进入塑性，加载至 1.4g 时杆件 5-10 进入塑性，1.6g 时杆件 2-10 进入塑性。依据前文的梁系有限元模型计算，图 5-121 列出了网壳进入塑性的杆件，图中标红的为进入塑性的单元。在 Taft 地震波作用下，网壳在地震波幅值为 1.3g 时，首根杆件 2-1 进入塑性。可见有限元计算结果较试验测得偏低，但是基本接近。在 1.4g 时主要的 4 根受力杆件（2-1、2-10、5-1、5-10）进入塑性。加载至 1.6g 时，以上 4 根杆件所有单元全部进入塑性。加载至 2.0g，仍然只有 4 根杆件进入塑性，杆件的塑性发展与试验监测的结果较为一致。网壳的塑性发展主要集中在主要受力的端部杆件上。

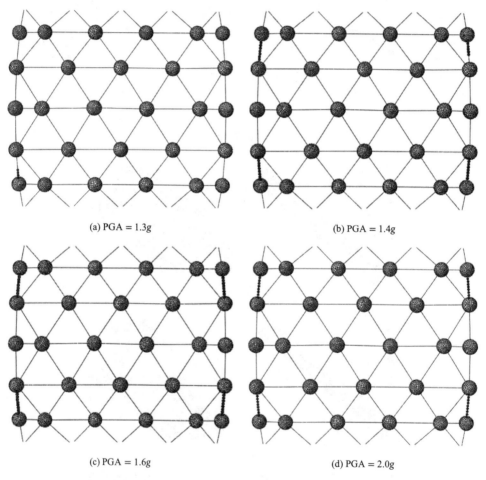

(a) PGA = 1.3g　　　　(b) PGA = 1.4g

(c) PGA = 1.6g　　　　(d) PGA = 2.0g

图 5-121　网壳的塑性发展

使用多尺度有限元模型计算则可以发现在杆件铆孔处应力最大。图 5-122 展示了杆件的塑性发展，图中标粗的单元为进入塑性的单元。网壳在 Taft 地震波加载至 1.0g 时，网壳杆件（5-1、5-10）端部铆孔处已经开始出现一定面积的塑性（图 5-122a）。在加载至 1.1g 时，主要的受力杆件端部的螺栓孔处全部进入塑性。加载至 2.0g，杆件（2-1、2-10、5-1、5-10）上下翼缘几乎全部进入塑性，靠近翼缘的部分腹板也进入塑性，杆件的塑性已经充分发展。

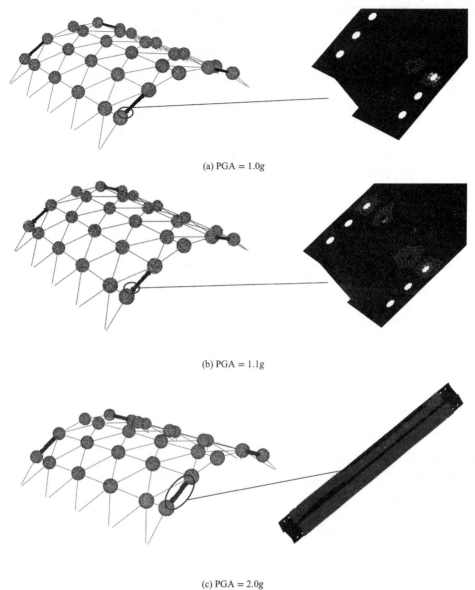

(a) PGA = 1.0g

(b) PGA = 1.1g

(c) PGA = 2.0g

图 5-122　杆件塑性发展

5.4.3　足尺结构地震响应分析

5.4.3.1　自振特性分析

（1）参数分析模型

使用有限元软件 ABAQUS 建立有限元模型，以三向网格型单层柱面网壳为研究对象（图 5-123）。网壳长度 $L = 54m$，跨度 $B = 30m$，矢高 $f = 10m$，纵向网格数 $m = 18$，跨向网格数 $n = 14$。屋面恒荷载和活荷载均取 $0.5kN/m^2$、支承条件为两纵边铰接。杆件截面选取 $H270 \times 135 \times 6 \times 10$，材料采用 6061-T6 型铝合金，选用理想弹塑性模型，弹性模量取

70000MPa，屈服强度取245MPa，本构关系曲线见图5-124。铝合金材料密度为2700kg/m^3。杆件截面为H形，所有网壳杆件均划分为4个单元。结构杆件单元选用B31OS，为两节点开口截面空间梁单元，可以考虑H形开口薄壁横截面的翘曲影响。考虑几何非线性与材料非线性后，网壳的稳定承载力系数为3.6，大于规范要求的2.4，满足稳定性设计要求。

Y
X
B
B
f
L

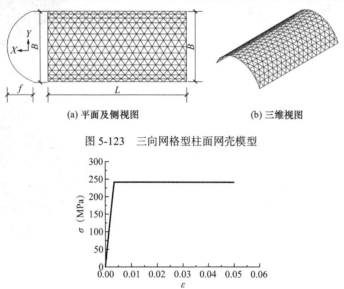

(a) 平面及侧视图　　(b) 三维视图

图5-123　三向网格型柱面网壳模型

σ（MPa）
300
250
200
150
100
50
0
0.00
0.01
0.02
0.03
0.04
0.05
0.06
ε

图5-124　铝合金材料本构（6061-T6）

（2）自振周期及振型

图5-125列出了网壳的前10阶自振周期及振型。可以看出网壳的自振周期较为密集，而且多为对称或反对称振型。网壳的第1阶自振周期明显大于第2阶，而第1阶振型是以水平变形为主的反对称振型，第2阶振型是以竖向变形为主的对称振型，说明网壳的水平刚度相对竖向刚度较低。

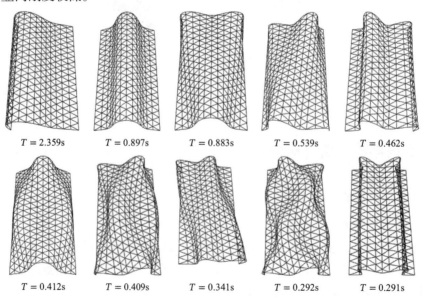

T = 2.359s
T = 0.897s
T = 0.883s
T = 0.539s
T = 0.462s
T = 0.412s
T = 0.409s
T = 0.341s
T = 0.292s
T = 0.291s

图5-125　网壳的前10阶自振周期与振型

（3）参数分析

1）支承条件的影响

以原型网壳结构为例，计算纵边支承（纵边固接、纵边铰接）、四边支承（纵边固接两端简支、纵边铰接两端简支）等支承方式网壳的自振周期。不同支承条件下柱面网壳的前 30 阶自振周期见图 5-126。可以看出不同的支承方式对柱面网壳自振周期有较大的影响，四边支承网壳的自振周期明显小于纵边支承的，因为端部横边简支会明显增强网壳的水平刚度与竖向刚度。网壳纵边支承使用铰接与固接会明显影响网壳的基频，对网壳的高阶模态影响较小。

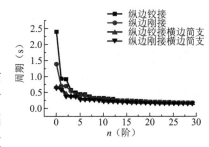

图 5-126 网壳前 30 阶自振周期

列出纵边铰接同时端部简支网壳的前 5 阶振型（图 5-127）。与纵边铰接相比，端部简支后网壳第 1 阶变为以水平变形为主的对称振型，第 2 阶是以竖向变形为主的反对称振型，第 3 阶与第 4 阶均是竖向变形为主的反对称振型。网壳端部支承后明显改变了网壳的自振模态，显然是端部支承后限制了网壳振型中端部变形的部分，网壳振型以网壳中部变形为主。

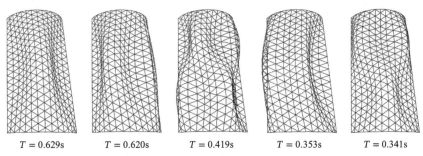

| $T = 0.629s$ | $T = 0.620s$ | $T = 0.419s$ | $T = 0.353s$ | $T = 0.341s$ |

图 5-127 网壳的前 5 阶振型

2）矢跨比的影响

图 5-128（a）列出了矢跨比为 1/3、1/5、1/7 的前 30 阶自振周期。可以发现高矢跨比网壳的第 1 阶自振周期明显大于低矢跨比网壳，而高阶自振周期则较为接近。原因是高矢跨比网壳的水平刚度小于低矢跨比网壳。网壳的第 1 阶振型是以水平变形为主，所以呈现出这样的规律。由图 5-128（b）可知，不同屋面荷载下网壳的第 1 阶自振周期均是随着矢跨比的减小而减小。

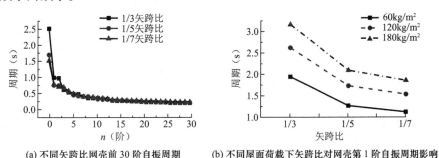

(a) 不同矢跨比网壳前 30 阶自振周期　　　(b) 不同屋面荷载下矢跨比对网壳第 1 阶自振周期影响

图 5-128 矢跨比对网壳自振周期影响

3）长宽比的影响

图 5-129 列出了长宽比为 1.4、1.8、2.2 的前 30 阶自振周期。不同长宽比网壳的前 3 阶自振周期都基本一致，在第 6～8 阶有较大差异。观察振型可以发现，不同长宽比网壳的前 4 阶振型一致。图 5-130 为不同长宽比网壳的第 6～8 阶振型，可以发现随着网壳长度的改变网壳的振型在长度方向上变化明显。

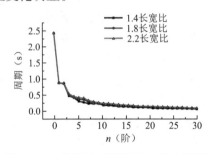

图 5-129　不同长宽比网壳前 30 阶自振周期

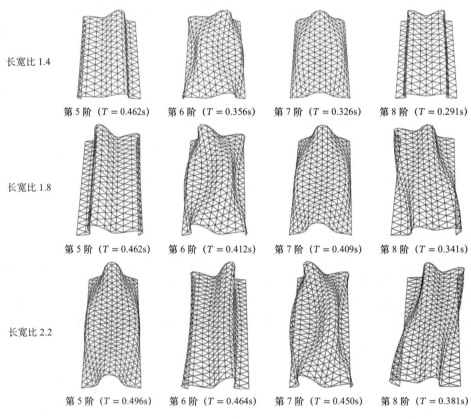

图 5-130　不同长宽比网壳的振型

4）几何网格划分的影响

通过改变纵向网格数 m 与跨向网格数 n 来研究网格划分对网壳结构的自振特性影响。当 $n=14$ 时，m 取值为 12、18、24，当 $m=18$ 时，n 值取 8、14、20，对比不同横向与纵向网格数网壳的第 1 阶自振频率（图 5-131 和图 5-132）。改变纵向网格数 m 与跨向网格数 n 均对低阶自振周期影响较大，而对高阶自振周期影响较小。增加纵向网格数可以明显增强网格的刚度，随着纵向网格数的增加，网壳的周期逐渐减小。随着跨向网格数的增大，网壳的周期先增大后减小。随着网壳跨向网格数的增大，网格的刚度在增大，但是网壳的质量也在增大，刚度增大的倍数小于质量增大的倍数时，网壳的频率降低，周期变大。增加跨向网格数对网壳刚度增加较小，而质量却明显增大。在设计时通过调整纵向网格数来改变网壳刚度的效果更好。

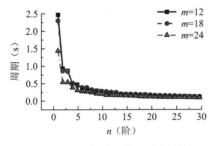 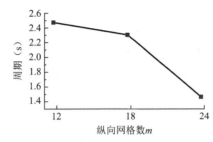

(a) 不同纵向网格网壳的前 20 阶自振周期　　(b) 结构第 1 阶自振周期随纵向网格数变化曲线

图 5-131　纵向网格数对网壳自振周期影响

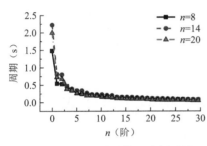 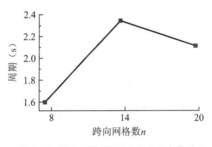

(a) 不同跨向网格网壳的前 20 阶自振周期　　(b) 结构第 1 阶自振周期随跨向网格数变化曲线

图 5-132　跨向网格数对网壳自振周期影响

5.4.3.2　地震响应规律研究

采用与原型结构同样尺寸的网壳以及设置。地震波输入采用 El Centro 地震波，阻尼比取 0.03，按 Rayleigh 阻尼施加。水平地震波记录及频谱特性见图 5-133。分析时共设置两个分析步：第一步设置为一个时间极短（1s）的通用静力隐式分析，用于对结构施加重力；第二步为动力隐式分析，将地震波施加在支座位置。

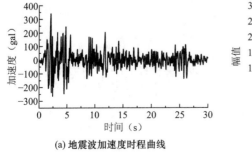 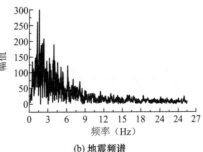

(a) 地震波加速度时程曲线　　　　　　　(b) 地震频谱

图 5-133　El Centro 地震波

（1）地震动的影响

地震波采用水平（X向）输入、竖向（Z向）输入、三向输入（X、Y、Z）三种，三向输入时按规范 GB 50011 将加速度峰值调为 1：0.85：0.65。分析网壳结构在 200gal（8度基本设防）地震作用下的内力响应，需要说明网壳是处在弹性阶段的。图 5-134 标示了网壳在水平地震作用下网壳受力较大杆件，其中 1 为边跨杆件。水平地震作用下网壳的最大应力出现在边跨跨向的 1/6 部位（图 5-134 中标粗）。网壳中受轴力最大的是靠近支座的第二个网格内的斜杆（图 5-134 中 2）。网壳中受弯矩最大的是边跨 1/6 处杆件（图 5-134 中 1）。斜杆作为网壳的主要受力构件，其受弯矩最大的部位（图 5-134 中 3）与网壳受弯最大杆件处于相同纵向网格内。竖向地震作用下网壳受轴力与弯矩作用最大的部位一致，但是应力最大的部位是网壳边跨的跨中。三向地震作用下受轴力与弯矩作用最大的杆件以及应力最大杆件与水平地震作用下一致。

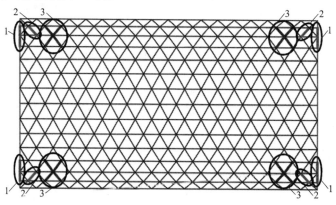

图 5-134　网壳受力最大杆件

图 5-135 列出了网壳杆件的最大轴力与弯矩时程曲线。重力荷载作用下网壳的最大轴力为 −43.75kN，分别施加水平地震、竖向地震、三向地震后，地震作用下轴力与重力荷载作用最大的比值为 1.19、1.15、1.38。说明在 200gal 地震波作用下对轴力有一定的放大作用。而在重力荷载作用下网壳杆件基本不受弯矩作用，地震作用对弯矩作用的放大效应明显大于轴力的放大作用。水平地震作用下产生的最大轴力与竖向地震作用下基本接近，但是弯矩响应明显大于竖向地震作用下。水平地震作用下网壳的内力响应与三向地震作用下基本接近，说明水平地震作用是起控制作用的。图 5-136 列出网壳杆件的最大应力的时程曲线。水平地震作用同样大于竖向地震作用，而与三向地震作用基本接近。

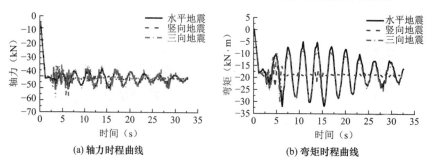

图 5-135　网壳杆件的最大轴力与弯矩时程曲线

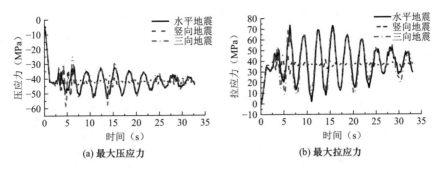

图 5-136 网壳杆件的最大应力时程曲线

网壳端部边跨杆件的最大轴力以及最大弯矩见图 5-137。可以看出水平地震、竖向地震以及三向地震作用下边跨均是支座杆件受轴力作用最大。除支座杆件外，水平地震与三向地震下网壳的 1/3 跨处受轴力也较大。竖向地震作用下网壳的跨中部位受轴力较大。网壳在水平、竖向、三向地震作用下受弯矩最大的部位基本一致，均为网壳跨度方向的 1/6 处。图 5-138 展示了边跨杆件的最大应力。杆件的最大应力分布形状与弯矩分布形状基本一致。三向地震与水平地震杆件最大应力基本一致，均大于竖向地震作用下。杆件所受压应力绝对值大于拉应力，显然其中轴力起到作用。

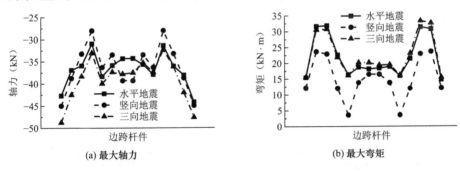

图 5-137 边跨杆件最大轴力及最大弯矩

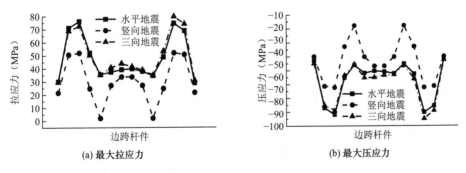

图 5-138 边跨杆件最大应力分布

（2）矢跨比的影响

图 5-139 统计了地震波作用下网壳边跨杆件的弯曲应力最大值σ_{Mmax}与轴应力最大值σ_{Nmax}的比值，记为弯轴应力比。可以发现竖向地震作用下杆件的弯轴应力比明显小于水平地震作用下。水平地震作用下所有杆件的弯轴应力比均随着加速度幅值增大有明显增大。

而竖向地震作用下所有杆件的弯轴应力比随加速度幅值增大基本保持不变。综合以上分析可以确定，地震作用下弯矩作用在网壳杆件受力是占主导地位的，特别是在水平地震作用下，弯矩作用影响最大。

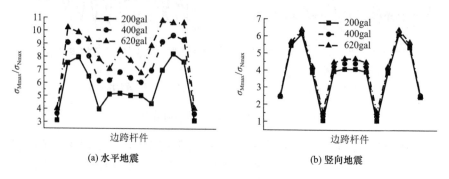

(a) 水平地震　　　　　　　　　　(b) 竖向地震

图 5-139　边跨杆件的弯轴应力比

图 5-140 列出了不同矢跨比网壳边跨杆件的弯轴应力比。可以看出水平地震作用下不同矢跨比网壳的边跨杆件的弯轴应力比大于竖向地震作用。水平地震作用下，杆件的弯轴比均大于 2，特别是高矢跨比网壳，杆件的弯轴应力比均大于 8，最大值达到 26。可以确定弯矩作用在杆件受力中基本是占据主导地位的。竖向地震作用下，除低矢跨比（1/5）网壳的边跨部分杆件弯轴应力比小于 1，其余杆件弯轴应力比均大于 1.7。水平和竖向地震作用下，随着矢跨比增大边跨杆件的弯轴应力比均在增大，杆件受弯矩的影响作用在增大。

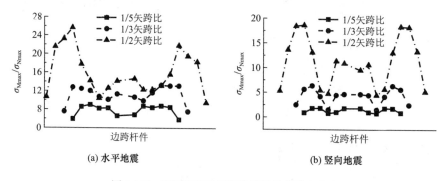

(a) 水平地震　　　　　　　　　　(b) 竖向地震

图 5-140　不同矢跨比网壳边跨杆件弯轴应力比

5.4.3.3　钢网壳与铝合金网壳抗震性能对比分析

（1）有限元模型

建立同样几何尺寸的钢网壳与铝合金网壳。屋面荷载统一取为 1.0kN/m²（恒荷载 0.5kN/m²，活荷载 0.5kN/m²）。铝合金网壳的截面为 H270 × 135 × 6 × 10，钢网壳截面与铝合金网壳采用相同规格。钢网壳杆件材料为 Q235B，采用理想弹塑性模型，弹性模量选取 206GPa，屈服强度取 235MPa，泊松比取 0.3，密度取 7850kg/m³。

（2）自振特性对比

图 5-141 列出了钢网壳与铝合金网壳的前 30 阶自振周期以及网壳的第 1 阶自振周期随矢跨比的变化曲线。可以发现杆件截面相同时，钢网壳的自振周期明显小于铝合金网壳，

钢材的密度是铝合金的 3 倍，但是弹性模量也大约是钢网壳的 3 倍。材料由铝合金换成钢后，显然质量的增加小于刚度的增加，导致钢网壳的自振频率还是大于铝合金网壳，周期小于铝合金网壳。钢网壳和铝合金网壳的自振周期随矢跨比变化趋势基本一致，均随着矢跨比减小自振周期减小。图 5-142 列出了不同矢跨比的前 5 阶振型及自振周期。不同矢跨比的钢网壳和铝合金网壳的前 6 阶振型基本一致，但是铝合金网壳的周期大于钢网壳。网壳第 1 阶振型均是以水平变形为主的反对称振型，第 2 阶振型是以竖向变形为主的对称振型。网壳的其余几阶振型也都基本为对称或反对称振型。

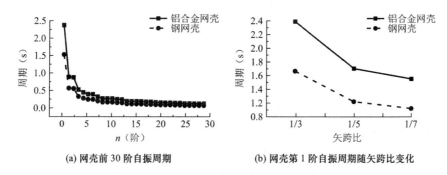

(a) 网壳前 30 阶自振周期   (b) 网壳第 1 阶自振周期随矢跨比变化

图 5-141 钢网壳和铝合金网壳的自振周期对比

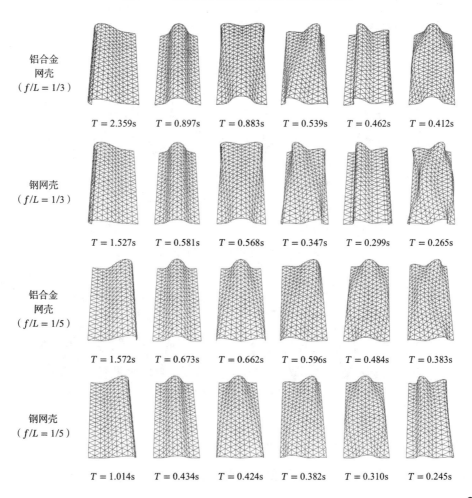

铝合金
网壳
($f/L = 1/3$)

$T = 2.359\text{s}$ $T = 0.897\text{s}$ $T = 0.883\text{s}$ $T = 0.539\text{s}$ $T = 0.462\text{s}$ $T = 0.412\text{s}$

钢网壳
($f/L = 1/3$)

$T = 1.527\text{s}$ $T = 0.581\text{s}$ $T = 0.568\text{s}$ $T = 0.347\text{s}$ $T = 0.299\text{s}$ $T = 0.265\text{s}$

铝合金
网壳
($f/L = 1/5$)

$T = 1.572\text{s}$ $T = 0.673\text{s}$ $T = 0.662\text{s}$ $T = 0.596\text{s}$ $T = 0.484\text{s}$ $T = 0.383\text{s}$

钢网壳
($f/L = 1/5$)

$T = 1.014\text{s}$ $T = 0.434\text{s}$ $T = 0.424\text{s}$ $T = 0.382\text{s}$ $T = 0.310\text{s}$ $T = 0.245\text{s}$

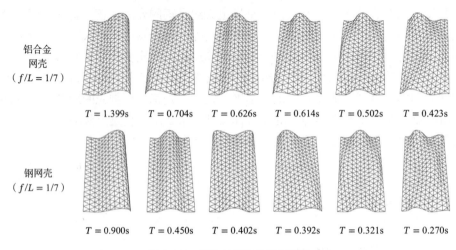

铝合金
网壳
（$f/L = 1/7$）

$T = 1.399$s　$T = 0.704$s　$T = 0.626$s　$T = 0.614$s　$T = 0.502$s　$T = 0.423$s

钢网壳
（$f/L = 1/7$）

$T = 0.900$s　$T = 0.450$s　$T = 0.402$s　$T = 0.392$s　$T = 0.321$s　$T = 0.270$s

图 5-142　不同矢跨比的网壳模态

（3）地震内力响应对比

钢网壳与铝合金网壳的内力分布规律基本一致。图 5-143 与图 5-144 列出了水平与竖向地震作用下边跨杆件的应力分布，可以发现钢网壳与铝合金网壳边跨杆件的最大应力分布基本一致，钢网壳杆件的应力值明显大于铝合金网壳。水平地震作用下，网壳边跨的应力分布曲线有对称的两个波峰，位于网壳跨向的 1/6 处。竖向地震作用下，应力分布曲线有三个波峰，位于网壳的跨中以及网壳跨向的 1/6 处。从边跨杆件也能反映出网壳整体的受力，可以大致得到每个纵向网壳内杆件的相对受力大小。

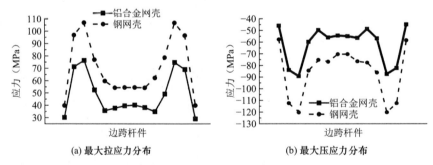

(a) 最大拉应力分布　　　　　(b) 最大压应力分布

图 5-143　水平地震作用下边跨杆件最大应力分布

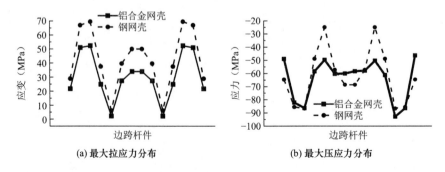

(a) 最大拉应力分布　　　　　(b) 最大压应力分布

图 5-144　竖向地震作用下边跨杆件最大应力分布

图 5-145 与图 5-146 列出了水平和竖向地震作用下网壳边跨杆件的轴力及最大弯矩分

布。在水平和竖向地震作用下，钢网壳和铝合金网壳的边跨杆件的轴力和弯矩分布基本一致，而且钢网壳所受的弯矩与轴力作用大于铝合金网壳。水平地震作用下，钢网壳与铝合金网壳均是支座杆件受轴力最大，钢网壳边跨的跨中杆件受轴力最小，而铝合金网壳在跨向 1/4 处受轴力作用最小。水平地震作用下钢网壳和铝合金网壳均是在边跨 1/6 处受弯矩作用最大，跨中杆件受弯矩作用较小。竖向地震作用下，钢网壳与铝合金网壳均是在跨向 1/4 处受轴力最小，而支座杆件受轴力最大。在网壳跨中以及 1/6 处的 3 个波峰位置，钢网壳与铝合金网壳弯矩的差值最大。

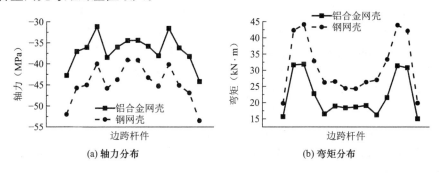

图 5-145　水平地震作用下边跨杆件内力分布

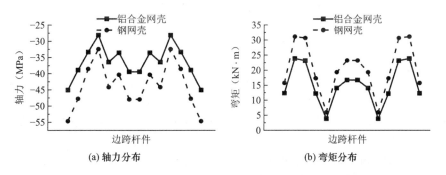

图 5-146　竖向地震作用下边跨杆件内力分布

图 5-147 统计了 200gal 地震波作用下 1/3 矢跨比网壳边跨杆件的弯曲应力最大值 σ_{Mmax} 与轴应力最大值 σ_{Nmax} 的比值，记为弯轴应力比。可以看出竖向地震作用下铝合金网壳和钢网壳的弯轴应力比均小于水平地震作用下。水平地震和竖向地震作用下钢网壳边跨杆件的弯轴应力比均大于铝合金网壳。可以确定铝合金网壳和钢网壳在地震作用下弯矩作用在杆件受力中均是占主导地位的，钢网壳受弯矩作用影响大于铝合金网壳。

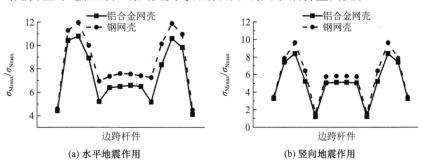

图 5-147　边跨杆件的弯轴应力比

参 考 文 献

［1］ 范峰, 曹正罡, 马会环, 等. 网壳结构弹塑性稳定性[M]. 北京: 科学出版社, 2015.

［2］ 沈世钊, 陈昕. 网壳结构稳定性[M]. 北京: 科学出版社, 1999.

［3］ 沈祖炎, 陈扬骥. 网架与网壳[M]. 上海: 同济大学出版社, 1991.

［4］ 刘红波, 陈志华. 铝合金空间网格结构[M]. 北京: 中国建筑工业出版社, 2022.

［5］ 尹德钰, 刘善维, 钱若军. 网壳结构设计[M]. 北京: 中国建筑工业出版社, 1996.

［6］ 赵惠麟, 等. 穹顶网壳分析、设计与施工[M]. 南京: 江苏科学技术出版社, 1991.

［7］ 张毅刚, 薛素铎, 杨庆山, 等. 大跨空间结构[M]. 北京:机械工业出版社, 2005.

［8］ 姚秋来, 王亚勇, 盛平, 等. 高强钢绞线网-聚合物砂浆复合面层加固技术应用——北京工人体育馆改建工程[J]. 工程质量, 2007(6): 46-50.

［9］ 陈志华. 张弦结构工程实践与关键节点及构件研究进展[J]. 建筑结构, 2019, 49(19): 65-75.

［10］ 曹正罡, 李亮, 汪天昀, 等. 铝合金毂式节点轴向拉压受力性能有限元分析[J]. 哈尔滨工业大学学报, 2020, 52(8): 184-191.

［11］ 陈伟刚, 邓华, 白光波, 等. 平板型铝合金格栅结构支座节点的承载性能[J]. 浙江大学学报(工学版), 2016, 50(5): 831-840.

［12］ 陈伟刚, 邓华, 白光波, 等. 弯剪状态下铝合金板式节点的静力试验及有限元分析[J]. 空间结构, 2016, 22(3): 56-63.

［13］ 崔家春, 巫燕贞, 李亚明, 等. 铝合金单层网壳屋面板蒙皮效应研究[J]. 建筑结构, 2020, 50(8): 34-38, 33.

［14］ 陈志华, 卢杰, 刘红波. 建筑用铝合金单次及反复受火后力学性能试验研究[J]. 建筑结构学报, 2017, 38(4): 149-174.

［15］ 董石麟. 空间结构的发展历史、创新、形式分类与实践应用[J]. 空间结构, 2009, 15(3): 22-43.

［16］ 董震, 张其林. 薄壁铝合金轴压构件承载力计算的直接强度法[J]. 土木工程学报, 2009, 42(6): 28-34.

［17］ 冯远, 伍庶, 韩克良, 等. 郫县体育中心屋盖铝合金单层网壳结构设计[J]. 建筑结构, 2018, 48(14): 24-29.

［18］ 冯若强, 王希, 朱洁, 等. 北京新机场装配式单层铝合金网壳结构整体稳定性能研究[J]. 建筑结构学报, 2020, 41(4): 11-18.

［19］ 郭小农, 熊哲, 罗永峰, 等. 铝合金板式节点承载性能试验研究[J]. 同济大学学报: 自然科学版, 2014, 42(7): 1024.

［20］ 郭小农, 王丽, 相阳, 等. 铝合金板式节点网壳阻尼特性试验研究[J]. 振动与冲击, 2016, 35(18): 34-39.

［21］ 郭小农, 高志朋, 朱劭骏, 等. 国产结构用铝合金高温力学性能试验研究[J]. 湖南大学学报(自然科学版), 2018, 45(7): 20-28.

［22］ 郭小农, 宗绍晗, 成张佳宁, 等. 铝合金结构耐腐蚀性能研究现状简述[J]. 建筑钢结构进展, 2021, 23(6): 1-12, 60.

［23］ 郭小农, 沈祖炎, 李元齐, 等. 铝合金受弯构件理论和试验研究[J]. 建筑结构学报, 2007, 28(6): 129-135, 146.

［24］ 郭小农, 沈祖炎, 李元齐, 等. 铝合金偏心受压构件理论和试验研究[J]. 建筑结构学报, 2007, 28(6):

136-146.

[25] 郭小农, 保文通, 曾强, 等. 铝合金弧面节点板冲压成形回弹特性研究[J]. 同济大学学报, 2020, 48(10): 1433-1441.

[26] 郭小农, 熊哲, 罗永峰, 等. 铝合金板式节点弯曲刚度理论分析[J]. 建筑结构学报, 2014, 35(10): 144-150.

[27] 郭小农, 朱劭骏, 熊哲, 等. K6型铝合金板式节点网壳稳定承载力设计方法[J]. 建筑结构学报, 2017, 38(7): 16-24.

[28] 高伟, 刘淑良, 陈晓丽, 等. 铝合金储煤仓结构性能分析[J]. 选煤技术, 2013(5): 27-30, 33.

[29] 郝成新, 钱基宏, 宋涛, 等. 铝网架结构的研究与工程应用[J]. 建筑结构学报, 2003, 24(4): 70-75.

[30] 何志力, 蒋首超. 高温下铝合金受压构件承载力研究现状简述[J]. 建筑钢结构进展, 2011, 13(5): 21-29.

[31] 黄力才, 蒋首超. 高温下铝合金受弯构件弯扭稳定承载力研究[J]. 防灾减灾工程学报, 2015, 35(1): 57-62.

[32] 蒋首超, 毛龙, 何志力. 高温下铝合金轴心受压构件试验研究[J]. 建筑结构, 2013, 43(16): 93-96.

[33] 居其伟, 朱丽娟. 上海国际体操中心主馆铝结构穹顶设计介绍[J]. 建筑结构学报, 1998, 19(3): 33-41.

[34] 贾斌, 张其林, 罗晓群. 结构用铝合金材料循环加载性能研究[J]. 土木工程学报, 2018, 51(8): 21-27, 36.

[35] 冯萍. 从世博会展馆建筑的发展看当今建筑趋势[J]. 建筑技术, 2007(11): 845-848.

[36] 季跃. 铝合金柱面网壳结构弹塑性稳定性研究[J]. 钢结构, 2018, 2018(1): 64-68.

[37] 解钧. 珠海横琴国际网球中心设计难点及策略[J]. 建筑创作, 2016(2): 56-59.

[38] 蓝天. 中国空间结构七十年成就与展望[J]. 建筑结构, 2019, 49(19): 5-10.

[39] 李亚明, 贾水钟, 肖魁. 大跨空间结构技术创新与实践[J]. 建筑结构, 2021, 51(17): 98-105, 140.

[40] 李小玥, 徐双全, 陈正立, 等. 杭州奥体中心主体育场工程关键施工技术[J]. 施工技术, 2016, 45(9): 41-45, 92.

[41] 林缄光. 铝合金结构及其工程实践[J]. 福建建筑, 2007(11): 37-38.

[42] 李贝贝, 王元清, 支新航, 等. 我国 7××× 系高强铝合金及其研究进展[J]. 建筑钢结构进展, 2021, 23(7): 1-10.

[43] 李志强, 刘小蔚, 欧阳元文. 拉斐尔云廊大跨度铝合金屋盖结构施工模拟分析与方案对比[J]. 建筑结构, 2020, 50(S2): 146-149.

[44] 李媛萍. 具有弹性和粘弹性材料特性的单层球面铝合金网壳动力学行为对比分析[J]. 空间结构, 2012, 18(4): 19-23.

[45] 李亚明, 贾海涛, 贾水钟, 等. 上海天文馆倒转穹顶铝合金网壳结构设计[J]. 建筑结构, 2018, 48(14): 30-33.

[46] 李静斌, 张其林, 丁洁民. 铝合金焊接节点力学性能的试验研究[J]. 土木工程学报, 2007, 40(2): 25-32.

[47] 刘红波, 谌绍尧, 陈志华, 等. 大跨度铝合金储煤仓结构温度场及温度效应研究[J]. 工业建筑, 2018, 48(1): 179-183.

[48] 刘红波, 周元, 徐旭晨, 等. 火灾高温后 6061-T6 铝合金挤压型材残余力学性能研究[J]. 空间结构, 2018, 24(3): 75-82.

[49] 刘俊, 罗永峰, 郭小农, 等. 螺栓滑移引起的铝合金板式节点网壳变形研究[J]. 湖南大学学报, 2020, 47(9): 40-47.

[50] 罗晓群, 张锦东, 张晋, 等. 铝合金单层球面网壳结构阻尼特性[J]. 湖南大学学报(自然科学版), 2020, 47(7): 84–92.

[51] 罗永峰, 季跃, 芮渊, 等. 铝合金结构轴心压杆稳定性研究[J]. 同济大学学报(自然科学版), 2001, 29(4): 401–405.

[52] 马明, 钱基宏, 孔慧, 等. 鄂尔多斯东胜区植物园温室屋盖结构设计研究[J]. 建筑结构, 2013, 43(6): 5–9.

[53] 欧阳元文, 邱丽秋, 李志强. 大跨度铝合金结构应用与发展综述[J]. 建筑结构, 2018, 48(14): 1–7.

[54] 彭航, 蒋首超, 赵媛媛. 建筑用6061-T6系铝合金高温下力学性能试验研究[J]. 土木工程学报, 2009, 42(7): 46–49.

[55] 潘锐, 王善林, 李建萍, 等. 搅拌摩擦焊工艺参数对6061铝合金抗拉强度的影响[J]. 热加工工艺, 2015, 44(13): 38–41.

[56] 钱基宏. 铝网架结构应用研究与实践[J]. 建筑钢结构进展, 2008(1): 58–62.

[57] 田炜, 黄磊, 施骏. 等. 义乌游泳馆倒置铝合金格构式屋盖设计[J]. 建筑钢结构进展, 2008, 10(1): 44–48.

[58] 施刚, 罗翠, 王元清, 等. 铝合金网壳结构中新型铸铝节点受力性能试验研究[J]. 建筑结构学报, 2012, 33(3): 70–79.

[59] 沈祖炎, 郭小农, 李元齐. 铝合金结构研究现状简述[J]. 建筑结构学报, 2007, 28(6): 100–109.

[60] 沈祖炎, 郭小农. 对称截面铝合金挤压型材压杆的稳定系数[J]. 建筑结构学报, 2001, 22(4): 31–36, 48.

[61] 司波, 王丰, 向新岸等. 环向悬臂索承网格结构预应力设计关键技术研究和应用[J]. 建筑结构, 2014, 44(15): 36–40.

[62] 谭金涛, 尹昌洪, 曹璐, 等. 重庆国际博览中心铝合金屋面设计[J]. 钢结构, 2013, 28(3): 32–35, 39.

[63] 佟建国, 任学平. 镁合金搅拌摩擦焊接技术的研究进展[J]. 轻合金加工技术, 2008, 36(7): 5–9, 22.

[64] 王誉瑾, 范峰, 钱宏亮, 翟希梅. 6082-T6高强铝合金材料本构模型试验研究[J]. 建筑结构学报, 2013, 34(6): 113–120.

[65] 王立维, 杨文, 冯远, 等. 中国现代五项赛事中心游泳击剑馆屋盖铝合金单层网壳结构设计[J]. 建筑结构, 2010, 40(9): 73–76.

[66] 王聪, 王洋. 大型储罐顶盖结构形式及铝合金网壳的应用[J]. 化学工程与装备, 2021(7): 187–189.

[67] 王玲春. 上海马戏城铝钛合金网壳结构施工技术研究[J]. 建筑施工, 2000, 22(4): 47–49.

[68] 王元清, 郑韶挺, 王中兴, 等. 大截面铝合金轴压构件整体稳定试验研究[J]. 钢结构, 2018, 33(3): 94–99.

[69] 王元清, 张颖, 张俊光, 等. 铝合金箱形-工字形盘式节点整体变形性能试验研究[J]. 天津大学学报(自然科学与工程技术版), 2020, 53(5): 527–534.

[70] 吴金志, 宋子魁, 孙国军, 等. 铝合金单层网壳结构的工程应用与研究进展[J]. 建筑结构, 2021, 51(17): 129–140.

[71] 吴芸, 张其林, 俞宝达. 纵向焊接铝合金柱构件承载力试验研究及数值分析[J]. 力学季刊, 2011, 32(3): 427–434.

[72] 吴芸, 张其林. 焊接铝合金压杆屈曲性能试验研究[J]. 建筑结构, 2007, 37(12): 110–113.

[73] 吴亚舸, 张其林. 铝合金弯扭稳定系数的试验研究及数值分析[J]. 建筑结构学报, 2006, 27(5): 1–8.

[74] 余玉洁, 吴金志, 陈志华. 现代索网结构开篇之作: 道顿竞技馆[J]. 空间结构, 2016, 22(2): 50–58, 71.

[75] 杨联萍, 韦申, 张其林. 铝合金空间网格结构研究现状及关键问题[J]. 建筑结构学报, 2013, 34(2): 1–

19, 60.

［76］谢志红, 李丽娟. 铝合金双层网壳结构的抗震性能分析[J]. 华南理工大学学报, 2003, 31(S1): 127–129.

［77］杨联萍, 邱枕戈. 铝合金结构在上海地区的应用[J]. 建筑钢结构进展, 2008, 10(1): 53–57.

［78］袁航, 陆政, 孙刚, 等. 7×××铝合金挤压技术及设备研究现状[J]. 航空制造技术, 2022, 65(8): 84–92, 06.

［79］于志伟, 郑世杰, 甄翠贤, 等. 单层柱面铝合金网壳结构强震失效机理及地震易损性[J]. 建筑结构学报, 2020, 41(S1): 17–24.

［80］袁霖, 张其林. 铝合金受压板件局部屈曲承载力设计方法[J]. 计算机辅助工程, 2019, 28(4): 50–58.

［81］赵金城, 许洪明. 上海科技馆单层网壳结构节点受力分析[J]. 工业建筑, 2001, 31(10): 7–9.

［82］赵勇, 付娟, 张培磊, 等. 焊接方法对6061铝合金接头性能影响的研究[J]. 江苏科技大学学报(自然科学版), 2006, 20(1): 90–94.

［83］周晓峰, 杨联萍, 李亚明, 等. 上海科技馆网壳结构分析[J]. 建筑结构. 2003, 33(1): 55–57, 70.

［84］周一一, 万继玺, 建慧城, 等. 第八届中国花博会主场馆铝合金飘棚设计[J]. 科学技术与工程, 2014, 14(28): 274–279.

［85］曾银枝, 钱若军, 王人鹏, 等. 铝合金穹顶的试验研究[J]. 空间结构, 2000, 6(4): 47–52.

［86］张其林, 季俊, 杨联萍, 等.《铝合金结构设计规范》的若干重要概念和研究依据[J]. 建筑结构学报, 2009, 30(5): 1–12.

［87］张其林. 铝合金结构在我国的应用研究与发展[J]. 施工技术, 2018, 47(15): 13–17, 25.

［88］张铮, 张其林. H型铝合金压弯构件平面外稳定承载力试验及理论研究[J]. 建筑结构, 2010, 40(6): 110–113, 102.

［89］张铮, 陈学超, 郑永乾, 等. 循环荷载作用下铝合金轴压构件稳定性能分析[J]. 福建工程学院学报, 2014, 12(6): 511–514.

［90］张雪峰, 尹建, 欧阳元文, 等. 南京牛首山文化旅游区佛顶宫小穹顶大跨空间单层铝合金网壳结构设计[J]. 建筑结构, 2018, 48(14): 19–23.

［91］张颖, 王元清, 张俊光, 等. 铝合金网壳结构箱型-工字型盘式节点单肢受力性能有限元分析[J]. 工程力学, 2020, 37(S): 130–138.

［92］支新航, 王元清, 李贝贝, 等. 7075-T6高强铝合金轴心受压构件局部稳定试验研究[J]. 天津大学学报(自然科学与工程技术版), 2022, 55(7): 745–753.

［93］张雪峰, 崔家春, 尹建. 南京牛首山文化旅游区佛顶宫大穹顶大跨空间自由曲面铝合金网壳结构设计[J]. 建筑结构, 2018, 48(14): 8–13.

［94］郑锐恒, 俞福利, 刘中华. 绍兴市柯桥区体育中心体育场钢结构开合屋盖施工技术[J].施工技术, 2015, 44(20): 50–54.

［95］张仲强, 范路. 木结构建筑[J]. 世界建筑, 2002(9): 17–21.

［96］张军辉. 索膜在卢塞尔体育场屋盖结构上的应用技术[J]. 山西建筑, 2022, 48(17): 61–64.

［97］罗尧治, 余佳亮, 孙斌. 鄂尔多斯超级穹顶网壳结构[C]//天津大学. 第九届全国现代结构工程学术研讨会论文集. 工业建筑杂志社, 2009: 6.

［98］刘锡良. 天津市平津战役纪念馆[C]//空间结构新材料新技术研讨会论文集. 北京: 中国土木工程学会, 1998.

［99］李金哲, 冯远, 郭赤, 等. 武汉体育学院综合体育馆屋盖结构设计[C]//第十三届空间结构学术会议论文集. 深圳, 2010: 612–615.

［100］孟祥武, 高维元, 管建国, 等. 铝合金螺栓球节点网架的试验研究及应用[C]//第十届空间结构学术

会议论文集. 北京, 2002: 613–617.

[101] 刘锡良, 郑岩. 单层铝合金穹顶网壳的几何非线性分析及试验研究[C]//第六届空间结构学术会议论文集. 广州, 1992: 476–482.

[102] 王亚昌, 刘锡良. 单层铝合金网壳非线性分析及试验研究[C]//第七届空间结构学术会议论文集. 文登, 1994: 259–266.

[103] 薛素铎. 几种新型空间结构体系的发展[C]//天津大学. 第四届全国现代结构工程学术研讨会论文集. 工业建筑杂志社, 2004: 23.

[104] 陈松. 铝合金板式节点静力及抗震性能研究[D]. 北京: 北京工业大学, 2020.

[105] 冯淼. 铝合金单层柱面网壳抗震性能研究[D]. 北京: 北京工业大学, 2021.

[106] 谷亚芳. 6061-T6 铝合金材料精细化本构关系研究[D]. 北京: 北京工业大学, 2019.

[107] 耿丽媛. 城市设计视角下铁路客运站站前广场空间研究[D]. 北京: 北京建筑大学, 2020.

[108] 李庆松. 气肋式膜结构充气展开及泄气倒塌分析[D]. 上海: 上海交通大学, 2020.

[109] 李阳. 建筑膜材料和膜结构的力学性能研究与应用[D]. 上海: 同济大学, 2008.

[110] 刘峰成. 自由曲面单层空间网格结构形态与网格优化研究[D]. 南京: 东南大学, 2020.

[111] 李欣. 自由曲面结构的形态学研究[D]. 哈尔滨: 哈尔滨工业大学, 2012.

[112] 苗子泰. 铝合金板式节点承载性能研究[D]. 北京: 北京工业大学, 2019.

[113] 孟庆超. 木网壳建筑形态设计及优化方法研究[D]. 哈尔滨: 哈尔滨工业大学, 2020.

[114] 宋子魁. 单层铝合金球面网壳静力稳定性研究[D]. 北京: 北京工业大学, 2019.

[115] 苏岩. 新型空间结构形态创建研究与应用[D]. 哈尔滨: 哈尔滨工业大学, 2022.

[116] 隗明阳. 考虑节点刚度铝合金单层球面网壳静力性能研究[D]. 北京: 北京工业大学, 2021

[117] 熊乔. 结构类型视角下大跨度建筑造型设计方法研究[D]. 长沙: 湖南大学, 2022.

[118] 余少凡. 单层铝合金球面网壳静力性能试验研究[D]. 北京: 北京工业大学, 2021.

[119] 郑建华. 铝合金单层球面网壳抗震性能研究[D]. 北京: 北京工业大学, 2022.

[120] 臧梦凡. 基于整体结构可靠指标的单层铝合金球面网壳稳定性设计研究[D]. 北京: 北京工业大学, 2022.

[121] 张誉扬. 矩形弦支网壳结构力学性能及地震响应研究[D]. 西安: 西安建筑科技大学, 2023.

[122] 张洁. 考虑节点刚度与塑性累积损伤影响的杆单元塑性铰计算模型研究[D]. 太原: 太原理工大学, 2022.

[123] ALSANAT H, GUNALAN S, GUAN H, et al. Experimental study of aluminium lipped channel sections subjected to web crippling under two flange load cases[J]. Thin-Walled Structures, 2019, 141: 460 - 476.

[124] BRANCO R, COSTA J D, PRATES P A, et al. Load sequence effects and cyclic deformation behaviour of 7075-T651 aluminium alloy[J]. International Journal of Fatigue, 2022, 155.

[125] CHEN Z, LU J, LIU H, et al. Experimental investigation on the post-fire mechanical properties of structural aluminum alloys 6061-T6 and 7075-T73[J]. Thin-Walled Structures, 2016, 106: 187–200.

[126] GEORGANTZIA E, GKANTOU M, KAMARIS G S. Aluminium alloys as structural material: A review of research[J]. Engineering Structures, 2021, 227.

[127] GUO X, ZHANG J, ZHU S, et al. Damping characteristics of single-layer aluminum alloy reticulated spatial structures based on improved modal parameter identification method[J]. Thin-Walled Structures, 2021, 164: 1–12.

[128] GUO X, ZHU S, LIU X, et al. Study on out-of-plane flexural behavior of aluminum alloy gusset joints at elevated temperatures[J]. Thin-Walled Structures, 2018, 123: 452–466.

［129］GUO X, ZHU S, JIANG S, et al. Fire tests on single-layer aluminum alloy reticulated shells with gusset joints[C]// Structures, 2020, 28: 1137-1152.

［130］GUO X, ZHU S, LIU X, et al. Experimental study on hysteretic behavior of aluminum alloy gusset joints[J]. Thin-Walled Structures, 2018, 131: 883-901.

［131］GUO X, WANG L, SHEN Z, et al. Constitutive model of structural aluminum alloy under cyclic loading[J]. Construction and Building Materials, 2018, 180: 643-654.

［132］GUO X, XIONG Z, LUO Y, et al. Experimental investigation on the semi-rigid behaviour of aluminium alloy gusset joints[J]. Thin-Walled Structures, 2015, 87: 30-40.

［133］JIANG Y, MA H, RICHARD LIEW J Y, et al. Testing of aluminum alloyed bolted joints for connecting aluminum rectangular hollow sections in reticulated shells[J]. Engineering Structures, 2020, 218(4): 1-15.

［134］LIU H, GU A, CHEN Z. Tensile properties of aluminum alloy bolt-sphere joints under elevated temperatures[J]. KSCE Journal of Civil Engineering, 2020, 24(5): 525-536.

［135］LIU H, GU A, CHEN Z, et al. Mechanical Properties and Design Method of Aluminum Alloy Bolt-sphere Joints[J]. Structural Engineering International, 2019, 31(1): 30-39.

［136］LIU H, YING J, MENG Y, et al. Flexural behavior of double- and single-layer aluminum alloy gusset-type joints[J]. Thin-Walled Structures, 2019, 144: 1-14.

［137］MALJAARS J, SOETENS F, SNIJDER H H. Local buckling of aluminium structures exposed to fire. Part 1: Tests[J]. Thin-Walled Structures, 2009, 47: 1404-1417.

［138］MALJAARS J, SOETENS F, SNIJDER H H. Local buckling of aluminium structures exposed to fire Part 2: Finite element models[J]. Thin-Walled Structures, 2009, 47: 1418-1428.

［139］MALJAARS J, SOETENS F, SNIJDER H H. Local buckling of fire-exposed aluminum members: New design model[J]. Journal of Structural Engineering, 2010, 136: 66-75.

［140］MOEN L A, MATTEIS G D, HOPPERSTAD O S, et al. Rotational capacity of aluminum beams under moment gradient II: Numerical simulations[J]. Journal of Structural Engineering, 1999, 125(8): 921-929.

［141］MOEN L A, HOPPERSTAD O S, LANGSETH M. Rotational capacity of aluminum beams under moment gradient I: Experiments[J]. Journal of Structural Engineering, 1999, 125(8): 910 - 920.

［142］MA H, JIANG Y, LI C, et al. Performance analysis and comparison study of two aluminum alloy joint systems under out-of-plane and in-plane loading: An experimental and numerical investigation[J]. Engineering Structures, 2020, 214: 1-16.

［143］RONG B, GUO Y, LI Z. Study on the stability behavior of 7A04-T6 aluminum alloy square and rectangular hollow section columns under axial compression[J]. Journal of Building Engineering, 2022, 45.

［144］SU M N, YOUNG B, GARDNER L. Testing and design of aluminum alloy cross sections in compression[J]. Journal of Structural Engineering, 2014, 140(9): 1-11.

［145］WANG Y, WANG Z. Experimental investigation and FE analysis on constitutive relationship of high strength aluminum alloy under cyclic loading[J]. Advances in Materials Science and Engineering, 2016: 1-16.

［146］WU J, LI Y, SUN G, et al. Experimental and numerical analyses of the hysteretic performance of an arched aluminium alloy gusset joint[J]. Thin-Walled Structures, 2022, 171.

［147］WU J, ZHENG J, SUN G, et al. Experimental and numerical analyses on aluminium alloy H-section members under eccentric cyclic loading[J]. Thin-Walled Structures, 2021, 162(1).

［148］WU J, ZANG M, SUN G, et al. Experimental study on the static performance of arched aluminium alloy gusset joints[J]. Engineering Structures, 2021, 246.

［149］WU J, FENG M, SUN G, et al. Shaking table test of the single-layer aluminum alloy cylindrical reticulated shell[J]. Thin-Walled Structures, 2022, 172.

［150］WU J, ZHENG J, SUN G, et al. Experimental and numerical analyses on axial cyclic behavior of H-section aluminium alloy members[J]. Structural Engineering and Mechanics, 2022, 81(1): 11-28.

［151］WU J, ZHENG J, SUN G, et al. Shaking table test of the single-layer aluminum alloy reticulated dome[J]. Engineering Structures, 2022.

［152］WRIGHT D T. Membrane forces and buckling in reticulated shells[J]. Journal of Structural Division, 1965, 91: 173-201.

［153］XIONG Z, GUO X, LUO Y, et al. Numerical analysis of aluminium alloy gusset joints subjected to bending moment and axial force[J]. Engineering Structures. 2017, 152: 1-13.

［154］XU Y, DAI Y, WANG C, et al. Study on the bending performance of aluminum assembled hub joints[J]. Engineering Structures. 2021, 243: 1-20.

［155］YING J, LIU H, CHEN Z, et al. Low-cycle fatigue performance of the sealing plate connection in aluminum-alloy bolt-sphere joints[J]. KSCE Journal of Civil Engineering, 2022, 26(6): 2722-2736.

［156］ZHAO C, WANG G, ZHENG T. Research on the hysteretic performance of flower-gusset composite joints for single-layer aluminium alloy lattice shell structures[J]. Advances in Structural Engineering. 2021, 25: 171-187.

［157］Aluminum Design Manual[S]. Aluminum Association, USA, 2005.

［158］CEN. Eurocode 9: Design of aluminium structures—part 1-1: General structural rules: EN 1999-1-1:2007 [S]. Brussels: European Committee for Standardization, 2007.

［159］国家市场监督管理总局. 金属材料 拉伸试验 第一部分: 室温试验方法: GB/T 228.1—2021 [S]. 北京: 中国标准出版社, 2021.

［160］上海市住房和城乡建设管理委员会. 铝合金格构结构技术标准 DG/TJ 08—95[S]. 上海: 同济大学出版社, 2020.

［161］国家市场监督管理总局. 国家标准化管理委员会铝及铝合金挤压棒材: GB/T 3191—2010[S]. 北京: 中国标准出版社. 2010.

［162］中华人民共和国住房和城乡建设部. 钢结构设计标准: GB 50017—2017 [S]. 北京: 中国建筑工业出版社, 2017.

［163］中华人民共和国住房和城乡建设部. 空间网格结构技术规程: JGJ 7—2010 [S].北京: 中国建筑工业出版社, 2010.

［164］中国工程建设标准化协会. 铝合金空间网格结构技术规程: T/CECS 634—2019[S]. 北京: 中国建筑工业出版社, 2019.

［165］中华人民共和国住房和城乡建设部. 建筑抗震设计规范: GB 50011—2010(2016 年版)[S]. 北京: 中国建筑工业出版社, 2016.

［166］中华人民共和国建设部. 铝合金结构设计规范: GB 50429—2007[S]. 北京: 中国计划出版社, 2007.

［167］中华人民共和国住房和城乡建设部. 建筑抗震试验方法规程: JGJ/T 101—2015 [S]. 北京: 中国建筑工业出版社, 2015.